北京理工大学"双一流"建设精品出版工程

Optical Testing Technology
(3rd Edition)

光学测试技术
（第3版）

张旭升　陈凌峰　王姗姗　何川　沙定国 ◎ 编著

北京理工大学出版社
BEIJING INSTITUTE OF TECHNOLOGY PRESS

内 容 简 介

本书介绍了光学测试中7种主要测试技术的基本理论、测试方法、主要应用和测量不确定度分析等内容。本书在内容选材上注重基础理论性及实用性，并注意选取国内外有重要应用价值的光学测试新技术，是学习、掌握先进精密光学测试技术的一本入门教材和技术参考书。

本书可作为测控技术与仪器、光电信息科学与工程、光学工程、仪器科学与技术等专业的专业课程教材，不仅适用于光学行业，对航空航天、计量检测、测绘工程、机械制造等有关行业也有实用价值，可供从事这些行业的科研、工程实施、生产的工作人员参考。

版权专有　侵权必究

图书在版编目（CIP）数据

光学测试技术 / 张旭升等编著. -- 3 版. -- 北京：北京理工大学出版社，2024.1
ISBN 978-7-5763-3541-5

Ⅰ. ①光… Ⅱ. ①张… Ⅲ. ①光学仪器-测试技术-高等学校-教材 Ⅳ. ①TH740.6

中国国家版本馆 CIP 数据核字（2024）第 042770 号

责任编辑：陈莉华　　　文案编辑：陈莉华
责任校对：周瑞红　　　责任印制：李志强

出版发行 / 北京理工大学出版社有限责任公司
社　　址 / 北京市丰台区四合庄路 6 号
邮　　编 / 100070
电　　话 /（010）68944439（学术售后服务热线）
网　　址 / http://www.bitpress.com.cn

版 印 次 / 2024 年 1 月第 3 版第 1 次印刷
印　　刷 / 三河市华骏印务包装有限公司
开　　本 / 787 mm×1092 mm　1/16
印　　张 / 16.25
字　　数 / 382 千字
定　　价 / 58.00 元

图书出现印装质量问题，请拨打售后服务热线，负责调换

前言

光学测试技术是用光学的方法和技术手段去测量或检验光学量与非光学量的技术，它是测控技术与仪器、光电信息科学与工程、光学工程、仪器科学与技术等学科的重要专业基础，也在航空航天、天文技术、应用物理、计量检测、测绘工程、机械制造等领域有着重要应用。尤其在光学工程领域，它是光学设计、光学制造、光学系统装调等一系列生产过程中的重要技术基础，它能够揭示这些过程中可能出现的误差和缺陷，提供改进和提高产品性能、质量的技术指导。本书重点讲述光学测试的基本原理、方法和一些共性的技术。全书构成与第2版教材基本保持一致，共分七章，分别是光学测量基础、准直和自准直技术、光学测角技术、光学干涉测量技术、光学偏振测量技术、光学系统成像性能评测、光度测量。

光学测试是一门实践性很强的应用学科，它需要通过科学实验的方法来测量和评定各种光学量和非光学量，因此测试中会用到种类很多的精密光电仪器设备。随着当代科学和技术的发展，先进的光电传感、数字化技术、图像处理技术、激光和光纤技术等的不断融入，以及多学科的交叉融合，光学测试技术得到了很大的进步，发展出了不少新的测量原理、方法和仪器。此外，近十多年来一些国家标准、行业标准、国家计量检定规程等也发生了更新。本次再版力求将这些新的变化反映到教材中，并修正了第2版中存在的少量失误；增补了一些较为重要但在第2版中未编入的内容，例如平行光管调校的典型方法、焦距测量的其他方法、激光束的自准直技术、自准直法测量非球面面形、折射率测量的最小偏向角法与直角照射法、干涉测量的典型光路、偏振测量仪及基本原理等；删减了少部分较老的或与本书侧重点不一致的内容，例如基于数字图像的放大率法、JC-1型精密测角仪工作原理、被测波面的恢复、干涉图形信号的处理方法、激光外差干涉测量等；同时更新了部分插图。

本书着重介绍光学测试的基本原理、方法的介绍，涉及的许多内容必须通过实验课程才能得到深入理解、巩固和提高，北京理工大学为此开设有专门的实验教学课程。建议选用本书的各高校或科研院所结合自身实验教学条件设置相应的实验教学环节，引导学生通过实验去掌握相关的操作技能。

本书的主要内容是北京理工大学光电学院光学测量课程组几代教师从事教学和科研工作的结晶。从20世纪50年代起，北京工业学院（现北京理工大学）

就开设了光学测量与像质鉴定课程,在苏大图、张炳勋、曹根瑞、赵立平、陈魁增、沙定国、林家明、朱秋冬等老一辈教授们的接续努力下,先后出版了多个版本各具特色的光学测量与像质鉴定教材,这些教材为本书编写及再版打下了坚实的基础。我们怀着对前辈们的崇高敬意和深深感谢之情,在原有版本的基础之上,进行修订、完善和推陈出新。本次修订,张旭升负责第 1、2、5、6 章及第 3 章的 3.1、3.2.1、3.2.2、3.2.3 节内容,王姗姗负责第 4 章 4.1 至 4.5 节的内容,陈凌峰负责第 4 章 4.6 节及第 7 章的内容,何川负责第 3 章 3.2.2 节中的 V 棱镜法折射率测量、3.2.4、3.2.5 节的内容,全书由张旭升统稿。

由于编者水平有限,书中难免会存在不妥甚至错误之处,恳请各位读者批评指正。

编著者

目 录
CONTENTS

第 1 章　光学测量基础 ··· 001
 1.1　测量误差与测量不确定度 ·· 001
 1.2　对准与调焦 ·· 014
 1.3　光学测试装置的基本部件及其组合 ··· 027
 1.4　焦距和顶焦距测量 ··· 035
 1.5　思考与练习题 ·· 043

第 2 章　准直与自准直技术 ·· 044
 2.1　激光准直与自准直技术 ··· 044
 2.2　自准直法测量平面光学零件光学平行度 ·· 055
 2.3　自准直法测量曲率半径和焦距 ·· 061
 2.4　自准直法测量非球面面形 ··· 067
 2.5　思考与练习题 ·· 069

第 3 章　光学测角技术 ··· 070
 3.1　光学测量用的精密测角仪 ··· 070
 3.2　测角技术的应用 ··· 072
 3.3　思考与练习题 ·· 093

第 4 章　光学干涉测量技术 ·· 094
 4.1　干涉测量基础 ·· 094
 4.2　泰曼格林干涉测量和斐索干涉测量 ··· 102
 4.3　剪切干涉测量 ·· 118
 4.4　移相干涉测量 ·· 131
 4.5　干涉测量典型光路 ··· 137
 4.6　点衍射移相干涉技术 ·· 149
 4.7　思考与练习题 ·· 152

第 5 章　光学偏振测量技术 ·· 154
5.1　偏振测量仪及基本原理 ·· 154
5.2　光学玻璃应力双折射测量 ··· 160
5.3　光学薄膜厚度和折射率测量 ·· 166
5.4　偏振干涉测量 ·· 170
5.5　思考与练习题 ·· 174

第 6 章　光学系统成像性能评测 ·· 176
6.1　成像性能评测的基本理论 ··· 176
6.2　星点检验 ·· 184
6.3　分辨率测量 ··· 189
6.4　畸变测量 ·· 197
6.5　光学传递函数测量 ··· 202
6.6　思考与练习题 ·· 216

第 7 章　光度测量 ·· 217
7.1　辐射度、光度量基础 ·· 217
7.2　积分球和 CIE 标准照明体 ··· 219
7.3　基本光度量的测量 ··· 228
7.4　光学系统透射比的测量 ·· 238
7.5　光学系统杂光系数的测量 ··· 243
7.6　照相物镜像面照度均匀性的测量 ··································· 250
7.7　思考与练习题 ·· 251

参考文献 ··· 252

第1章
光学测量基础

1.1 测量误差与测量不确定度

1.1.1 测量误差的基本概念

1. 测量的定义

测量是以确定量值为目的的一组操作，该操作可通过手动或自动的方式来进行。它至少包含5个要素：测量对象（即被测量）、测量方法、测量条件（包括测量仪器与辅助设施、测量人员、测量环境等）、测量结果、测量单位。测量可按几种不同的方式进行分类，例如直接测量和间接测量、绝对测量和相对测量、接触测量和非接触测量、等精度测量和非等精度测量。

光学测量是以光学手段获得各种光学量和非光学量量值为目的的一组操作。例如，应用焦距仪测量焦距，通过正确安装被测透镜并使其对分划刻线清晰成像，然后在规定的室温下测出该透镜所形成的一对刻线像的间距，并计算出被测透镜的焦距值，最后合理给出完善的测量结果等，这样的一组操作就是一种光学测量。

在测量中，人们总是力求得到被测量的真实值（真值），然而，由于测量方法和仪器设备的不完善，以及各种环境因素和人为因素的影响，测量所得数值与真值之间总会存在一定的差异，这种差异就是测量误差。

2. 误差的定义和表示法

测量误差是指测得值与被测量真值之差，可用下式表示

$$测量误差 = 测得值 - 真值$$

真值是指一个特定的物理量在一定条件下所定义的客观量值，但在实际应用时，真值一般是不知道的和无法确定的。常以测量次数足够大时测得值的算术平均值来近似代替真值，或者在实用中也常用量值准确度足够高的实物标准器所指示的量值来近似代替真值，这些都称为约定真值。

测量误差可用绝对误差和相对误差两种基本方式来表示。

（1）绝对误差

绝对误差定义为

$$绝对误差 = 测得值 - 真值$$

由定义可知，绝对误差是一个具有确定的大小、符号及单位的量。绝对误差的单位与测得值

的单位相同。与误差绝对值相等、符号相反的值称为修正值,即

$$修正值 = 真值 - 测得值$$

在测量仪器中,修正值常以表格、曲线或公式的形式给出。在自动测量仪器中,还可将修正值编成程序存储在仪器中,仪器输出的是经过修正的测量结果。该已修正结果是将测得值加上修正值后的测量结果,这样可提高测量准确度。

(2)相对误差

相对误差定义为绝对误差与被测量真值的比值,即

$$相对误差 = \frac{绝对误差}{真值} \approx \frac{绝对误差}{测得值}$$

相对误差只有大小和符号,为无量纲值,一般用百分数来表示。

对于相同的被测量,绝对误差可以评定其测量准确度的高低,但对于不同的被测量以及不同的物理量,采用相对误差来评定较为确切。例如,用 1 μm 准确度级的测长仪测量 $L_1 = 0.01$ m 长的工件,其绝对误差 $\delta_1 = 0.6$ μm,如改用测长干涉仪测量 L_1,其绝对误差 $\delta_2 = 0.022$ μm,根据绝对误差大小,可知后者的测量准确度高。若用干涉仪测量 $L_2 = 1$ m 长的工件,其绝对误差仍为 $\delta_3 = 0.022$ μm,此时再用绝对误差,就难以评定它与 1 μm 准确度级的测长仪的准确度高低,必须采用相对误差来评定。

第一种情况的相对误差为

$$r_1 = \frac{\delta_1}{L_1} = \frac{0.6 \times 10^{-6}}{0.01} = 6 \times 10^{-5}$$

第二种情况的相对误差为

$$r_2 = \frac{\delta_2}{L_1} = \frac{0.022 \times 10^{-6}}{0.01} = 2.2 \times 10^{-6}$$

第三种情况的相对误差为

$$r_3 = \frac{\delta_3}{L_2} = \frac{0.022 \times 10^{-6}}{1} = 2.2 \times 10^{-8}$$

由此可知,第一种情况准确度最低,第三种情况准确度最高。

在光学测量中,当测量的是长度量(如焦距、曲率半径等)时,常用相对误差来表示测量误差的大小,角度、折射率等则一般不用相对误差。

(3)引用误差

对于有一定测量范围的测量仪器或仪表而言,以上提到的绝对误差和相对误差都会随测量挡位改变而改变,因此往往还采用其测量范围内的最大误差来表示该仪器的误差。为此,对于有多个标称范围(或量程)的仪表,常常采用如下的引用误差来表示其准确度。

引用误差定义为测量器具的最大绝对误差与标称范围上限(或量程)之比。即

$$r_m = \frac{\Delta x_m}{x_m} \tag{1-1}$$

式中,Δx_m 为仪器某标称范围(或量程)内的最大绝对误差,x_m 为该标称范围(或量程)的上限。可见,引用误差是相对误差的一种特殊形式。

3. 误差的来源与分类

为减小测量误差，提高测量准确度，就必须了解误差来源。而误差来源是多方面的，在测量过程中，几乎所有因素都将引入测量误差。在分析和计算测量误差时，不可能、也没有必要将所有因素及其引入的误差逐一计算。因此，要着重分析引起测量误差的主要因素。

（1）误差的来源

误差产生的来源可归结为以下四类。

1）设备误差。设备误差主要包括标准器件误差、装置误差。在光学测量中提供标准量的标准器件，例如激光光源的波长、干涉仪参考光路中用的标准镜等，它们本身所体现的量值，不可避免地含有一定的误差，这些误差将直接反映到测量结果中。减小该误差的方法是在选用标准器件时，应尽量使其误差值相对小些，一般要求标准器件的误差占总误差的 1/5～1/10。装置误差包括了测量装置的原理误差、制造和装配误差、读数或示值误差、量化误差、附件（如光源、水准器、调整件等）误差等，减小上述误差的主要措施是要根据具体的测量任务，正确选取测量方法，合理选择测量设备，尽量满足设备的使用条件和要求。

2）环境误差。主要包括温度、湿度、振动、照明、空气扰动以及电磁干扰等与要求的标准状态不一致而引起的误差。例如激光波长测量中，空气的温度、湿度、尘埃、大气压力等会影响到空气折射率，因而影响激光波长，产生测量误差。高精度的准直测量、干涉测量中，气流、振动也有不可忽略的影响。

3）人员误差。由于人眼分辨力有限、操作者水平不高和固有习惯、感觉器官的生理变化等引起的误差。

4）方法误差。由于采用的数学模型不完善，采用近似测量方法或由于对该项测量研究不充分而引起的误差。

（2）误差的分类

按照误差的性质，误差可分为系统误差、随机误差和粗大误差三大类。

1）系统误差。定义为在重复性条件下，对同一被测量进行无限多次测量所得结果的平均值与被测量的真值之差。其特征是在相同测量条件下，多次测量同一量值时，该误差的绝对值和符号保持不变，或者在测量条件改变时，按某一确定规律变化。例如，在光学测量中，仪器的制造误差（如度盘刻度误差）、校准或调整误差（如平行光管的分划板不在其物镜焦平面上，造成被测光学量的误差是固定的）、实验条件误差（如温度高于或低于标准值）、标准器件的量值误差等，都属于系统误差。

2）随机误差。又称偶然误差，定义为测得值与在重复性条件下对同一被测量进行无限多次测量所得结果的平均值之差。其特征是在相同测量条件下，多次测量同一量值时，绝对值和符号以不可预定方式变化。例如，局部空气紊流、温度小量波动、电源电压的小量起伏等引起的误差属随机误差。此外对准误差和估读误差也属随机误差。

3）粗大误差。也称疏忽误差、过失误差，简称粗差，是指明显超出统计规律预期值的误差。其产生原因主要是由于某些突发性的异常因素或疏忽所致，如测量方法不当或错误、测量操作疏忽和失误（如未按规程操作、仪器调整错误、读错数、记错数、计算错误等）、测量条件的突变（如电源电压突然增高或降低、雷电干扰、机械冲击和振动、气流干扰等）等。由于该误差很大，明显歪曲了测量结果，故应按照一定的准则进行判别，并将含有粗大误差的测量数据（称为坏值或异常值）予以剔除。

1.1.2 常见的测量误差分布

1. 正态分布

最典型的误差分布是正态分布。当产生误差的因素很多,彼此相互独立,且每个因素产生的影响都很微小时,根据中心极限定理可知该误差接近于正态分布。由于大多数随机误差均服从正态分布,且正态分布便于理论分析并具有很多优良统计特性,所以实践中最常用。

正态分布的概率密度函数为

$$f(x) = \frac{1}{\sqrt{2\pi}\sigma} \exp\left[-\frac{(x-\mu)^2}{2\sigma^2}\right] \qquad (1-2)$$

式中,μ 为测量值 X 分布的数学期望,如不计系统误差,则 $\delta = x - \mu$ 即为随机误差;σ 为测量值 X 分布的标准差,即为随机误差分布 δ 的标准差。正态分布的概率分布及其置信概率如图 1-1 所示。

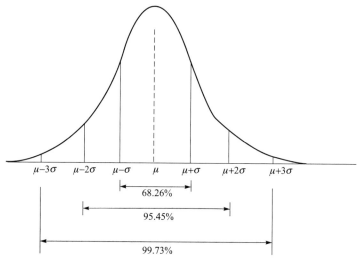

图 1-1 正态分布的置信概率

服从正态分布的随机误差具有以下特征:
1) 单峰性——绝对值小的误差比绝对值大的误差出现的概率大。
2) 对称性——绝对值相等的正误差与负误差出现的概率相等。
3) 抵偿性——随着测量次数的增加,随机误差的算术平均值趋于零。

正态分布的这三个特征与大样本下随机误差的统计特性相符。理论上正态分布无界,但实际中在一定测量条件下,随机误差的绝对值一般不会超过一定的限度,这是正态分布与实际误差有界性的不相符之处。

一般认为,当影响测量的因素在 15 个以上、彼此互不相关且各因素影响程度相当时,可认为测量值服从正态分布。若要求不高,则影响因素在 5 个(至少 3 个)以上,也可视为正态分布。

2. 均匀分布

均匀分布也称等概率分布。若误差在某一范围内出现的概率相等,称其服从均匀分布,如图 1-2 所示。例如用显微镜或望远镜对物体进行调焦，调焦在物体景深范围内任一位置，成像都认为是清晰的，超出景深范围就不清晰了，所以调焦误差服从均匀分布规律。又如，用眼睛瞄准所产生的误差也是均匀分布误差。均匀分布的概率密度函数为

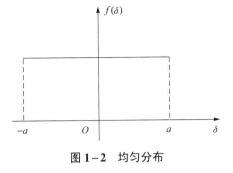

图 1-2 均匀分布

$$f(\delta) = \begin{cases} \dfrac{1}{2a}, & |\delta| \leqslant a \\ 0, & |\delta| > a \end{cases} \quad (1-3)$$

式中，$\delta = x - \mu$，它的数学期望是

$$E(\delta) = \int_{-a}^{a} \dfrac{\delta}{2a} \mathrm{d}\delta = 0 \quad (1-4)$$

方差和标准差分别为

$$\sigma^2 = \dfrac{a^2}{3}, \quad \sigma = \dfrac{a}{\sqrt{3}} \quad (1-5)$$

置信因子为

$$k = \dfrac{a}{\sigma} = \sqrt{3} \quad (1-6)$$

在光学测量中，服从均匀分布的可能情形主要有：
1) 数据切尾引起的舍入误差。
2) 数字显示末位的截断误差。
3) 数字仪器的量化误差。
4) 度盘刻度误差所产生的角值误差。
5) 单次的调焦误差、对准误差等。

3. 三角分布

若随机变量 ξ 和 η 都在 $[-a/2, a/2]$ 上均匀分布且相互独立，则 $\xi + \eta$ 服从三角分布。三角分布的概率密度函数为

$$f(\delta) = \begin{cases} \dfrac{a+\delta}{a^2}, & -a \leqslant \delta \leqslant 0 \\ \dfrac{a-\delta}{a^2}, & 0 \leqslant \delta \leqslant a \end{cases} \quad (1-7)$$

式中，$\delta = x - \mu$。三角分布如图 1-3 所示。其数学期望与标准差分别为

$$E(\delta) = 0, \quad \sigma = a/\sqrt{6} \quad (1-8)$$

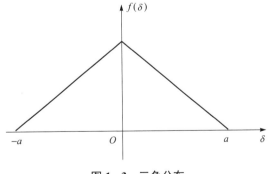

图 1-3 三角分布

在光学测量中，两条平行线经透镜成像，逐渐改变垂轴放大率，直到平行线像与像面上的两条平行分划线同时对准时，对准误差服从三角分布。沿显微镜轴上单向二次调焦取平均，其定位误差也服从三角分布。

4. 反正弦分布

反正弦分布的概率密度函数为

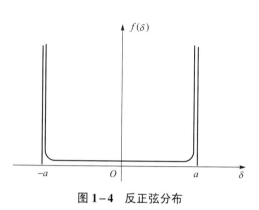

图 1-4 反正弦分布

$$f(\delta) = \begin{cases} \dfrac{1}{\pi\sqrt{a^2-\delta^2}}, & -a \leqslant \delta \leqslant a \\ 0, & \text{其他} \end{cases} \quad (1-9)$$

式中，$\delta = x - \mu$。反正弦分布如图 1-4 所示。其数学期望和标准差分别为

$$E(\delta) = 0, \ \sigma = a/\sqrt{2} \quad (1-10)$$

根据实际经验，光学测量中服从反正弦分布的可能情形主要有：

1）度盘偏心引起的测角误差。
2）正弦（或余弦）振动引起的位移误差。

1.1.3 误差的基本性质与处理

1. 随机误差

（1）算术平均值

大多数情况下随机误差具有抵偿性。测量次数足够多时，符号为正的误差和符号为负的误差基本对称，能大致抵消。因此，用多次测得值的算术平均值作为被测量的估计值，能减少随机误差的影响。

在等权测量条件下，对某被测量进行多次重复测量，得到一系列测量值 $x_1, x_2, \cdots, x_n$，其算术平均值为

$$\bar{x} = \frac{1}{n}\sum_{i=1}^{n} x_i \quad (1-11)$$

设被测量的真值为 x_0，如果各次测量值 x_i 中不含有系统误差，则根据随机误差 δ_i 的定义，有

$$\delta_i = x_i - x_0 \quad (1-12)$$

由式（1-12）求和得

$$\sum_{i=1}^{n} \delta_i = \sum_{i=1}^{n} x_i - nx_0 \quad (1-13)$$

根据随机误差的抵偿性，当 $n \to \infty$ 时，有 $\sum_{i=1}^{n} \delta_i \to 0$，所以

$$\bar{x} = \frac{1}{n}\sum_{i=1}^{n} x_i \to x_0 \quad (1-14)$$

由此可见，若测量次数无限增多，且无系统误差前提下，算术平均值 $\bar{x}$ 将趋近于真值。

（2）标准差

标准差表征了随机误差的分散程度，可作为随机误差的评定尺度。在测量真值 μ 未知的

情况下，常用贝塞尔（Bessel）公式估计样本标准差

$$s = \sqrt{\frac{1}{n-1}\sum(x_i - \bar{x})^2} \tag{1-15}$$

该公式中的 $v_i = x_i - \bar{x}$ 定义为残余误差，简称残差。

s 的值直接体现了随机误差的分布特征。s 大，表示测得值的分散性大，随机误差分布范围宽，测量精密度低；s 小，则表示测得值密集，随机误差的分布范围窄，精密度高。

当样本数 $n \geq 6$ 时，采用式（1-15）即贝塞尔公式计算样本标准差；当 $2 \leq n \leq 5$ 时，可采用极差法估计样本标准差

$$s = \frac{\omega_n}{d_n} \tag{1-16}$$

式中，$\omega_n = x_{max} - x_{min}$。$x_{max}$ 和 x_{min} 分别为多次独立测得的数据 $x_1, x_2, \cdots, x_n$ 中的最大值和最小值，d_n 值见表 1-1。

表 1-1 极差法系数

n	d_n	n	d_n	n	d_n
2	1.13	9	2.97	16	3.53
3	1.69	10	3.08	17	3.59
4	2.06	11	3.17	18	3.64
5	2.33	12	3.26	19	3.69
6	2.53	13	3.31	20	3.74
7	2.70	14	3.41		
8	2.85	15	3.47		

（3）算术平均值的标准差

由于存在随机误差，算术平均值 $\bar{x}$ 也含有随机误差，它的标准差为

$$s_{\bar{x}} = \frac{s}{\sqrt{n}} = \sqrt{\frac{1}{n(n-1)}\sum(x_i - \bar{x})^2} \tag{1-17}$$

设每个测量列都进行了 n 次独立重复等精度测量，测量数据取算术平均值后，其标准差为单次测量标准差的 $1/\sqrt{n}$，测量次数 n 越大，算术平均值的标准差越小，算术平均值越接近真值（假设无系统误差的前提下）。但因 $s_{\bar{x}}$ 与 n 的平方根成反比，当 $n > 10$ 以后，$s_{\bar{x}}$ 减小得非常缓慢，而且 n 越大越难保证测量条件不变，因此一般取 $n \leq 10$ 较为适宜。适当增加测量次数取其算术平均值来表示测量结果，是实际测量工作中常用的一种减小测量随机误差的方式。

2. 粗大误差

在测量过程中，如果发现个别数据可疑，就应当场确认是否存在可能产生粗大误差的原因，例如读错数、记错数、外界条件突变、操作失误等。如确认，则应对该测量现象及其异常数据记录在案，并注明造成该数据异常的原因，对于该数据则有理由将其从测量数据列中予以剔除。

从技术上或物理上找出产生异常值的原因,是发现和剔除粗大误差的首要方法,然而实际工作中常常做不到。有时,在测量完成后也不能确定数据中是否含有粗大误差,这时可采用统计的方法进行判别。统计法的基本思想是,给定一个显著性水平,按一定分布确定一个临界值,凡超过这个临界值的误差,就认为它不属于随机误差的范畴,而是粗大误差,该数据应予以剔除。常见的判断准则有拉依达准则(3σ准则)、格拉布斯(Grubbs)准则、狄克逊(Dixon)准则,推荐采用格拉布斯准则。

设独立重复测量的一个正态样本$x_1, x_2, \cdots, x_n$,对其中的一个可疑数据x_d(当然它与$\bar{x}$的残差绝对值最大),若

$$|x_d - \bar{x}| \geq G(\alpha, n)s \tag{1-18}$$

则数据x_d含有粗差,应予剔除;否则,保留数据。式(1-18)中

$$\bar{x} = \frac{1}{n}\sum_i x_i, \quad s = \sqrt{\frac{1}{n-1}\sum_i (x_i - \bar{x})^2} \tag{1-19}$$

可疑数据x_d也应一并加入计算。$G(\alpha, n)$为格拉布斯准则的临界值,可通过查表1-2得出,α为显著性水平(相当于犯"弃真"错误的概率)。

表1-2 格拉布斯准则的临界值

α \ n	3	4	5	6	7	8	9	10	11	12	13	14	15
0.05	1.153	1.463	1.672	1.822	1.938	2.032	2.110	2.176	2.234	2.285	2.331	2.371	2.409
0.01	1.155	1.492	1.749	1.944	2.097	2.221	2.323	2.410	2.485	2.550	2.607	2.659	2.705

3. 系统误差

(1)系统误差的分类

根据系统误差在测量过程中所具有的不同变化特性,可将系统误差分为恒定系统误差和可变系统误差两大类。

1)恒定系统误差:在整个测量过程中,误差大小和符号均固定不变的系统误差。

2)可变系统误差:在整个测量过程中,误差大小和符号随着测量位置或时间的变化而发生有规律变化的系统误差。根据变化规律的不同,它又可分为以下几种。

① 线性变化系统误差。在整个测量过程中,随着测量位置或时间的变化,误差值成比例地增大或减小,则该误差为线性变化系统误差。

② 周期性变化系统误差。在整个测量过程中,随着测量位置或时间的变化,误差值按周期性规律变化,则该误差为周期性变化系统误差。

③ 复杂规律变化系统误差。在整个测量过程中,随着测量位置或时间的变化,误差值按确定的更为复杂的规律变化,则该误差为复杂规律变化系统误差。

(2)系统误差的发现

减小或消除系统误差的影响,可有效地提高测量精度,但问题是如何发现系统误差?在测量过程中形成系统误差的因素是复杂的,通常人们还难于查明所有的系统误差,也不可能全部消除系统误差的影响。发现系统误差必须对具体测量过程和测量仪器进行全面仔细的分

析，这是一件困难而又复杂的工作，目前还没有能适用于发现各种系统误差的普遍方法，下面只介绍用于发现某些系统误差常用的几种方法。

1）实验对比法。实验对比法是在不同条件下进行测量，即改变产生系统误差的条件，以发现系统误差，这种方法适用于发现恒定系统误差。例如量块按公称尺寸使用时，在测量结果中就存在由于量块的尺寸偏差而产生的不变系统误差，多次重复测量也不能发现这一误差，只有用另一块高一级精度的量块进行对比时才能发现它。

2）残余误差观察法。残余误差观察法是根据测量列的各个残余误差大小和符号的变化规律，直接由误差数据或误差曲线来判断有无系统误差，这种方法主要适用于发现有规律变化的系统误差。

对于一组测量数据，以测量序号为横坐标，测量残差值为纵坐标，可画出测量残差散点图，如图1-5所示，借助残差散点图可直观判断是否存在可变系统误差。图1-5（a）说明各残差大体正负相间，无显著变化规律，故不存在可变系统误差，但存在常值误差的可能性尚无法排除。图1-5（b）的残差数值有规律地递增，在测量开始与结束时误差符号相反，说明存在线性递增的系统误差。图1-5（c）的残差符号由正变负，再由负变正，循环交替地变化，说明存在周期性系统误差。图1-5（d）的残差值变化既有线性递增又有周期性变化，则说明存在复杂规律的系统误差。以上各图中是否存在恒定系统误差，是无法通过观察残差散点图发现的，因为残差散点图上并没有标明测量真值的位置。换句话说，要发现恒定系统误差，单靠分析残差是无能为力的。

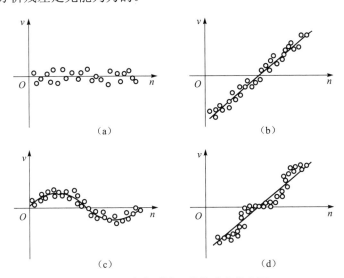

图1-5 含有系统误差的残差散点图
（a）无法判断存在可变系统误差；（b）存在线性递增的系统误差；
（c）存在周期性的系统误差；（d）存在复杂规律的系统误差

（3）系统误差的减少与消除

在测量过程中，如发现有显著的系统误差，应尽量采取适当的技术措施将其减小或消除。减少与消除的方法大致有以下几种途径。

1）在测量结果中加入修正值。预先将测量器具的系统误差检定出来或计算出来，作出误差表或误差曲线，然后取与误差数值大小相同而符号相反的值作为修正值，将实际测得值加上相应的修正值,即可得到不包含该系统误差的测量结果。例如,测量玻璃折射率时,测量值随环境温度而变化,可以实验统计得到一条依复杂规律变化的曲线 $n = n(t)$,再根据测量时的环境温度,修正为标准温度的折射率值。

2)改进测量方法。在测量过程中,根据具体的测量条件和系统误差的性质,采取一定的技术措施,选择适当的测量方法,使测得值中的系统误差在测量过程中相互抵消或补偿,而不带入测量结果中,从而实现减弱或消除系统误差的目的。例如,如图1-6所示,仪器度盘安装偏心,测微表针回转中心与刻度盘中心的偏心 e 引起的刻度示值误差呈周期性变化,即误差 $\Delta l = e\sin\varphi$。如采用在相距180°的两个对径位置上读数取平均,可有效地消除此误差。又如,采用差分干涉法,可消除干涉仪固有的波像差。

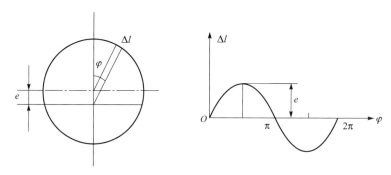

图1-6 半周期法消除周期性系统误差

3)消除产生系统误差的因素。从产生误差的根源上消除误差是最直接有效的方法,它要求测量人员对测量过程中可能产生系统误差的各个环节进行仔细分析,并在正式测量前就将误差从产生根源上加以消除。例如,在使用测长导轨测量光学透镜顶焦距时,需两次轴向移动测量显微镜进行定焦,若传动齿轮与齿条间存在间隙,将会产生空回误差。要实验获得该误差曲线并进行修正是比较复杂且费事的事情。一种简单的方法是,在轴向移动测量显微镜过程中采取单向移动方式,可消除该空回误差对测量结果的影响。

1.1.4 测量结果的不确定度评定

1. 不确定度的定义

由于测量误差的存在,再加上被测量自身定义和误差修正的不完善等原因,使得测量结果带有不确定性。测量不确定度是测量结果带有的一个参数,用于表征合理地赋予被测量值的分散性。对这个定义做以下四点说明:

1)该参数是一个表征分散性的参数。它可以是标准差或标准差的倍数,或说明了置信水平的区间半宽度。若用标准差表示,则称为标准不确定度,用不确定度(uncertainty)的英文首字母 u 来表示;若用标准差的倍数,或用说明置信水平的区间半宽度来表示,则称为扩展不确定度,用大写符号 U 来表示。扩展不确定度与标准不确定度的比值,称为包含因子。

2)该参数一般由若干个分量组成,统称为不确定度分量。关键是要合理地估计这些不确定度分量的大小。为处理问题的方便,《测量不确定度表示指南》规定,将这些分量分为两类,即 A 类评定分量和 B 类评定分量。A 类评定分量是依据一系列测量数据的统计分布获得的实验标准差,B 类评定分量是基于经验或其他信息假定的概率分布给出的标准差。

3）该参数是通过对所有若干个不确定度分量进行方差和协方差合成得到的。所得该参数的可靠程度一般用自由度的大小来表示。该参数的自由度又是通过对每个不确定度分量估计的自由度进行合理计算得到的。

4）该参数是用于完整地表征测量结果的。完整表征测量结果一般应包括对被测量的最佳估计及其分散性参数两部分。分散性参数即为测量不确定度，它应包括所有的不确定度分量。即除了不可避免的随机影响对测量结果的贡献外，还应包括由系统效应引起的分量，诸如一些与修正值和参考测量标准有关的分量，它们对分散性均有贡献。

2. 标准不确定度的评定

在实际工作中，为便于对测量标准不确定度进行具体的评定，国际上把评定方法归为 A 类评定方法和 B 类评定方法。

（1）A 类评定方法

A 类评定方法是采用统计分析法评定标准不确定度的，它用统计学中"实验标准差"或"样本标准差"表示。当用单次测量值作为被测量 x 的估计值时，标准不确定度为单次测量的实验标准差 $s(x)$，即

$$u(x) = s(x) \tag{1-20}$$

当用 n 次测量的平均值作为被测量估计值时，不确定度为 n 次测量平均值的实验标准差，即

$$u(\bar{x}) = \frac{s(x)}{\sqrt{n}} \tag{1-21}$$

计算实验标准差最基本的方法是使用贝塞尔公式计算。除此之外，还有其他一些常用的方法，如极差法。一般推荐，当样本数 $n \geq 6$ 时，采用式（1-15）；样本数 $2 \leq n \leq 5$ 时，采用极差法。

（2）B 类评定方法

在许多情况下，并非都能做到用统计方法来评定标准不确定度，故产生了有别于统计分析的 B 类评定方法。既然 B 类评定方法不是依赖于对样本数据的统计来获得不确定度的，它必然要设法利用与被测量有关的其他先验信息来进行估计。因此，如何获取有用的先验信息十分重要，而且如何利用好这些先验信息也很重要。

根据先验信息的不同，B 类评定的方法也不同，主要有以下几种。

1）若由先验信息给出测量结果的概率分布及其"置信区间"和"置信水平"，则标准不确定度为该置信区间半宽度与该置信水平下的包含因子的比值，即

$$u(x) = \frac{a}{k_p} \tag{1-22}$$

式中，a 为置信区间的半宽度，k_p 为置信水平 p 的包含因子。

2）若由先验信息给出的测量不确定度 U 为标准差的 k 倍时，则标准不确定度 u 为该测量不确定度 U 与倍数 k 的比值，即

$$u(x) = \frac{U}{k} \tag{1-23}$$

3）若由先验信息给出测量结果的"置信区间"及其概率分布，则标准不确定度为该置信区间半宽度与该概率分布置信水平接近 1 的包含因子的比值，即

$$u(x) = \frac{U}{k} \tag{1-24}$$

式中，U 为置信区间的半宽度，k 为置信水平接近 1 的包含因子。

这种情况的置信水平并未确定，一般从保守的角度考虑，对无限扩展的正态分布，其包含因子 k 可取 3（置信水平为 0.9973），其余有限扩展的概率分布则取置信水平为 1 的包含因子，具体数值可查常见的误差概率分布表。当不了解或无法获知其概率分布的情形时，通常采用保守的均匀分布的包含因子 $\sqrt{3}$。

3. 合成标准不确定度

当测量结果受多个因素影响而形成若干个不确定度分量时，测量结果的标准不确定度可通过这些标准不确定度分量合成得到，称其为合成标准不确定度，一般用下式表示

$$u_c = \sqrt{\sum_{i=1}^{m} u_i^2 + 2\sum_{1 \le i < j}^{m} \rho_{ij} u_i u_j} \tag{1-25}$$

式中，u_i 为第 i 个标准不确定度分量，ρ_{ij} 为第 i 和第 j 个标准不确定度分量之间的相关系数，m 为不确定度分量的个数，u_c 为合成标准不确定度。

实际工作中，有很多物理量都是通过间接测量方法获得的，即由 m 个直接测得量 $X_1, X_2, \cdots, X_m$ 求得间接测得量 $Y = F(X_1, X_2, \cdots, X_m)$。对于间接测量的情形，有如下的合成标准不确定度公式

$$\begin{aligned} u_c(y) &= \sqrt{\sum_{i=1}^{m} \left(\frac{\partial F}{\partial x_i}\right)^2 u^2(x_i) + 2\sum_{1 \le i < j}^{m} \rho_{ij} \frac{\partial F}{\partial x_i} \frac{\partial F}{\partial x_j} u(x_i) u(x_j)} \\ &= \sqrt{\sum_{i=1}^{m} a_i^2 u^2(x_i) + 2\sum_{1 \le i < j}^{m} \rho_{ij} a_i a_j u(x_i) u(x_j)} \end{aligned} \tag{1-26}$$

该合成标准不确定度公式也可称为标准不确定度传播公式。式中，$u_c(y)$ 为输出量估计值 y 的标准不确定度；$u(x_i)$、$u(x_j)$ 为输入量估计值 x_i 和 x_j 的标准不确定度；$a_i = \partial F / \partial x_i$ 为函数 $F(X_1, X_2, \cdots, X_m)$ 在 $(x_1, x_2, \cdots, x_m)$ 处的偏导数，称为灵敏系数或传播系数；ρ_{ij} 为 X_i 和 X_j 在 (x_i, x_j) 处的相关系数，当 X_i 和 X_j 相互独立时有 $\rho_{ij} = 0$。

进一步，可记

$$u(y_i) = \sqrt{\left(\frac{\partial F}{\partial x_i}\right)^2 u^2(x_i)} = \left|\frac{\partial F}{\partial x_i}\right| u(x_i) \tag{1-27}$$

则标准不确定度传播公式就转化为 m 个直接测得的不确定度分量 $u(y_i)$ 的合成公式

$$u_c(y) = \sqrt{\sum_{i=1}^{m} u^2(y_i) + 2\sum_{1 \le i < j}^{m} \rho_{ij} u(y_i) u(y_j)} \tag{1-28}$$

特别是当 x_i 和 y_i 相互独立时有 $\rho_{ij} = 0$，上述合成公式可简化为

$$u_c(y) = \sqrt{\sum_{i=1}^{m} u^2(y_i)} = \sqrt{\sum_{i=1}^{m} \left(\frac{\partial F}{\partial x_i}\right)^2 u^2(x_i)} \tag{1-29}$$

由于不确定度是用标准差来表征的，因此不确定度的评定质量就取决于标准差的可信赖

程度，而标准差的可信赖程度与自由度密切相关，自由度越大，标准差越可信赖。自由度的大小直接反映了不确定度的评定质量。自由度定义为标准差计算中独立项的个数，用 v 表示。例如用贝塞尔公式（1-15）计算实验标准差时的自由度为 $n-1$。合成标准不确定度的自由度也称为有效自由度，一般用 v_{eff} 来表示。

设被测量有 m 个影响测量结果的分量 X_1、X_2、$\cdots$、X_m，当各分量 X_i 均服从正态分布且相互独立时，可根据韦尔奇-萨特思韦特（Welch-Satterthwaite）公式来计算合成标准不确定度的有效自由度

$$v_{eff} = \frac{u_c^4(Y)}{\sum_{i=1}^{m} \frac{u^4(X_i)}{v_i}} \tag{1-30}$$

式中，v_i 为各不确定度分量 $u(X_i)$ 所对应的自由度。

4. 扩展不确定度

在基础计量场合中多用合成标准不确定度 u_c 来表示测量结果的分散性，但在其他一些商业、工业和计量法规应用中，以及涉及健康与安全的领域，常要求采用扩展不确定度来表示。

扩展不确定度可用两种不同的方法来表示。

一种是采用标准差的倍数，也就是用合成标准不确定度乘以包含因子

$$U = ku_c \tag{1-31}$$

若没有关于被测量的标准不确定度的自由度和有关合成分布的信息，很难确定被测量值的估计区间及其置信水平，则建议取包含因子 $k=2$ 或 3。

另一种是根据给定的置信概率或置信水平 p 来确定扩展不确定度，即

$$U_p = k_p u_c \tag{1-32}$$

式中，$k_p = t_p(v_{eff})$，v_{eff} 为有效自由度，p 为置信水平，常取 95%或 99%。

5. 测量结果的表示方式

测量结果也可有两种表示方式：合成标准不确定度表示方式和扩展不确定度表示方式。

（1）合成标准不确定度表示方式

当测量不确定度用合成标准不确定度表示时，可用下列三种形式之一表示测量结果。例如，某标准砝码的质量为 M，其测量的估计值为 $m=100.021\ 47\ g$，合成标准不确定度 $u_c(m)=0.35\ mg$，自由度 $v=9$，则测量结果可用下列三种形式来表示。

1) $m=100.021\ 47\ g$，$u_c(m)=0.35\ mg$ 或 $u_c(m)=0.000\ 35\ g$，最好再给出自由度 $v=9$。

2) $m=100.021\ 47(35)g$，括号内的数值按标准差给出，其末位与测量结果的最低位对齐，最好再给出自由度 $v=9$。

3) $m=100.021\ 47(0.000\ 35)g$，括号内的数值按标准差给出，单位同测量结果一样，最好再给出自由度 $v=9$。

以上三种表示方式中，最简洁又明确的是第二种形式，在公布常数、常量时常采用这种方式，并且给出自由度的大小，以便将不确定度传播到下一级。但这种表示方式在有些场合操作起来比较困难。这是因为，它不仅要做到标准差末位数与前面结果的末位数对齐，又要保证非零数字有 1～2 位，可能会造成测量结果增加虚假的有效数字。例如测量结果为

100.021 g，$u_c(m) = 0.35$ mg，则表示成 $m = 100.021(0.000\ 35)$g 为宜，不能表示为 $m = 100.021\ 00(35)$g。

(2) 扩展不确定度表示方式

当测量不确定度用扩展不确定度表示时，可用下列两种形式之一表示测量结果。

1) 类似上例情形，某标准砝码的质量 M，其测量的估计值 $m = 100.021\ 47$ g，合成标准不确定度 $u_c(m) = 0.35$ mg，自由度 $v = 9$，取包含因子 $k = 2$，由此可得扩展不确定度为 $U(m) = ku_c(m) = 0.000\ 70$g。测量结果可用下面四种形式之一来表示。

$$M = m \pm U(m) = (100.021\ 47 \pm 0.000\ 70)\text{g}，k = 2，v = 9$$

$$m = 100.021\ 47 \text{ g}，U(m) = 0.000\ 70 \text{ g}，k = 2，v = 9$$

$$M = m \pm U(m) = (100.021\ 47 \pm 0.000\ 70)\text{g}，k = 2$$

$$m = 100.021\ 47 \text{ g}，U(m) = 0.000\ 70 \text{ g}，k = 2$$

2) 类似上例情形，某标准砝码的质量 M，其测量的估计值 $m = 100.021\ 47$ g，合成标准不确定度 $u_c(m) = 0.35$ mg，自由度 $v = 9$，取包含因子 $k_p = t_p(9) = 2.26$，$p = 0.95$。由此可得，扩展不确定度 $U_p(m) = k_p u_c(m) = 0.000\ 79$ g，测量结果可用下面三种形式之一来表示。

$$M = m \pm U_{95}(m) = (100.021\ 47 \pm 0.000\ 79)\text{g}，k_{95} = t_{95}(9) = 2.26$$

$$m = 100.021\ 47 \text{ g}，U_{95}(m) = 0.000\ 79 \text{ g}，k_{95} = t_{95}(9) = 2.26$$

$$M = m \pm U_{95}(m) = (100.021\ 47 \pm 0.000\ 79)\text{g}，k = 2.26，p = 0.95，v = 9$$

以上都是基本的测量结果表示方式。基于上述表示方式，还有相对不确定度的表示形式。例如，某标准砝码的质量 M，其测量的估计值 $m = 100.021\ 47$ g，合成标准不确定度 $u_c(m) = 0.35$ mg，则测量结果写为

$$m = 100.021\ 47 \text{ g}，u_c(m)/m = 0.000\ 35\%$$

或写为

$$m = 100.021\ 47 \text{ g}，u_{\text{crel}}(m) = 0.000\ 35\%$$

又如某标准砝码的质量 M，其测量的估计值 $m = 100.021\ 47$ g，扩展不确定度 $U_{95}(m) = t_{95}(9)u_c(m) = 0.000\ 79$ g，则测量结果写为

$$m = 100.021\ 47(1 \pm 7.9 \times 10^{-6})\text{g}，p = 0.95，v = 9$$

或写为

$$m = 100.021\ 47 \text{ g}，U_{\text{crel}}(m) = 7.9 \times 10^{-6}$$

1.2 对准与调焦

首先给出对准和调焦的概念，并介绍人眼直接观察目标时的对准误差和调焦误差，然后具体讨论人眼通过光学仪器（如望远镜和显微镜）观察目标时的对准误差和调焦误差，最后概要介绍光电对准技术和光电调焦技术。

1.2.1 基本概念

对准又称横向对准，是指一个目标与比较标志在垂直瞄准轴方向的重合或置中。这里所述的目标和标志都是广义的，在物方空间中一般指实物目标或标志，在像方空间中则是它们的像。此外，眼睛的瞄准轴是黄斑中心与眼睛后节点的连线，光学仪器的瞄准轴则是光学仪器的某个对准用标志与物镜后节点的连线。

调焦又称纵向对准，是指一个目标与比较标志在瞄准轴方向的重合。调焦的目的主要是使物体（目标）成像清晰，或是为了确定物面或它的共轭像面的位置，后者往往称为定焦。

对准以后，目标与标志在垂轴方向残留的偏离量称为对准误差。眼睛的对准误差以偏离量对眼瞳中心的夹角表示。调焦后目标与标志沿轴向残留的偏离量称为调焦误差。眼睛的调焦误差以目标与标志到眼瞳距离的倒数之差表示。

眼睛通过光学仪器去对准或调焦的目的是利用仪器的有效放大率和有利的比较标志（如叉线或双线分划板等）以提高对准和调焦的准确度，所以对准和调焦误差应以观察仪器的物方对应值表示，如图 1-7 中的 Δy、γ 和 Δx、ϕ 所示。

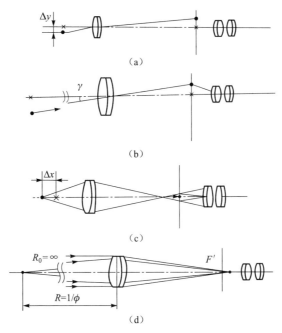

图 1-7 光学仪器物方的对准和调焦误差

(a) 用显微镜对准近物点；(b) 用望远镜对准远物点；(c) 用显微镜调焦近物点；(d) 用望远镜调焦远物点

1.2.2 人眼的对准误差和调焦误差

在介绍目视观测光学仪器（望远镜和显微镜）的对准误差和调焦误差之前，必须先了解人眼直接观察目标时的这些误差。当人眼在光学仪器的像方观察时，在垂直于瞄准轴方向的同一个平面内，使两条分划线重合（表 1-3 中示意图 1）、或使两线端点相接（表 1-3 中示意图 2）、或使一条不太细的线与两条平行细线对中（表 1-3 中示意图 3）、或使交叉线和一单线对中（表 1-3 中示意图 4）、或使狭缝与单线或叉线对中（表 1-3 中示意图 5），这些都是通过人眼进行的横向对准行为。常见的人眼对准方式及其对准误差见表1-3，最好的对准方式可做到10″的对准误差。

表1-3 五种对准方式的对准误差

对准方式	示意图	人眼对准误差 δ_e / (″)	附注
压线对准（单线与单线重合）	1	60～120	两条实线重合时，设线宽分别为 b_1、b_2 (′)，则 $\delta_e = 0.5(b_1 + b_2)$ (′)。实线与虚线重合时，设虚线宽为 b_1 (′)，实线宽度为 b_2 (′)，当 $b_2 \leqslant b_1 \leqslant b_2 + 1$ 时，$\delta_e = 1′$；当 $b_1 \ll b_2$ 时，$\delta_e = 0.5(b_2 - b_1) + 1$ (′)
游标对准（一直线在另一直线延长线上）	2	15	线宽不宜大于1′ 分界线 aa 应细而整齐
夹线对准（一条稍粗直线位于两平行细线中间）	3	10	三线严格平行。两平行细线中心间距最好等于粗直线宽度的1.6倍
叉线对准（一条直线位于叉线中心）	4	10	直线应与叉线的一条角等分线重合
狭缝夹线对准或狭缝叉线对准	5	10	直线与狭缝严格平行

注：表中 δ_e 指误差分布的置信区间半宽度，若按均匀分布考虑，其标准偏差应为 $\delta_e / \sqrt{3}$。以后不加说明，对准误差均指区间半宽度。参照 JJF 1001—1998 和 GJB 270—1996，在评定测量结果时，表中的对准误差又称为由对准误差引起的对准扩展不确定度。后面述及的调焦误差、调焦扩展不确定度之间的关系也同上考虑。

下面再来具体分析人眼的调焦方式及其调焦误差。要使目标位于标志所在的垂直于瞄准轴的平面上，即二者位于同一深度上，人眼的调焦方式可有多种，最常见最简便的是清晰度法和消视差法。

以目标与比较标志同样清晰作为准则的调焦方法称为清晰度法。清晰度法的调焦误差是由于存在几何焦深和物理焦深造成的。

首先说明几何焦深这一概念。从几何光学角度出发，假定标志理想成像在眼睛视网膜上，这时标志上一点在视网膜上的像是一个几何点。调焦时目标不一定恰好与标志位在同一平面上，但只要目标上一点在视网膜上生成的弥散圆直径小于眼睛的分辨极限，人眼仍把这个弥散圆看成一个点，即认为目标与标志同样清晰。当弥散圆直径等于人眼分辨极限时，目标至标志距离 δ_x（即为调焦扩展不确定度）的两倍($2\delta_x$)时称为几何焦深（因为目标远于或近于标志 δ_x 距离时效果相同）。可见几何焦深与人眼的分辨角 α_e 直接相关。通常取 $\alpha_e = 1′$。当人眼观察远距离处的物体时，δ_x 会很大，这时调焦极限误差即调焦扩展不确定度不用 δ_x 表示，而应以目标和标志到眼瞳距离的倒数之差值表示。设目标距离为 l_1，标志距离为 l_2，$l_1 - l_2$ 为几何焦深的一半，眼瞳直径为 D_e，人眼极限分辨角为 α_e，由几何焦深造成的人眼调焦误差为

$$\phi_1' = \frac{1}{l_2} - \frac{1}{l_1} = \pm \frac{\alpha_e}{D_e} \tag{1-33}$$

式中，ϕ_1' 应以 m^{-1} 为单位，l_1、l_2 和 D_e 的单位为 m，α_e 的单位为 rad。

下面给出物理焦深的概念。根据衍射理论，由于眼瞳大小有限，即使是理想成像，一物点在视网膜上的像不再是一个点而是一个艾里斑。当物点沿轴向移动 Δl 后，在眼瞳面上产生的波差小于或等于 λ/k（常取 $k=6$）时，人眼仍分辨不出这时视网膜上的衍射图像与艾里斑有什么差别。即如果目标与标志相距小于 Δl 时眼睛仍认为二者的像同样清晰。距离 $2\Delta l$ 称为物理焦深。由物理焦深造成的人眼调焦极限误差 ϕ_2' 由下式求得

$$\pm \frac{\lambda}{k} = \frac{D_e^2}{8l_2} - \frac{D_e^2}{8l_1}$$
$$\phi_2' = \frac{1}{l_2} - \frac{1}{l_1} = \pm \frac{8\lambda}{kD_e^2} \tag{1-34}$$

式中，ϕ_2' 的单位是 m^{-1}，$l_1 = l_2 \pm \Delta l$，D_e 为眼瞳直径（D_e 与波长 λ 的单位皆为 m）。

假设几何焦深和物理焦深的误差分布为均匀分布，两者合成后的人眼调焦分布为三角分布，则由清晰度法产生的人眼调焦标准不确定度 ϕ_u' 和扩展不确定度 ϕ' 分别为

$$\begin{cases} \phi_u' = \sqrt{\dfrac{\phi_1'^2}{3} + \dfrac{\phi_2'^2}{3}} = \dfrac{1}{\sqrt{3}} \left[\left(\dfrac{\alpha_e}{D_e} \right)^2 + \left(\dfrac{8\lambda}{kD_e^2} \right)^2 \right]^{1/2} \\ \phi' = \sqrt{6} \cdot \phi_u' \end{cases} \tag{1-35}$$

式（1-35）中 ϕ_u' 采用的是两个分量的标准不确定度合成公式（见式（1-29）），式中 $\sqrt{6}$ 是三角分布的扩展因子，ϕ_u'、ϕ' 的单位均为 m^{-1}。

消视差法是以眼睛在垂轴平面上左右摆动也看不出目标和标志有相对横移为判断准则的，也即，以视差最小作为判断准则的调焦方法称为消视差法。消视差法的实质是把辨别目标和标志的纵向深度差异转换为辨别两者之间的横向对齐程度，把纵向调焦转变为横向对准。由于无相对横移时目标不一定与标志同样清晰，所以消视差法不受焦深的影响。消视差后目标与标志的轴向距离即为本方法的调焦误差。

采用消视差法时，先使目标与标志横向对准，再摆动眼睛，如果看到二者始终对准，则认为调焦已完成。由于本方法把纵向调焦变成横向对准，从而可通过选择误差小的对准方式来提高调焦准确度。

设眼睛摆动距离为 b，所选对准方式的对准误差为 δ_e，调焦时目标和标志到眼睛的轴向距离分别为 l_1 和 l_2，此时人眼直接观察的消视差法调焦极限误差可参照式（1-33）得到

$$\phi' = \frac{1}{l_2} - \frac{1}{l_1} = \frac{\delta_e}{b} \tag{1-36}$$

式中，δ_e 的单位为 rad，b 的单位为 m，ϕ' 的单位是 m^{-1}。

在式（1-35）中代入人眼极限分辨角 $\alpha_e = 1' = 2.91 \times 10^{-4}$ rad，眼瞳直径 $D_e = 4$ mm，波长 $\lambda = 0.55 \times 10^{-6}$ m，$k = 6$ 后，得知清晰度法产生的人眼调焦扩展不确定度大致为

$1.2×10^{-1}$ m^{-1}。在式（1–36）中代入人眼对准误差 $\delta_e = 10''\sim 60''$，单眼摆动距离 $b = 4$ mm 后，得知消视差法产生的人眼调焦扩展不确定度为 $7×10^{-2}\sim 1×10^{-2}$ m^{-1}。

1.2.3 望远镜和显微镜的对准误差与调焦误差

如果不借助光学仪器，人眼不仅无法分辨远方物体和细小物体的细节，而且人眼直接对准和调焦的能力也十分有限。人眼借助望远镜和显微镜可提高对准与调焦的准确度。

1. 对准误差

（1）望远镜的对准误差

如图 1–8（a）所示，设人眼直接对准的对准误差为 δ_e，望远镜的放大率为 Γ，通过望远镜观察时物方的对准误差设为 γ，则有如下关系

$$f_e'\delta_e = f_o'\gamma \tag{1-37}$$

$$\gamma = \frac{\delta_e}{\Gamma} \tag{1-38}$$

例 1 V 棱镜折光仪的望远镜放大率 $\Gamma = 6^\times$，入瞳直径 $D = 12$ mm，对准方式是夹线对准，其对准误差为 $\delta_e = 10''$，则望远镜对准误差为

$$\gamma = \frac{10''}{6} = 1.7''$$

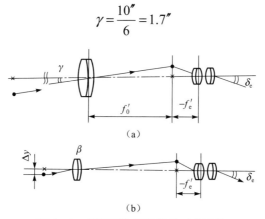

图 1–8 望远镜和显微镜的对准误差
（a）望远镜的对准误差；（b）显微镜的对准误差

（2）显微镜的对准误差

如图 1–8（b）所示，设显微镜的总放大率为 Γ，其中物镜的垂轴放大率为 β。通过显微镜观察时物方的对准误差设为 Δy，则有

$$\Delta y = \frac{f_e'\delta_e}{\beta}$$

式中，f_e' 为目镜焦距。因为 $\Gamma = \beta \cdot 250/f_e'$，故得

$$\Delta y = \frac{250\delta_e}{\Gamma} \text{（mm）} \tag{1-39}$$

式中，250 为人眼的明视距离（mm），δ_e 为人眼的对准误差（rad）。

例 2 V 棱镜折光仪的显微镜放大率 $\Gamma = 58^\times$，显微物镜的数值孔径 $NA = 0.15$，对准方式是夹线对准，$\delta_e = 10'' = 10/206\,265$ rad（1 rad $= 206\,265''$），则显微镜物方的对准误差为

$$\Delta y = \frac{250 \times 10}{58 \times 206\,265} = 0.000\,21 \text{（mm）} = 0.21 \text{（μm）}$$

例3 经纬仪的度盘刻划圆直径 $D = 270$ mm，用游标对准方式读数，即 $\delta_e = 0.25'$，要求由对准误差带入经纬仪测角误差的部分不大于 $\theta = 0.1''$，求读数显微镜放大率的下限值。

设显微镜物方的对准误差为 Δy，则与 Δy 对应的测角误差为

$$\theta = \frac{2\Delta y}{D}$$

根据式（1-39）消去 Δy，即得计算放大率的公式

$$\Gamma = \frac{500\delta_e}{D\theta} = \frac{500 \times 60 \times 0.25}{270 \times 0.1} \approx 278^\times$$

（3）对准误差与分辨率的关系

由式（1-38）和式（1-39）可以看出，对准误差与放大率 Γ 成反比。是否可以认为，只要单纯增大 Γ，对准误差必然减小呢？实践证明，对准误差的减小还受到光学仪器分辨率的限制。因为成像质量和光学衍射共同影响到光学仪器的分辨率，而像质和衍射同样会影响对准的准确度，所以对准误差和仪器分辨率有一定的联系。即使仪器像质优良，对准和分辨仍受衍射制约。

实验结果得出：像质优良的望远镜和显微镜的单次对准不确定度最小只能达到它的理论分辨率的 1/6~1/10（对扩展不确定度建议用 1/6，标准不确定度才用 1/10）。即

$$\gamma_{\min} = \left(\frac{1}{6} \sim \frac{1}{10}\right)\alpha, \quad \Delta y_{\min} = \left(\frac{1}{6} \sim \frac{1}{10}\right)\varepsilon \tag{1-40}$$

$$\alpha = \frac{1.02\lambda}{D}, \quad \varepsilon = \frac{0.51\lambda}{NA} \text{（参见表6-3）}$$

式中，D 为望远镜的入瞳直径（mm），NA 为显微物镜的数值孔径；当取 $\lambda = 0.56$ μm 时，$\varepsilon \approx 0.3/NA$（μm），$\alpha = (1.02 \times 0.56 \times 10^{-3}/D) \times 206\,265'' \approx 120/D('')$。

用式（1-40）去检查前面举出的 V 棱镜折光仪的两个例子。望远镜入瞳直径 $D = 12$ mm，则理论分辨率 $\alpha = 120''/12 = 10''$，由式（1-38）已算出 $\gamma = 1.7'' = \alpha/6$，说明实际可以达到 1.7'' 的对准准确度。

显微物镜的数值孔径 $NA = 0.15$，$\varepsilon \approx 0.3/0.15 = 2.0$（μm），由式（1-39）已算出 $\Delta y = 0.21$ μm，而 $\Delta y_{\min} = \varepsilon/6 = 0.33$ μm。故显微镜的对准扩展不确定度最好也只能达到 0.33 μm，对应标准不确定度为 $0.33/\sqrt{3}$ μm $= 0.2$ μm。

2. 调焦误差

（1）望远镜的调焦误差

1）清晰度法的调焦误差。

将式（1-33）和式（1-34）所示的人眼两部分调焦误差，分别换算到望远镜物方，即可求出望远镜用清晰度法调焦的误差。设望远镜像方的调焦误差为 ϕ'（m^{-1}）时，对应于物方为 ϕ（m^{-1}）。应用牛顿公式 $xx' = ff'$，不难求出

$$\phi = \frac{\phi'}{\Gamma^2}$$

由此可得，在望远镜物方

$$\phi_1 = \frac{\phi_1'}{\Gamma^2} = \frac{\alpha_e}{\Gamma^2 D_e}$$

$$\phi_2 = \frac{\phi_2'}{\Gamma^2} = \frac{8\lambda}{k\Gamma^2 D_e^2}$$

当眼瞳直径 D_e 大于望远镜的出瞳直径 D' 时，以实际有效的像方通光孔径 $D' = D/\Gamma$ 代替公式中的 D_e，上两式变为

$$\phi_1 = \frac{\alpha_e}{\Gamma D}, \quad \phi_2 = \frac{8\lambda}{kD^2}$$

式中，D 为望远镜的入瞳直径。

若 $D' > D_e$，则 ΓD_e 为实际有效的入瞳直径，即应以 ΓD_e 代替式中的 D。

类似于式（1–35）中对调焦分布的讨论，望远镜的调焦扩展不确定度 ϕ 为

$$\phi = \sqrt{6} \cdot \frac{1}{\sqrt{3}} \left[\left(\frac{\alpha_e}{\Gamma D} \right)^2 + \left(\frac{8\lambda}{kD^2} \right)^2 \right]^{1/2} \quad (\text{m}^{-1}) \tag{1-41}$$

其中标准不确定度为 $\phi/\sqrt{6}$。

2）消视差法的调焦误差。

人眼通过望远镜调焦时，眼睛在出瞳面上摆动的最大距离将受到出瞳直径的限制。因为在视网膜上像的位置由进入眼瞳的成像光束的中心线与视网膜的交点决定，因此眼瞳的有效移动距离不等于眼瞳的实际移动距离 t，而等于出瞳中心到进入眼瞳的光束中心的距离 b，如图 1–9（a）所示。图中阴影线部分表示进入眼瞳的光束截面积。不难看出，b 越大进入眼睛的光束越细，像越暗，眼睛的对准准确度将越降低。一般规定，当 $D_e = 2$ mm 左右时（这时视场亮度约为 2×10^4 cd/m^2），计算调焦误差的眼睛最大移动距离是眼瞳中心移至出瞳边缘处（见图 1–9（b）），这时

$$b = \frac{D'}{2} - \frac{D_e}{4}$$

在实验室条件下，视场亮度有时达不到要求的 2×10^4 cd/m^2 的水平，D_e 将增大。但当 $D_e \leq 3$ mm 时（视场亮度大于 100 cd/m^2），只要保持进入眼瞳的光束截面积基本不变（与 $D_e = 2$ mm 时，图 1–9（b）中画斜线的面积基本相同），对准准确度不会有明显下降，因此上式中的 $D_e/4$ 可看作是定值 $1/2$ mm，于是公式变为

$$b = \frac{1}{2}(D' - 1) \quad (\text{mm}) \tag{1-42}$$

式中，D' 的单位为 mm。将式（1–36）的 ϕ' 换算到望远镜物方得

$$\phi = \frac{\delta_e}{\Gamma^2 b}$$

将式（1–42）代入上式，得单次调焦扩展不确定度为

$$\phi = \frac{2\delta_e}{\Gamma^2 (D' - 1) \times 10^{-3}} \quad (\text{m}^{-1}) \tag{1-43}$$

式中，δ_e 由表 1–3 查出，但单位换用弧度。其单次调焦的标准不确定度则为 $\phi/\sqrt{3}$。

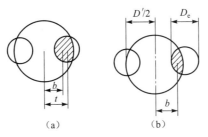

图 1–9 眼瞳在出瞳面上摆动时的有效移动距离
（a）有效移动距离与实际移动距离；（b）最大移动距离

例 4 校正平行光管的分划板位置，要求分划板位于平行光管物镜的焦面上。设平行光管口径 $D_c = 50$ mm，物镜焦距 $f'_c = 550$ mm。用一个望远镜对向平行光管，观察它的分划板像，当看到这个像与望远镜的分划板刻线同样清晰和消视差时，则认为平行光管已校正好。设望远镜入瞳直径 $D_T = 100$ mm，物镜焦距 $f'_o = 1\,200$ mm，放大率 $\Gamma = 40^\times$。问调焦误差有多少？

用清晰度法：观察时实际通光口径 $D = 50$ mm $= 0.05$ m，取 $\alpha_e = 1' = 1/3\,438$（rad），$\lambda = 0.56\ \mu\text{m} = 0.56 \times 10^{-6}$ m，代入式（1–41）得调焦误差

$$\phi = \sqrt{2}\sqrt{\left(\frac{1}{3\,438 \times 40 \times 0.05}\right)^2 + \left(\frac{8 \times 0.56}{6 \times 0.05^2 \times 10^6}\right)^2}\ (\text{m}^{-1}) \approx 4.7 \times 10^{-4}\ (\text{m}^{-1})$$

用消视差法：设对准方式是压线对准，取 $\delta_e = 1'$，眼瞳直径 $D_e = 2$ mm，$D' = 1.25$ mm。代入式（1–43）得调焦误差

$$\phi = \frac{2 \times 1}{40^2(1.25 - 1) \times 10^{-3} \times 3\,438}\ (\text{m}^{-1}) = 1.5 \times 10^{-3}\ (\text{m}^{-1})$$

（2）显微镜的调焦误差

1）清晰度法的调焦误差。

将人眼的调焦误差换算到显微镜物方的简单方法，是把显微镜看作一个放大率较大的放大镜，其等效焦距为

$$f'_{eq} = 250/\Gamma\ (\text{mm})$$

式中，Γ 为显微镜总放大率。

显微镜物空间的折射率为 n 时，设人眼调焦误差为 ϕ'_1，则显微镜物方对应的调焦误差由式（1–33）和牛顿公式可知，为

$$\Delta x_1 = \phi'_1 n f'^2_{eq} = \frac{\alpha_e n}{D_e} f'^2_{eq} \qquad (1\text{–}44)$$

若 D_e 大于出瞳直径 D'，上式变为

$$\Delta x_1 = \frac{\alpha_e n}{D'} f'^2_{eq} \qquad (1\text{–}45)$$

显微镜的出瞳直径 D' 与数值孔径 NA 及总放大率 Γ 的关系如图 1–10 所示，得

$$D' = 2f'_{eq} \cdot NA \tag{1-46}$$

代入式（1-45）得

$$\Delta x_1 = \frac{\alpha_e n}{2NA} f'_{eq} \tag{1-47}$$

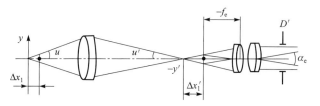

图 1-10　显微镜几何焦深 Δx_1、分辨角 α_e、出瞳直径 D' 和孔径角 u 的关系

如图 1-11 所示，由物理焦深产生的调焦误差，也可通过较简单的方法求得。

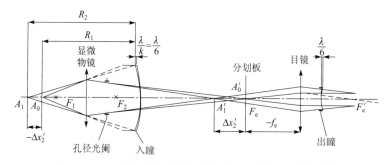

图 1-11　人眼经显微镜调焦时物理焦深引入的调焦误差

如果 $D_e > D'$，则当目标像和标志像发出的光束在显微镜出瞳范围内所截波面之间的波差小于 $\lambda/6$ 时，人眼看到二者同样清晰。假定显微镜像质良好，在目标像到标志像的深度范围内波像差的变化很小，那么，在显微镜物方，目标和标志对入瞳的波差也应是小于 $\lambda/(6n)$（λ 为真空中的波长）。

设波差达 $\lambda/(6n)$ 时，目标到入瞳的距离为 R_1，标志到入瞳的距离为 R_2。入瞳直径为 D，则二者之间在入瞳处的波差，当 $NA \leq 0.50$ 时，可近似得

$$\frac{D^2}{8R_2} - \frac{D^2}{8R_1} = \frac{\lambda}{6n} \tag{1-48}$$

假设物空间介质的折射率为 n，物方最大孔径角为 U，而且差值 $R_2 - R_1 = \Delta x_2$ 是个很小的数。则有

$$\frac{R_2}{2}\sin^2 U - \frac{R_1}{2}\sin^2 U = \frac{\lambda}{6n} \tag{1-49}$$

$$\frac{\sin^2 U}{2}(R_2 - R_1) = \frac{\lambda}{6n} \tag{1-50}$$

$$\Delta x_2 = \frac{2\lambda}{6n\sin^2 U} = \frac{2n\lambda}{6(NA)^2} \tag{1-51}$$

总的调焦标准不确定度为

$$u_{\Delta x} = \frac{1}{\sqrt{3}}\sqrt{\left(\frac{n\alpha_e f'_{eq}}{2NA}\right)^2 + \left(\frac{2n\lambda}{6(NA)^2}\right)^2} \qquad (1-52)$$

扩展不确定度为

$$U_{\Delta x} = \sqrt{6} \cdot \frac{1}{\sqrt{3}}\sqrt{\left(\frac{n\alpha_e f'_{eq}}{2NA}\right)^2 + \left(\frac{2n\lambda}{6(NA)^2}\right)^2} \qquad (1-53)$$

2) 消视差法的调焦误差。

求消视差法调焦误差的方法与式（1-47）的方法相似。将式（1-36）换算到显微镜物方得

$$\Delta x = \phi' n f'^2_{eq} = \frac{n\delta_e}{b} f'^2_{eq} \qquad (1-54)$$

将式（1-42）代入上式中，得调焦扩展不确定度为

$$\Delta x = \frac{2n\delta_e}{D'-1} f'^2_{eq} \qquad (1-55)$$

再应用式（1-46），得消视差法的调焦扩展不确定度为

$$\Delta x = \frac{n\delta_e f'_{eq}}{NA} \frac{D'}{D'-1} \qquad (1-56)$$

其单次调焦标准不确定度则为 $\Delta x / \sqrt{3}$。上式中 b、D'、f'_{eq} 均以 mm 为单位。

例 5 用一显微镜确定某分划板的位置。显微物镜 $NA = 0.25$、$\beta = 10^\times$，目镜 $\Gamma_e = 10^\times$。求显微镜对分划板刻线面调焦的扩展不确定度。

用清晰度法：取 $\alpha_e = 1'$，$\lambda = 0.56 \times 10^{-3}$ mm，$n = 1$，已知 $\Gamma = \beta\Gamma_e = 100^\times$，$f'_{eq} = 250/100 = 2.5$ mm，$NA = 0.25$，代入式（1-53）得

$$\Delta x = \sqrt{2}\sqrt{\left(\frac{1 \times 1 \times 2.5}{2 \times 3\,438 \times 0.25}\right)^2 + \left(\frac{2 \times 1 \times 0.56 \times 10^{-3}}{6 \times 0.25^2}\right)^2} = 4.7 \times 10^{-3} \text{（mm）}$$

假如 $D_e = 1$ mm $< D'$，则实际的数值孔径 $NA = 0.20$，这时 $\Delta x = 7.0$ μm。

用消视差法：设被调焦的分划板刻有直线（线宽 0.01 mm），显微镜的分划板上刻有叉线，故有 $\delta_e = 10'' = 0.17'$。显微镜的出瞳直径为

$$D' \approx 2f'_{eq}(NA) = 2 \times 2.5 \times 0.25 = 1.25 \text{（mm）}$$

设眼瞳直径 $D_e = 2$ mm，将上面各值代入式（1-56）得

$$\Delta x = \frac{1 \times 0.17 \times 2.5 \times 10^3}{3\,438 \times 0.25} \times \frac{1.25}{1.25-1} = 2.5 \text{（μm）}$$

根据式（1-41）、式（1-43）、式（1-53）和式（1-56），分析两种方法的调焦误差，可以得到如下结论：由于消视差法可通过选择有利的对准方式使对准误差 δ_e 大大减小，因此，系统出瞳直径 $D' \geq 2$ mm 时，用消视差法准确度高；$D' \leq 1$ mm 时，用清晰度法准确度高。1 mm $< D' <$ 2 mm 时，两种方法准确度相差不多。这个结论与实践结果基本吻合。

实际进行目视法调焦时，往往两种方法同时采用。这就是，首先调至目标与标志同样清晰，再左右摆动眼睛观察二者间有无视差，最后以"清晰无视差"定焦。

1.2.4 光电对准

光学测量技术今后发展的关键问题之一是怎样广泛有效地应用光电探测技术。光电探测不仅可代替人眼进行对准、定焦和读数，更重要的是还可大大提高对准和定焦的准确度。另外，通过光电探测高准确度地提取信号并输入计算机中，计算机才能有效地进行实时控制和处理，实现测量的自动化，提高工作效率，扩大仪器的应用范围。近二三十年来，以 CCD 传感器为代表的各种新型光电探测器发展很快，光电对准和光电定焦已越来越多地被应用于各种测量仪器中。传统的目视光学仪器选择好的对准方式，其对准误差通常只能做到 $1''\sim 2''$ 或 $0.1\sim 1\ \mu m$。而采用光电对准装置后，其对准误差则分别达 $0.01''\sim 0.1''$ 和 $0.01\sim 0.02\ \mu m$，比目视对准装置要好一个数量级以上。光电对准装置可分为光电显微镜和光电望远镜两大类。

传统上，光电对准主要采用对准刻线的工作方式，按工作原理可分为光度式、相位式、差动式三种。光度式是根据刻线像相对仪器狭缝的位置不同，通过狭缝到达光电接收器的光信号大小也不同这个原理进行工作的，以光信号最小作为对准依据。相位式是在光度式基础上，在成像光路中加入一个以一定频率振动的调制镜，使刻线像在狭缝处以一定的振幅同频率振动的原理进行工作的。相位式具有稳定性较好、对刻线质量要求相对较低、对准误差较小等特点。差动式是在光度式基础上，在刻线像面上放置两个有一定间距的狭缝，用两个光电探测器分别接收通过每个狭缝的光信号，以两个光电信号相等（差值过零）作为对准依据。

从 20 世纪 90 年代以来至今，光电对准仪器广泛应用线阵或面阵 CCD 传感器及信号细分技术。图 1-12 所示是采用线阵 CCD 实现一维光电对准测角的一个例子。图中，当反射镜垂直于光轴时，在线阵 CCD 上得到狭缝像光强分布作为基准位置，而当反射镜对光轴发生微小角度 α 的偏转时，则狭缝像在线阵 CCD 上将产生偏移量 Δy。依据线阵 CCD 像元尺寸及应用亚像元细分技术精确测得该偏移量，再由准直物镜焦距便可算得反射镜的偏转角 α。其中亚像元细分技术是光电自准直仪中用来改善其光电对准精度的重要技术手段。

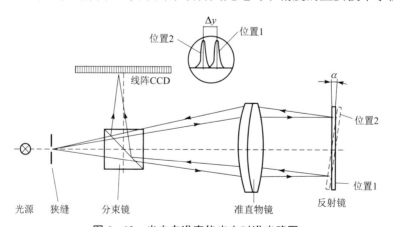

图 1-12 光电自准直仪光电对准光路图

另一种二维光电自准直仪的光学原理图如图 1-13 所示。发光二极管作为光源发出的光经传光光纤和聚光镜，照亮位于准直物镜两个共轭焦面上相互正交的两个目标狭缝，随后光线分别通过分束棱镜和物镜准直出射,经被测对象反射后返回,又分别成像在与目标狭缝共轭的两个线阵 CCD 探测器上。两路 CCD 将接收到的光信号转换成数字信号,再经数字信号处理后传输到计算机分别进行 X 轴和 Y 轴方向的对准。

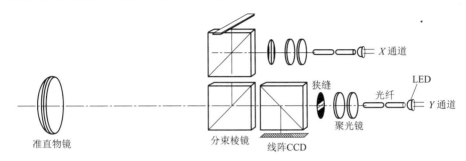

图 1-13　二维光电自准直仪光学系统

1.2.5　光电定焦

定焦的实质是确定最佳像面位置。目视法定焦一般是把最高对比度的像面作为最佳像面,因为此像面上眼睛有最清晰的视感。当前,确定最佳像面的标准有多种,如最高分辨率像面、最小波像差像面、最小弥散斑像面、最大调制度传递函数像面等。对于一个存在剩余像差和加工误差的实际光学系统而言,通常这些像面并不重合。实验确定最佳像面时,像面位置还与照明光源的光谱分布和接收器的光谱灵敏度有关。

光电定焦的方法有多种,如扇形光栅法、MTF 法、测距法、数字图像分析法等。扇形光栅法可用于测定照相物镜的工作距离(从最佳像面到物镜框端面的距离),还能测量和研究其他光学特性,如弥散斑直径、OTF、焦距等。MTF 定焦法是以 MTF 测量值作为判断依据确定最佳像面的方法,可选取 MTF 曲线下积分面积最大的像面作为最佳像面,或选取在某特征频率下具有最大 MTF 值的像面作为最佳像面。测距法主要应用于照相机对焦系统和某些机器视觉领域中,但它一般不适合用在望远系统、显微镜、检眼镜、内窥镜等应用场合。数字图像分析法主要用在光学特性和成像性能检测、工业检测、生物医学成像、空间遥感等领域,这些领域往往难以实现物距的直接测量。这里简要介绍一下应用于光学测量领域中的基于数字图像分析技术的光电定焦方法。

数字图像分析定焦法需要记录不同像面的序列数字图像,并对序列数字图像进行分析判断,来找准最佳像面位置。最佳像面的判断准则主要有图像清晰度、图像模糊变特性、图像频谱特性等几类,其中图像清晰度方法比较简单,应用效果也不错。以下简要介绍图像清晰度评价的梯度能量法和拉普拉斯能量法。

1. 图像梯度能量法

图像梯度能量法的定焦评价函数为

$$M(z) = \sum_x \sum_y \left\{ \left[\frac{\partial g_z(x,y)}{\partial x} \right]^2 + \left[\frac{\partial g_z(x,y)}{\partial y} \right]^2 \right\} \quad (1-57)$$

式中,$g_z(x,y)$ 为位于光轴坐标 z 处的像面上的图像光强分布。对于数字图像,可按照数字图像中离散像素的灰度值来计算图像梯度,式(1-57)中的偏微商可用像素灰度差商来表示,

即上式可改写为

$$M(z) = \sum_i \sum_j \{[g_z(i+1,j) - g_z(i,j)]^2 + [g_z(i,j+1) - g_z(i,j)]^2\} \quad (1-58)$$

式中，i、j 为数字图像中的像素序号。

从上式不难看出，图像的锐度越大（即图像越清晰），图像相邻像素之间的灰度差也越大，定焦评价函数值也越大。如图 1-14 所示，沿光轴 z 方向各个不同位置像面上的图像及相应的梯度能量曲线表示，图像越清晰，其梯度能量值越大。

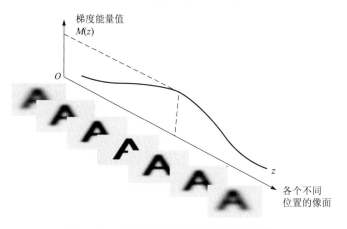

图 1-14 定焦扫描过程及梯度能量曲线

2. 图像拉普拉斯能量法

图像拉普拉斯能量法的定焦评价函数为

$$M(z) = \sum_i \sum_j [\Delta_i g_z(i,j) + \Delta_j g_z(i,j)]^2 \quad (1-59)$$

式中，$\Delta_i g_z(i,j)$、$\Delta_j g_z(i,j)$ 分别表示在图像上像素点 (i,j) 处的水平、垂直方向上图像灰度差商，可按照下式来计算

$$\Delta_i g_z(i,j) + \Delta_j g_z(i,j) = g_z(i,j+1) + g_z(i,j-1) + g_z(i+1,j) + g_z(i-1,j) - 4g_z(i,j) \quad (1-60)$$

如图 1-15 所示，比较某个实际定焦扫描过程的图像梯度能量算法和图像拉普拉斯能量

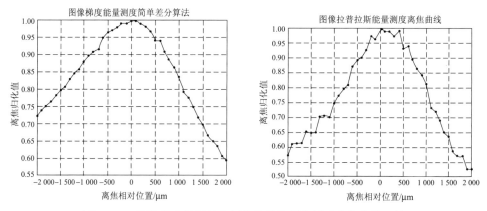

图 1-15 图像梯度能量法和图像拉普拉斯能量法定焦曲线比较

算法的归一化离焦曲线,可见拉普拉斯算法离焦曲线的跳动性稍大。这是因为拉普拉斯算法是二阶微分算法,它对图像中的随机噪声更为灵敏的缘故。

实际上,为了改善定焦效果,图像梯度能量和图像拉普拉斯能量算法还有多种改进形式,例如用 Sobel 算子、Prewitt 算子、改进的拉普拉斯模板等。为了抑制图像噪声,常需对图像进行低通滤波处理,去除图像中常见的高频随机噪声,从而派生出低通滤波的图像梯度能量算法和低通滤波的图像拉普拉斯能量算法。另外,灰度方差算法也是一种基于图像清晰度的定焦方法,此处不再展开介绍。

各种定焦算法在不同的应用场合、不同的目标或背景等条件下常具有不同的效果,必须根据实际情况选择合适的定焦算法。采用现有的光电成像传感器件与数字图像处理技术,已能做到亚微米量级的定焦精度。

1.3　光学测试装置的基本部件及其组合

最基本的光学测试装置为光具座,光具座的类型一般以平行光管焦距的长短来区分,焦距为 1 200 mm 的 GXY-08A 型光具座的外形如图 1-16 所示,它主要由平行光管、带回转工作台的自准直望远镜、透镜夹持器和带目镜测微器的测量显微镜组成,以上几个部件可排列在一根底座导轨上。当然根据不同测量工作的需要,还可以灵活地加入和取下一些部件,所有部件皆可沿导轨滑动并固紧,还可变换它们的位置以组成各种测量装置。光具座具有很强的通用性和灵活性。例如:光学系统的焦距测量、分辨率测量、星点检验等均可在它上面变换部件组成不同用途的测量系统来完成。

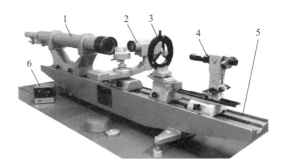

图 1-16　GXY-08A 型光具座

1—1.2 m 平行光管;2—0.5 m 自准望远镜;3—透镜夹持器;4—测量显微镜;5—导轨及底座;6—电源变压器

光具座检测各种光学参数和光学性能所依据的基本理论是几何光学的成像理论、几何像差理论,以及物理光学的夫朗和斐衍射理论。光具座所采用的测试技术,可认为是传统光学(几何光学和物理光学)的应用技术。

下面介绍光具座必备的三种基本部件——平行光管、自准直目镜和目镜测微器的基本结构、工作原理和调校误差,以及由各部件组成的不同用途的测试装置。

1.3.1　平行光管

平行光管又称准直仪。它的作用是提供无限远的目标或给出一束平行光。平行光管主要由一个望远物镜(或称准直物镜)和一个安置在物镜焦平面上的分划板组成。二者由镜筒连接在一起,如图 1-17 所示。焦距为 1 000 mm 以上的平行光管一般都带有伸缩筒,分划板装在伸缩筒一端,另一端滑动配合装入大镜筒内,伸缩筒的滑动量即分划板离开焦面的距离,可由伸缩筒上的刻度尺给出。移动伸缩筒即能给出由无限远直到较近距离的分划像(目标)。分划板通常由小灯泡经毛玻璃均匀照明。若通过平行光管给出平行光束或无限远的星点,则用小孔光阑或星点板替换分划板,用钨带灯或小面积大电流的钨丝灯经聚光镜将灯丝成像在小孔处照明,也可将光谱灯的单色光或激光聚焦于小孔上以提供单色平行光。

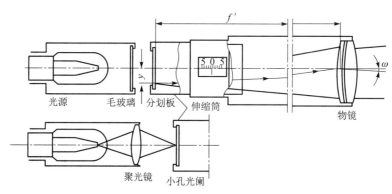

图 1-17 带伸缩筒的平行光管

平行光管的分划板的形式有多种,图 1-18 给出了 GXY-08A 型光具座常用的四种,它们分别是十字或十字刻度分划板、分辨率板、星点板、玻罗(Porro)板。其中星点板中心有一透光小孔,用镀膜及激光加工方法在玻璃板上制得的透光小孔直径一般小于 0.05 mm,最小的为 6 μm 左右,而较大的小孔光阑则一般用圆金属薄板或锡箔并在其中心钻孔制成,孔直径为 0.1~2.0 mm。玻罗板上面刻有四对间距不同、线条宽度也不同的刻线,它专供测量透镜焦距用。

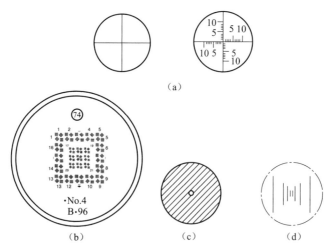

图 1-18 分划板的四种形式

(a)十字、十字刻度分划板;(b)分辨率板;(c)星点板;(d)玻罗板

平行光管在出厂或使用前需调校好。调校的目的主要是使分划刻线面与物镜焦平面精确

重合，同时还要求刻线中心位于光轴上。后一要求可通过机械结构来保证，因为这个对中的位置精度一般不需要很高。下面介绍两种常用的调校平行光管的方法。

1. 自准直法调校平行光管

自准直法调校平行光管适合于中小口径的平行光管，其原理如图 1-19 所示。

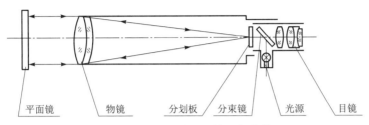

图 1-19 自准直法调校平行光管

首先要在平行光管的分划板后配置一个带分束镜和照明光源的目镜，这样该目镜和平行光管就构成了一台自准直望远镜。将一个平面度好的平面镜置于自准直望远镜前方，人眼在自准直望远镜出瞳处观察，调整平面反射镜（使其垂直于自准直望远镜光轴）使人眼在目镜中观察到分划板上刻线的同时还观察到该刻线的自准像（即光线经反射镜反射回来后所成的像）。借助清晰度法和消视差法，沿光轴方向前后小量移动分划板，当人眼判断分划板刻线像与刻线本身同样清晰无视差时，表明分划板已准确位于平行光管物镜的焦平面上，如图 1-19 所示。平面反射镜的有效孔径应大于平行光管物镜的通光孔径。

自准直法调校平行光管的误差：包括调焦误差和平面镜的面形误差。

（1）调焦误差

由于自准直法调焦准确度能提高一倍，所以用清晰度法和消视差法的调焦扩展不确定度分别为（参见式（1-41）和式（1-43））

$$\phi_1 = \frac{1}{\sqrt{2}} \left[\left(\frac{\alpha_e}{\Gamma D}\right)^2 + \left(\frac{8\lambda}{kD^2}\right)^2 \right]^{1/2} \quad (\text{m}^{-1}) \tag{1-61}$$

$$\phi_1 = \frac{\delta_e}{\Gamma^2(D'-1) \times 10^{-3}} \quad (\text{m}^{-1}) \tag{1-62}$$

（2）平面镜面形误差

设在平面镜口径 D 范围内的面形误差为 N 个光圈，对应矢高为 $x_R = N\lambda/2$（λ 为波长），曲率半径则为 $R = D^2/(8x_R) = D^2/(4N\lambda)$，由此可得

$$\phi_2 = \frac{1}{R} = \frac{4N\lambda}{D^2} \quad (\text{m}^{-1}) \tag{1-63}$$

式中，R 的单位为 m，D 的单位为 mm，λ 的单位为 μm。

所以自准直法调校平行光管的调焦误差为

$$\phi = \sqrt{\phi_1^2 + \phi_2^2} \tag{1-64}$$

2. 五棱镜法调校平行光管

五棱镜的特点是，在棱镜主截面内，不论入射光线的方向如何，出射光线总是相对它的入射光线折转 90°，即始终相互垂直。五棱镜法正是利用这个特点来达到准确调校目的的。

五棱镜法调校平行光管时还需用到前置镜,前置镜是用来瞄准、调焦、检校或测量用的望远镜,其在物镜焦平面上装有分划板,用于实现上述功能。

调校原理如图 1-20 所示。将五棱镜置于平行光管前,用前置镜观察经五棱镜折转射出的平行光管分划刻线像,调节前置镜使它的分划线与平行光管分划刻线像对准。五棱镜沿垂直于平行光管光轴的方向移动,若看到二者始终对准,即分划刻线像不发生横向偏移,说明平行光管出射的是严格平行光,分划板已准确位于焦面上(见图 1-20(a))。如果看到刻线像有横向偏移,那么,当平行光管位于观察者左方,五棱镜移向前置镜时,若刻线像由右向左移(见图 1-20(b)),则表示出射的是发散光,分划板位于焦内;若刻线像由左向右移(见图 1-20(c)),表示出射的是会聚光,分划板位于焦外。由此即可判定分划板的调节方向。如果平行光管位于观察者右方或与五棱镜移动方向相反,刻线像的偏移方向皆与上述描述的相反。调校时,为避免五棱镜移动不平稳而使平行光管分划刻线像发生上下移动,并由此引入对准误差,要求五棱镜借助于机械装置平滑移动。

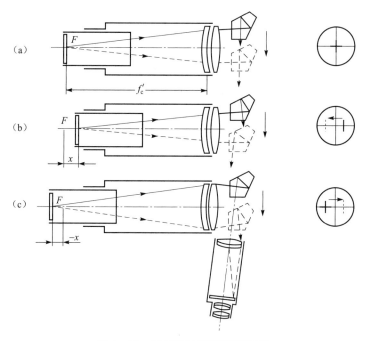

图 1-20 五棱镜法调校平行光管

五棱镜法调校平行光管的特点是将纵向调焦变为横向对准。由此引起的调焦误差与消视差法调焦误差相当,因为两种方法都是观察目标像(这里是平行光管分划像)在前置镜分划板上的横向偏移。所不同的仅是消视差法是眼睛在出瞳面上摆动,而五棱镜法是五棱镜在光束截面上移动。因此,本方法的调焦误差可根据式(1-43)稍加变化得出。设五棱镜的有效口径是 D_P,平行光管的通光口径是 D_C,则五棱镜的有效移动距离为 $D_C - D_P$,根据式(1-38)有

$$\frac{D_C - D_P}{l} = \frac{\delta_e}{\Gamma} \tag{1-65}$$

式中,l 为平行光管分划目标距离,Γ 为前置镜放大率,δ_e 为人眼对准误差。所以五棱镜法

的调焦扩展不确定度为

$$\phi = \frac{1}{l} = \frac{\delta_e}{\Gamma(D_C - D_P)} \text{ (m}^{-1}\text{)} \tag{1-66}$$

从式（1-66）可知，增加 Γ 和减小 D_P 均可提高调焦准确度，但这时视场变暗、衍射的影响增加，严重时准确度反而会降低。综合上述两方面的因素进行分析后知道，当选择最好的对准方式即使 δ_e 尽量小， $D_P \approx 0.5 D_C$，而且前置镜的实际出瞳直径不小于 0.5 mm 时，可获得本方法的最高调校准确度。

五棱镜法调校平行光管的另一个特点是对前置镜的要求不高。进入前置镜的有效光线对于前置镜来说是近轴光线，因此前置镜本身的像差和残余视差对检校精度基本上没有太大影响。

比较上述两种方法：自准直法简单易行，适合于中小口径平行光管的调校；五棱镜法调校准确度最高，但操作较繁，需要借助一套五棱镜平移机构，适合于大口径平行光管的调校。

1.3.2 自准直目镜

自准直目镜是一种带有分划板及分划板照明装置的目镜。一般自准直目镜不能单独使用，与望远物镜配合使用可构成自准直望远镜，与显微物镜配合使用则构成自准直显微镜。它们统称为自准直仪。

所谓自准直就是利用光学成像原理使物和像都在同一个平面上的方法。例如自准直望远镜（见图 1-21（a）），是利用无限远的物经平面镜反射仍成像在无限远这个成像原理实现自准直的。又如自准直显微镜（见图 1-21（b））则是利用位于球面镜球心处的物经球面镜反射仍成像在球心处这一原理来实现自准直的（也可利用位于平面镜表面上的物仍成像在表面上，位于球面镜顶点的物仍成像在球面顶点等成像原理）。

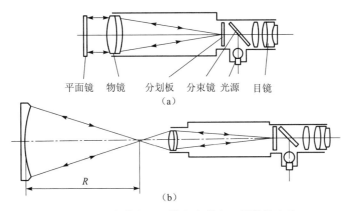

图 1-21 自准直望远镜和自准直显微镜的光路
（a）自准直望远镜的光路；（b）自准直显微镜的光路

由上述可见，要实现自准直，首先要将分划板照明，于是在自准直仪的物方形成分划板的像，这个像对于放在自准直仪前面的平面镜或球面镜（见图 1-21）来说则是"物"。根据前面所讲"物和像都在同一个平面上"这一原则，反射回来的光将在物镜的像面上形成分划板刻线的自准直像，而且自准直像与分划板刻线本身位于同一平面上，因此通过自准直目镜看去，二者是同样清晰的。常见的照明方式有三种，相应地就有三种自准直目镜。现以组成的自准直望远镜为例，分别介绍如下。

1. 高斯式自准直目镜（简称高斯目镜）

如图 1-21（a）所示，光源（乳白灯泡或小灯泡加毛玻璃）经与光轴成 45°角放置的分束镜反射照明分划板，它经物镜成像在无限远，再经平面镜反射回来，又在分划板上生成其自身的像。成像光线透过分束板射向目镜，眼睛通过目镜观察，即可同时看到分划板上的刻线和其自准像。

如果平面镜与自准直望远镜的视轴（分划板刻线中心与物镜后节点连线）垂直，则刻线自准像的中心与刻线自身的中心重合。

这种自准直仪的主要缺点是分划板只能采用透明板上刻不透光刻线的形式，不能采用不透明板上刻透光刻线的形式，因而像的对比度较低，且分束镜的光能损失大，还会产生较强的杂光。

2. 阿贝式自准直目镜（简称阿贝目镜）

如图 1-22（a）所示，光源通过照明棱镜（加长的小直角棱镜）照明分划板的一小部分。在分划板的这部分局部镀铝，并在铝膜上刻出一透光十字线，被照明后，从物镜看去为一亮十字线。它经物镜和平面镜后返回的自准像，必须成在分划板上不被棱镜遮挡的透明部分，才能从目镜中看到。如果平面镜垂直于物镜光轴，则亮十字线本身和它的自准像将对称位于物镜光轴与分划板交点的两侧。

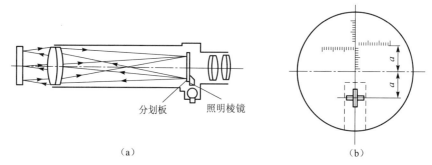

图 1-22 阿贝式自准直望远镜和分划板刻线形式

（a）阿贝式自准直望远镜；（b）分划板刻线形式

阿贝目镜的分划板刻线形式之一如图 1-22（b）所示。分划板的中心位于光轴上，透光十字线与十字刻度线对称位于此中心的两侧。如果平面镜垂直光轴，从目镜将看到亮十字线自准像中心与十字刻度线中心重合。图中虚线表示照明棱镜的位置。

阿贝目镜的特点是射向平面镜的光线不能沿其法线入射，否则看不到亮十字线像。阿贝目镜大大改善了像的对比度，且目镜结构紧凑，焦距较短，容易做成高倍率的自准直仪。阿贝目镜的主要缺点是直接瞄准目标时的视轴（十字刻度线中心与物镜后节点连线）与自准直时平面镜的法线不重合，且视场被部分遮挡。

3. 双分划板式自准直目镜

如图 1-23 所示，被照明的第一块分划板上的透光十字线，顺序经过分束棱镜（反射）、物镜、平面镜、物镜、分束棱镜（透射）后，成像在第二块分划板上。如果平面镜垂直于自准直望远镜的视轴,则亮十字线像的中心与第二块分划板的刻线中心重合。因此要求两块分划板都准确位于物镜焦面上,而且二者刻线中心应位于同一条视轴上。

这种自准直目镜能实现视轴与平面镜法线重合,且像的对比度好。但光能损失较阿贝目镜大,结构较复杂;其中一块分划板若有垂轴方向移位则造成自准时平面镜法线与视轴不重合,故不如高斯目镜可靠。

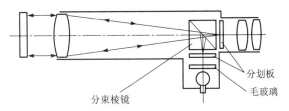

图 1-23 双分划板式自准直望远镜

1.3.3 目镜测微器

目镜测微器,也叫测微目镜。在光学测量中,经常遇到线值和角值的测量,用于小线值测量的仪器多是带有目镜测微器的测量显微镜,用于小角值测量的仪器多是带目镜测微器的测量望远镜。依照工作原理和结构的不同,目镜测微器有多种,如螺杆式目镜测微器、阿基米德螺旋线式目镜测微器、补偿透镜式目镜测微器等。在 GXY-08A 型光具座上仅用到其中一种,即螺杆式目镜测微器,它也是光学测量仪器中最常用的一种。下面介绍其结构与工作原理。

螺杆式目镜测微器的结构如图 1-24 所示。测微手轮 1 转动时,通过螺杆带动活动分划板 2 移动。测微手轮转一圈,活动分划板移过的距离,正好等于固定分划板 3 上一格的格值。若螺杆的螺距为 1 mm,测微手轮一周等分 100 格,则测微手轮格值为 0.01 mm;若螺距为 0.25 mm,则测微手轮格值为 0.002 5 mm。

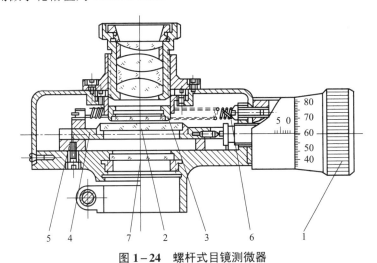

图 1-24 螺杆式目镜测微器

1—测微手轮;2—活动分划板;3—固定分划板;4—活动分划板滑座;5—导轨;6—拉簧;7—保护玻璃

用目镜测微器代替显微镜的目镜,就构成测量显微镜。置于测量显微镜物方的被测物体

（例如毫米刻度尺、玻罗板上的刻线等），经物镜在目镜测微器分划板上形成放大的像（见图 1-25，其上放大的像为玻罗板刻线像）。要测某一对刻线的间距，需要转动测微手轮，使活动分划板上叉线对准一条刻线像，根据叉线旁的竖直分划线和测微手轮刻度得到一个读数（图 1-25 中读数为 19.30）。再转动测微手轮，使叉线对准另一条刻线像，得到又一读数。由两次读数相减后乘以格值就得到这对刻线像的间距，再除以显微物镜的垂轴放大率 β，即得到该对刻线的间距。测量前应调节被测刻线，使活动分划板的移动方向与被测刻线垂直（因为要测一对刻线间的垂直距离）。

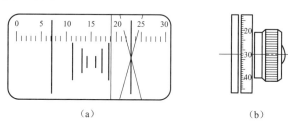

图 1-25　测量显微镜的视场和测微手轮简图
（a）测量显微镜的视场；（b）测微手轮简图

用目镜测微器代替望远镜的目镜则构成测微望远镜。位于无限远的物体（例如置于平行光管焦面上的一对刻线），经望远物镜成像于目镜测微器的分划板上，用测微器测出这一对刻线像的间距 b，应用式 $\alpha = 2\arctan(b/(2f'))$（$f'$ 为望远物镜的焦距），即可求出这一对无限远的刻线对望远镜入瞳的张角 α。

实际上常常根据上述公式将测微手轮的格值换算成角度值，这样就可用测微手轮直接读出角值 α。例如，当测微螺杆的螺距为 0.25 mm（也即固定分划板的格值为 0.25 mm），望远物镜 $f' = 859.4$ mm 时，一个螺距对应的张角为 $\alpha = 1'$，这时若将测微手轮圆周等分 60 格，则测微手轮格值为 1″。

1.3.4　由基本部件组合成的光学测试装置

由平行光管、透镜夹持器和带目镜测微器的测量显微镜排列在一条导轨上组成的测量装置通常称为光具座，它主要测量正、负透镜和照相、望远物镜的焦距及物方、像方顶焦距；检测镜头的像质（如星点检验、分辨率测量等）；测量望远系统的出瞳直径和距离；测量普通物镜的畸变等。将平行光管和带回转台的自准直望远镜（见图 1-16 的 2）放在导轨上组成的测量装置则可以检测棱镜的像质和测量棱镜的光学平行度、望远系统的像质和放大率等。由平行光管、透镜夹持器和自准直显微镜在导轨上组成的测量装置，可以检测球面干涉仪标准物镜出射的球面波的球心与物镜最后一个凹球面球心的同心度，还可用自准直法测量透镜的顶焦距和凹球面的曲率半径。带度盘的精密转台配上平行光管和自准直望远镜则构成精密测角仪。精密转台、平行光管、自准直望远镜或测量望远镜的组合可构成测量航空照相机畸变的精密畸变仪。此外，轻便型光谱仪和全息照相装置等也用到平行光管、测微显微镜和自准直望远镜等。总之，应用上述三种基本部件，再加上一些光学器件（如显微物镜、平面镜、光学度盘等）和机械装置，可组成多种光学测试装置，解决各种光学检测及装校问题。

随着高科技领域光电仪器检测需求的增长,以及光电显示和探测器技术的飞速发展,采用光电方法组建数字化光具座或模块化光学测试平台已成为可能。其中,光电探测、成像和显示技术用来代替人眼主观判读、对准和调焦,采集数字信号或数字图像后由计算机处理得到所需测量的各种被测参数。例如,目前可测的有放大率与焦距、视场与视场中心偏、视差、视度零位和视度范围、出瞳直径和出瞳距离、分划倾斜和像倾斜、光轴平行性等光学特性参数,以及分辨率、畸变、MTF、透射比等成像性能参数。显然,采用数字化光学测试平台或数字化光具座,有利于将目视的人工操作提升到数字化、自动化的客观测量方式。

1.4 焦距和顶焦距测量

由于科学技术的相互渗透,现代光学仪器已是光机电算的综合装置,而透镜作为光学仪器的基本元件,组成各种物镜和光学系统,不仅用于目视成像系统,而且在光电、电视摄像、遥感等诸多技术中,已作为图像或能量的转换器广泛应用。转换过程的放大、聚焦作用,主要取决于光学系统的焦距。焦距是光学系统和透镜的重要光学参数,迄今已有多种行之有效的测量方法。在几何光学原理基础上,最基本的测量焦距和顶焦距的方法是放大率法。为了提高测量正负透镜顶焦距和焦距的精度,必要时还可采用自准直法和附加透镜法。当要求以很高精度对较大口径、较长焦距光学系统或透镜的焦距进行测量时,可采用精密测角法。对于短焦距(如显微物镜的焦距),可采用附加接筒法。还有一些测量焦距的方法,如固定共轭距离法、附加已知焦距透镜法、反转法等有时也会用到。还有基于物理光学原理的一些测量焦距的新方法,如光栅法、激光散斑法、莫尔条纹同向法等。

本节主要介绍放大率法测量焦距和顶焦距。这是最基本、最常用的测量焦距的方法,它可以在光具座上实现,所需设备简单,测量操作比较方便,测量准确度较高。另外,再介绍一种现代光学中测量透镜焦距的频谱分析法(光栅法),这种方法可在全息和信息处理实验装置上测量焦距。在后续章节中还将介绍测量焦距的自准直法、精密测角法。

1.4.1 放大率法

1. 测量原理

被测透镜位于平行光管物镜前,平行光管物镜焦面上的分划板的一对刻线就成像在被测透镜的焦面上。这对刻线的间距 y 和它的像的间距 y' 与平行光管物镜焦距 f'_c 和被测透镜焦距 f' 有如下关系(见图1-26)。

$$\frac{y'}{y} = \frac{f'}{f'_c} \quad \text{或} \quad f' = f'_c \frac{y'}{y} \tag{1-67}$$

式中,f'_c 和 y 是预先准确测定的。这样,只要测出刻线像的间距 y' 再乘以已知系数 f'_c/y,即得被测透镜焦距 f'。

本方法还可以测量负透镜的焦距,其光路如图1-27所示。焦距计算公式为

$$f' = -f'_c \frac{y'}{y} \tag{1-68}$$

必须指出,由于负透镜成虚像,用测量显微镜观测这个像时,显微镜的工作距离必须大

于负透镜的焦距,否则看不到刻线像。

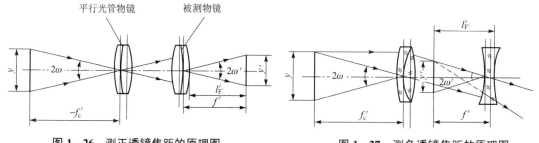

图 1-26 测正透镜焦距的原理图　　图 1-27 测负透镜焦距的原理图

2. 采用 GXY-08A 型光具座的测试技术

下面以焦距为 210 mm、相对孔径为 1/4.5 的照相物镜为例说明其在 GXY-08A 型 1.2 m 光具座上的主要测试技术。

照相物镜装在透镜夹持器上,它工作时的物方对向平行光管,并注意不要使其光轴倾斜。平行光管用玻罗分划板,它上面的四对刻线的间距分别为 30 mm、12 mm、6 mm、3 mm。调好平行光管的伸缩筒零位,使分划板位于准直物镜焦面上。根据被测物镜焦距的名义值 210 mm(也可以是粗略估计值)可知最外面一对刻线在被测物镜焦面上的像的间距约为 5 mm,小于目镜测微器的测量范围(见图 1-25 (a),共刻有 30 格,格值为 0.25 mm,故测量范围为 30×0.25=7.5(mm)),因此测量显微镜可选用 1^x 显微物镜(焦距为 97.76 mm),其工作距离约为 190 mm。轴向移动透镜夹持器,用一张描图纸承接被测物镜焦面上的刻线像,当清晰的像距离显微物镜约 190 mm 时,固紧夹持器底座,再用显微镜对刻线像小量调焦,以看到清晰无视差的刻线像为准,这时显微镜已调焦在被测物镜的后焦面上。上下和横向移动显微镜使像成在视场中央,再绕自身光轴转动显微镜,使目镜测微器活动分划板的竖线与刻线像平行,如图 1-25 所示。用目镜测微器测出某对刻线像的间距 y',即可计算被测焦距 f'。轴向移动显微镜至调焦在照相物镜最后一个表面顶点的位置(即看清楚顶点附近表面上的灰尘或脏点),移动的距离即为照相物镜的后顶焦距。将镜头调转 180°,用与测后顶焦距相同的方法测出前顶焦距。

为了简化焦距的计算,要求目镜测微器测 y' 时得到的读数再乘以整数(最好是 5 或 10 的倍数),就直接得到被测焦距值。为此,需要合理选择光具座的一些参数。因为 GXY-08A 型光具座的目镜测微器的读数为实际距离的 4 倍,所以当测某对刻线像的间距 y' 得到读数为 D 时,设显微镜的垂轴放大率为 β,则 $D=4\beta y'$。代入式(1-67),得到被测焦距与 D 的关系为

$$f' = \frac{f'_c}{4\beta y} D \qquad (1-69)$$

式中,$f'_c/(4\beta y)$ 为仪器常数,以 C_0 表示。于是得

$$f' = C_0 D \qquad (1-70)$$

要使 C_0 等于整数,必须使 $f'_c/4$ 为 βy 的整数倍。表 1-4 给出了 GXY-08A 型光具座($f'_c/4=300$)的六种放大率 β 和四对刻线间距 y 对应的 C_0 值。

被测正透镜的焦距最大值受仪器导轨长度的限制;负透镜则受显微镜工作距离的限制。

表 1-4 所列的焦距测量范围是根据导轨长度只有 2 m、显微镜的工作距离随 β 的增大而迅速减小（见表 1-4），以及 D 值太小会影响测量精度（通常令 D 在 2.5~24 mm 范围内）这样一些限制条件下确定的。能测顶焦距的最大值也大致与表中所列的焦距最大值相同。

表 1-4 几种 β 和 y 值所对应的 C_0 值

显微物镜放大率 β	数值孔径 NA	显微物镜焦距/mm	显微镜工作距离/mm	仪器常数 C_0				焦距测量范围/mm	
				$y_1=30$	$y_2=12$	$y_3=6$	$y_4=3$	正透镜	负透镜
$0.33^\times$	0.01	339.38	1 356.12	30	75	150	300	—	-300~-1350
$0.5^\times$	0.025	119.57	596.77	20	50	100	200	50~550	-100~-590
$1^\times$	0.06	97.76	197.16	10	25	50	100	25~1 000	-25~-190
$2.5^\times$	0.10	41.11	55.90	4	10	20	40	10~960	-10~-50
$5^\times$	0.14	25.77	15.01	2	5	10	20	5~480	-5~-12
$10^\times$	0.25	15.57	7.75	1	2.5	5	10	2.5~240	-2.5~-5.5

由于被测透镜球差的影响，全口径对应的最佳像点位置一般不与近轴焦点重合，因此，应尽量测量被测透镜全口径工作时的焦距。为此，除要求平行光管通光口径大于被测透镜有效孔径外，还要求测量显微镜的数值孔径（见表 1-4）大于或等于被测透镜相对孔径的一半（即被测透镜轴上点成像光束全部进入显微镜成像）。例如，测量 $f'=210$ mm，$D/f'=1/4.5$ 的照相物镜最大相对孔径的焦距时，应选 $5^\times$ 显微物镜（$NA=0.14$，$1/4.5<0.28$）；若测 $D/f'=1/8$ 时的焦距，勉强可选 $1^\times$ 显微物镜（$NA=0.06$），最好选 $2.5^\times$ 显微物镜。用 $5^\times$ 物镜分别测量照相物镜相对孔径 $D/f'=1/4.5$ 和 $1/8$ 时的焦距，各测 5 次取平均值得 $f'_1=210.88$ mm 和 $f'_2=211.14$ mm，二者相差 0.26 mm，从中可以看出被测物镜球差的影响。

上述对显微物镜数值孔径的要求，在测量负透镜焦距时，往往是做不到的。这时测得的焦距值常常接近于它的近轴焦距。

3. 测量不确定度评定

由于测量误差的存在，焦距的测量结果中带有不能确定的部分。利用间接测量误差的传播关系式（1-29）可得用相对标准不确定度表示的焦距测量不确定度为

$$\frac{u(f')}{f'}=\left[\left(\frac{1}{f'_c}\right)^2 u^2(f'_c)+\left(\frac{1}{D}\right)^2 u^2(D)+\left(\frac{1}{y}\right)^2 u^2(y)+\left(\frac{1}{4\beta}\right)^2 u^2(4\beta)\right]^{1/2} \quad (1-71)$$

式中，$u(f'_c)$、$u(D)$、$u(y)$ 和 $u(4\beta)$ 分别为 f'_c、D、y 和 4β 的标准不确定度。

需要说明的是，实际的平行光管焦距不可能正好等于 1 200 mm，为了保持仪器常数 C_0 为表 1-4 所示的整数，一般用改变显微物镜到目镜测微器的距离，即改变显微物镜的放大率 β 来达到。根据精确测出的平行光管焦距值，定出保持 C_0 不变所需的放大率 β。用一根标准尺（刻度值标准不确定度为 0.001 mm）放在显微镜的物平面上校正放大率，由于把显微物镜与目镜测微器一起进行 β 的校正，这同时也校正了测微器的读数误差，所以式（1-71）中使用综合不确定度 $u(4\beta)$。

平行光管焦距的相对标准不确定度可达 $u(f'_c)/f'_c=0.1\%$；仪器的分划板刻线间距的标准

不确定度 $u(y) = 0.003$ mm；考虑到对准误差和估读误差，取 $u(D) \approx 0.005$ mm。由于用标准尺进行放大率 β 和测微器读数误差的综合校正，故取 $u(4\beta)/(4\beta) \leqslant 0.1\%$。

以被测焦距 $f' = 1\,200$ mm 和 5 mm 为例，求 $u(f')/f'$。当 $f' = 1\,200$ mm 时，取 $\beta = 1^\times$，$y = 6$ mm，得 $D = 24$ mm。应用式（1-71）得

$$\frac{u(f')}{f'} = \left[(0.001)^2 + \left(\frac{0.005}{24} \right)^2 + \left(\frac{0.003}{6} \right)^2 + (0.001)^2 \right]^{1/2} = 0.15\%$$

当 $f' = 5$ mm 时，$\beta = 5^\times$，$y = 30$ mm，$D = 2.5$ mm，则得

$$\frac{u(f')}{f'} = 0.24\%$$

以上计算结果说明，GXY-08A 型光具座测量焦距的相对标准不确定度不超过 0.3%。

上面的测量不确定度评定是在被测透镜像质良好，并且相对孔径不太小的情况下得到的。否则，其测量不确定度还要增大。例如，测量焦距 $f' = -200$ mm 的负透镜的焦距时，若采用 $0.5^\times$ 显微物镜，由于数值孔径很小（$NA = 0.025$），调焦不确定度达 0.3 mm，仅由此产生的焦距测量不确定度就会达到 0.15%。又因放大率小，读数 D 小，$u(D)/D$ 增大，所以负透镜的焦距测量不确定度一般大于正透镜的情形，可达到 $u(f')/f' = 0.5\%$。

像质对测量结果的影响难于定量估计，但如果像质较差，测量不确定度将远大于 0.3%。

测量顶焦距的不确定度包括显微镜的位置读数误差（顶焦距小于 250 mm 时不确定度为 0.1 mm，大于 250 mm 时可达 0.3 mm）和显微镜的两次调焦不确定度。测量正透镜的顶焦距（只用 $1^\times$、$5^\times$ 显微物镜）时，不确定度为 0.1~0.4 mm；测负透镜时（用 $0.33^\times$、$0.5^\times$、$1^\times$ 显微物镜），不确定度为 0.1~1.5 mm。

1.4.2 频谱分析法测量透镜的焦距

根据物理光学中的光学傅里叶变换原理，透镜具有傅里叶变换性质，它是空间滤波和光学信息处理系统中的基本部件。这里介绍一种简便、准确度较高、便于数字化测量的方法——频谱分析法（光栅法）。

1. 测量原理

由透镜的傅里叶变换性质可知，如图 1-28 所示，衍射物体放在 P_0 平面上，其透射率函数为 $t(x_0, y_0)$，当用单色平面波照射时，在后焦面 P 平面上的复振幅分布为

$$U(x,y) = C \exp\left[\frac{ik}{2f'} \left(1 - \frac{d_0}{f'} \right)(x^2 + y^2) \right] T(f_x, f_y) \quad (1-72)$$

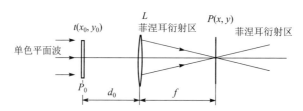

图 1-28 频谱法测正透镜焦距

式中，$T(f_x,f_y)$ 为 $t(x_0,y_0)$ 的频谱，$f_x = x/(\lambda f')$，$f_y = y/(\lambda f')$，C 为常数。其光强分布 $I(x,y)$ 可表示为

$$I(x,y) = |U(x,y)|^2 = C^2|T(f_x,f_y)|^2 \qquad (1-73)$$

测量焦距时，选用朗奇光栅作为衍射物，将朗奇光栅放在输入面 P_0，用单色平面波照射，其透射率函数可写为

$$t(x_0) = \left[\text{rect}(x_0/a) * \frac{1}{b}\text{comb}(x_0/b)\right] \times \text{rect}(x_0/l)$$

式中，a 为光栅缝宽，b 为光栅常数，l 为光栅总宽度。其频谱为

$$T(f_x) = a\,\text{sinc}(af_x)\,\text{comb}(bf_x) * l\,\text{sinc}(lf_x)$$

$$= \frac{a}{b}\sum_{n=-\infty}^{\infty}\text{sinc}\left(\frac{an}{b}\right)\delta\left(f_x - \frac{n}{b}\right) * l\,\text{sinc}(lf_x)$$

$$= \frac{al}{b}\sum_{n=-\infty}^{\infty}\text{sinc}\left(\frac{an}{b}\right)\text{sinc}\left[l\left(f_x - \frac{n}{b}\right)\right]$$

P 面上光强分布可近似写为

$$I(f_x) = \left(\frac{al}{b}\right)^2\sum_{n=-\infty}^{\infty}\text{sinc}^2\left(\frac{an}{b}\right)\text{sinc}^2\left[l\left(f_x - \frac{n}{b}\right)\right] \qquad (1-74)$$

由式（1-74）可以看出，谱点间距大小由 $\text{sinc}^2[l(f_x - n/b)]$ 决定。当 $\text{sinc}^2[l(f_x - n/b)]$ 为最大值时 $[l(f_x - n/b)] = 0$，$f_x = n/b$；当取 $n=1$ 时，$f_x = 1/b$。设谱点间距为 X，则得

$$f_x = \frac{X}{\lambda f'} = \frac{1}{b}$$

故

$$f' = (b/\lambda)X \qquad (1-75)$$

在光栅常数 b 已知后，测出谱点间距 X，即可求出波长为 λ 时的透镜焦距。或者测出 m 级谱点的坐标 X_m，代入式（1-75）求出 f' 值，则有

$$f' = [b/(m\lambda)]X_m \qquad (1-76)$$

2. 测量装置及方法

测量装置如图 1-29 所示，采用 He-Ne 激光器产生波长为 0.632 8 μm 的单色平面波，朗奇光栅为 50 线/mm，采用 2 048 像素的线阵 CCD。

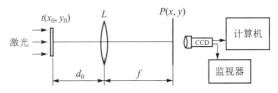

图 1-29 频谱法测焦距的装置

首先将 P 平面精确调节在透镜的后焦面上，P 屏是半透明体，激光可以透射；在测量 P 平面上的谱点间距之前，先给 CCD 摄像系统定标，即先对 P 屏上的标准黑白条纹进行

测量，该条纹的间距是已知的，通过测量计算出 CCD 每个像素所代表的长度，它是系统的定标常数。

在 CCD 摄像系统的物距、像距、光圈均不变的情况下，测量 P 屏上所投射的谱点间距占据的像素数，再与定标常数相乘，即得谱点间距的实际长度。代入式（1-75）或式（1-76），即可求出 f' 值。对某型傅里叶变换透镜进行了测量，其结果见表 1-5（$b=0.020$ mm，$\lambda=0.6328$ μm）。

表 1-5 测量结果

参数	测次	定标条纹间距/像素	定标条纹间距/mm	谱点间距/像素	X/mm	焦距/mm	平均焦距/mm
f	1	184.996	4.4500	398.194	9.5784	302.73	302.60
	2			398.478	9.5852	302.95	
	3			397.268	9.5562	302.03	
f'	1	184.996	4.4500	397.982	9.5733	302.57	302.57
	2			398.194	9.5784	302.73	
	3			397.589	9.5639	302.27	

3. 实际测量中的有关技术

（1）频谱面的精确定位

频谱面的精确定位是频谱分析法的关键技术，对测量的不确定度、测量的稳定性与重复性均至关重要。由图 1-28 可见，只有将 P 屏准确调整到透镜的后焦面时，式（1-73）中的 $|T(f_x,f_y)|^2$ 才是稳定不变的，若 P 屏调整在焦面之前或者之后则均是菲涅耳衍射。因此，频谱面要求精确定位，其方法是前后移动朗奇光栅，改变 d_0 大小。当 d_0 减小时，若频谱展宽，说明 P 平面至透镜主平面的距离大于 f，若频谱压缩，则说明 P 平面至透镜主平面的距离小于 f。反之，当 d_0 增大时，若频谱展宽，说明该距离小于 f；若频谱压缩，则说明该距离大于 f。只有当 P 平面被调到透镜的后焦面时，无论 d_0 增大或减小，P 平面上光强分布均稳定不变，这时的 P 平面就是频谱面。实际测量中可以借助其他辅助的定焦方式来精确地确定透镜的焦面。

（2）高斯光束的影响

由于基模 He-Ne 激光是高斯光束，其光强分布和发散角均是轴对称的，照射光栅后，经过透镜的变换作用，在后焦面上与光栅频谱做卷积运算，使谱点对称展宽与平滑，不改变谱点的中心位置。由于发射角很小，其展宽量约为谱点间距的 1%，因此，测量时只要注意取谱点中心位置，对谱点间距的测量不确定度影响极小。

4. 测量不确定度分析

测量准确度与朗奇光栅误差、定标误差、谱点间距测量误差以及谱面定位准确度有关。朗奇光栅常数的相对不确定度用工具显微镜测得为 0.05%。定标误差包含定标黑白条纹误差和定标测量过程中引入的随机不确定度，经测量约为 0.10%。为了减少谱点间距测量误差，可充分利用 CCD 的长度，测量多个谱点间距，然后用最小二乘法求出谱点间距的平均值，得得相对不确定度小于 0.10%。谱面定位相对不确定度不难达到 0.25%。

应用方和根法综合上述各项，可得傅里叶变换透镜焦距的测量不确定度为 0.29%，与常用的放大率法的准确度相近。

1.4.3 焦距测量的其他方法

1. 附加透镜法

本方法主要用来测量负透镜的焦距。将被测负透镜与一个焦距较长的正透镜组成一个伽利略望远系统，然后测出这个望远系统的视放大率 Γ，因为 $\Gamma = -f'_P/f'_N$，如果已知正透镜的焦距 f'_P，即可求出被测负透镜的焦距 f'_N。

如图 1-30 所示，平行光管 1 发出的平行光束射向附加正透镜 2，再经被测负透镜 3 射出，进入带目镜测微器的前置镜 4。轴向移动被测负透镜，当前置镜的分划板上清晰而无视差地呈现出平行光管分划板的刻线像时，用目镜测微器测出其中一对刻线像的间距 y'_1；取下正、负透镜，让前置镜直接对准平行光管，再用目镜测微器测量同一刻线像的间距 y'_2。于是得到这个伽利略望远镜的视放大率

$$\Gamma = -\frac{f'_P}{f'_N} = \frac{y'_1}{y'_2} \tag{1-77}$$

由此即得被测负透镜的焦距。其计算公式为

$$f'_N = -\frac{y'_2}{y'_1} f'_P \tag{1-78}$$

本方法的测量标准不确定度可由式（1-78）的全微分得到

$$\frac{u(f'_N)}{f'_N} = \sqrt{\left(\frac{u(f'_P)}{f'_P}\right)^2 + \left(\frac{u(y'_1)}{y'_1}\right)^2 + \left(\frac{u(y'_2)}{y'_2}\right)^2} \tag{1-79}$$

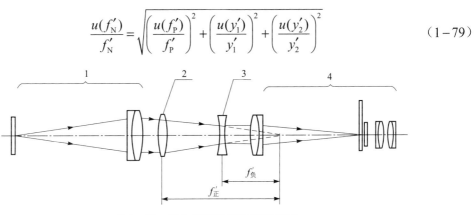

图 1-30 附加透镜法测负透镜焦距
1—平行光管；2—附加正透镜；3—被测负透镜；4—前置镜

例 6 用 GXY-08A 型光具座测一负透镜的焦距。将附加正透镜（$f'_P = 220.2$ mm）和被测负透镜置于光路中，组成伽利略望远镜后，用视放大率为 7× 前置镜的目镜测微器测平行光管分划板的最外面一对刻线像的间距，得 $D_1 = 18.84$ mm（读数值），则 $y'_1 = D_1/4 = 4.71$ mm；拿走正、负透镜，让前置镜直接对着平行光管测同一对刻线像，得 $D_2 = 12.07$ mm（读数值），则 $y'_2 = D_2/4 = 3.018$ mm。将测得值代入式（1-78）中，得

$$f'_N = -\frac{220.2 \times 3.018}{4.71} = -141.10 \text{（mm）}$$

设正透镜用放大率法测焦距，则 $u(f'_P)/f'_P = 0.3\%$；考虑到正、负透镜构成的伽利略望远

镜的像质不一定好,因而会产生较大的对准误差,故取 $u(D_1)=0.02$ mm,则 $u(y_1')=0.005$ mm,与放大率法一样,取 $u(D_2)=0.005$ mm,则 $u(y_2')=0.0012$ mm,代入式(1-79)中,得

$$\frac{u(f_N')}{f_N'}=\sqrt{(0.003)^2+\left(\frac{0.005}{4.71}\right)^2+\left(\frac{0.0012}{3.018}\right)^2}=0.32\%$$

由此可见,本方法的主要误差来自正透镜焦距的误差。为提高测量准确度,最好不用放大率法测正透镜的焦距,而用准确度更高的其他方法,例如采用精密测角法测量正透镜,可使 $u(f_P')/f_P' \leqslant 0.1\%$,这时本方法的测量不确定度与放大率法相当。

2. 附加接筒法

附加接筒法适于测量显微物镜(特别是高倍物镜)的焦距,也可用于测量其他短焦距的正透镜焦距。其原理是,利用带目镜测微器的测量显微镜,在被测显微物镜两种像距的情况下,测出显微物镜的两个垂轴放大率,由此求得显微物镜的焦距。

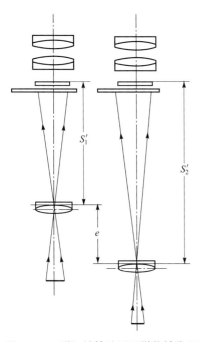

图 1-31 附加接筒法测显微物镜焦距

如图 1-31 所示,在像距 S_1' 时测得显微物镜的放大率为 β_1;然后加入长度为 e 的附加接筒,使像距增加为 $S_2'=S_1'+e$,此时测得显微物镜的放大率为 β_2,由垂轴放大率的基本公式 $\beta=x'/f'$ 可得

$$\beta_1=\frac{S_1'-f'}{f'}, \quad \beta_2=\frac{S_2'-f'}{f'}$$

因此

$$f'=\frac{e}{\beta_2-\beta_1} \qquad (1-80)$$

测量时,将被测显微物镜直接安装在测量显微镜的镜筒上,并装好目镜测微器,在测量显微镜承物台上放一格值为 0.01 mm、刻度范围为 1 mm 的刻度尺,然后通过调焦使刻度尺上的刻线清晰成像在目镜测微器的分划板上,测出某一对刻线像的间距为 y_1',则得此时的放大率为 $\beta_1=y_1'/y_1$。取下被测显微物镜,先将长度为 e 的附加接筒装于测量显微镜的镜筒上,再将被测显微物镜安装在接筒上,通过调焦又一次使刻度尺上的刻度线清晰成像在目镜测微器的分划板上,测出某一对刻线像的间距为 y_2',则 $\beta_2=y_2'/y_2$。因此,被测显微物镜的焦距为

$$f'=\frac{e}{\dfrac{y_2'}{y_2}-\dfrac{y_1'}{y_1}} \qquad (1-81)$$

式中,y_1、y_2 为刻度尺上某两对被观测刻线的间距。

1.4.4 数字化客观测量

在光具座上用人工目视方式测量焦距、顶焦距等光学特性参数,存在效率低、主观性大、测值不稳定、对测量人员要求高等缺点。当前国内外的技术发展趋势是对上述测量方法进行数字化设计,由 CCD 图像系统代替人眼对被测试样所成的分划像进行数字图像采集、分析、

处理，在计算机的控制下实现自动定焦、对准和客观化测量。

数字化测量方式的优点首先是能充分利用光电定焦、光电对准的客观性和高重复性；其次，采用某些数字化细分技术能更客观、准确地提取直接测量值，从而提高最终测量结果的准确度；再次，在测量设备中引入计算机自动测控技术和先进传感技术，实现信号的自动获取、校正和数据的自动处理，可降低对仪器制造精度的要求和减小外界环境对测量的影响，提高测量效率，减轻对测量人员的专业技能要求和工作强度，还有可能扩大仪器的应用范围。

目前，除焦距、顶焦距、法兰焦距外，还有球径、角度、透镜中心厚度、光学调制传递函数、波像差、表面面形等众多光学特性参数实现了数字化客观测量，国内外市场上已有较为丰富的相关商业仪器可供选择。

1.5 思考与练习题

1. 阐述光学测量的概念及测量要素。

2. 阐述测量中可能出现的随机误差、系统误差、粗大误差的特点，以及减小或消除这些误差的方法。

3. 人眼用压线对准方式对准，通过放大率为 $10^\times$ 望远镜的对准误差为多少角秒？若通过总放大率为 73 倍的显微镜，对准的极限误差为多少微米？

4. 当人眼观察明视距离为 0.25 m 附近的物体时，能清晰观察的深度范围是多少？对应的波差是多少？

5. 要提高通过望远镜和显微镜观测的对准精度，主要应从哪些方面入手？又会受到哪些条件的限制？

6. 用放大率法测量负透镜的焦距，显微物镜的选择原则是什么？

7. 采用焦距为 550 mm 的平行光管焦面上一对间距为 13.75 mm 的刻线、$\beta=2.5^\times$ 的显微物镜测量某负透镜的焦距。已知测得该对刻线像间距为 2.5 mm，目镜测微器机构的螺距为 0.25 mm，计算被测负透镜的焦距值。画出测量该负透镜焦距的测量光路原理图，分析其主要的测量不确定度分量及其合成标准不确定度。现在该装置上对一标准负焦距透镜（相对标准测量不确定度为 0.1%）重复测试 6 次，测量结果分别为 80.012 mm、80.023 mm、80.008 mm、80.007 mm、80.011 mm、80.017 mm，那么实际的测量标准不确定度是多少？

8. 用放大率法测量透镜焦距和顶焦距的仪器由哪几个部分组成？已知被测焦距 f' 与仪器的目镜测微器的读数 d 成正比，即 $f'=C_0 d$，若要取 $C_0=10$，试合理选择仪器的分划刻线间距及物镜的垂轴放大率（已知平行光管焦距 $f'_c=550$ mm，目镜测微器螺距为 0.25 mm，故 $k=4$）。

第 2 章
准直与自准直技术

2.1 激光准直与自准直技术

2.1.1 激光束准直技术

在大型设备、管道、高层建筑物等的测量、安装、校准（或校直）中，往往需要给出一条直线作为基准线，以此来检查各零部件位置的准确性，管道、导轨的直线性，高层建筑、斜拉桥的竖塔和钻井的垂直度等。过去多利用移动内调焦望远镜（包括经纬仪的内调焦望远镜）的内调焦镜组来给出一条从几十厘米到几十米的瞄准直线。其直线性与内调焦镜组的设计、装配及移动导轨的制造精度有关，还受望远镜的瞄准准确度的影响，因而直线度不是很高，一般能做到 5×10^{-5} rad（折合角度值为 $10''$）。准直仪（即平行光管）能给出一束准直光束，但其亮度太低，光束准直性也有限（大致能做到 10^{-5} rad 量级）。

激光出现以后，由于激光束有很高的亮度和相当好的方向性，因而是直线性测量的理想光束。但是，激光束仍普遍存在一定的束散角，当需要进一步提高它的准直性（光束平行性）时，采用放大率不太高的倒装望远镜即可，其准直性可做到 $10^{-4}\sim10^{-6}$ rad。例如，当采用单模稳频 He-Ne 激光器时，只需用 $30^{\times}$ 倒装望远镜即可使激光斑直径从某位置的 $\phi15$ mm，传输 400 m 后仅增加到 $\phi25$ mm。近年出现的光束漂移量反馈控制技术，可实时反馈使光束的准直性优于 10^{-8} rad。如果需要铅垂的准直激光束，可将激光器和倒装望远镜装在一个重锤机构上，即可用于作为钻井和盖高层建筑时的基准线，以保证钻井等的铅垂度；若将铅垂的激光束通过一个五棱镜，则成为水平的激光束。转动五棱镜，激光束便扫出一水平面，可用它标定建筑物的基础平面是否水平。

当需要准直的细光束时，可采用零阶贝塞尔激光束（这是用另一种准直方法获得的激光束），目前已能做到中心光斑直径 $\phi0.2$ mm 的贝塞尔光束，传输 1.7 m 后仅增至 $\phi0.25$ mm。

应用倒装望远镜产生的准直激光束来进行装配、校准的典型例子是波音 777 客机机翼和尾翼的装配。该飞机使用准直激光系统进行装配，达到了很高的装配准确度。如机翼长度约 200 英尺（61 m），其所有部件，如机翼前缘的对准误差小于 0.005 英寸（≈0.13 mm），整个机翼装配误差在 0.03 英寸（≈0.76 mm）以内。同时机翼、尾部、尾翼的对准和装配等，都用到准直激光系统。多年来，波音公司一直使用对准激光器、经纬仪、自准直仪等进行对准和装配，波音 777 客机则使用革新性的对准和准直激光系统，如图 2-1 所示，它由激光头、控制/显示单元、若干透明靶和端靶组成，激光头包括 670 nm 的激光二极管及使激光束扩束准直的倒装望远镜；每个靶有一个位置灵敏探测器 PSD（Position Sensitive Detector），输出与激光束在光敏表面 x、y 位置成正比的 x、y 电流，可以±0.001 英寸（≈±0.025 mm）的准确度探测激光束的位置。若用平面反射镜代替 PSD 靶，用另一 PSD 探测器（如图 2-1 所示的自准直探测器）探测反射回来的激光束，则可用自准直方法测量反射镜的角度变化。不论是机翼、机身还是尾部结构的装配，均需用精密机架，机架上有许多参考点和基准面，以提供关键位置和关键角度的对准和定位。激光头、靶和自准直反射镜都装在机架基准面上，以保证装配符合规定公差。

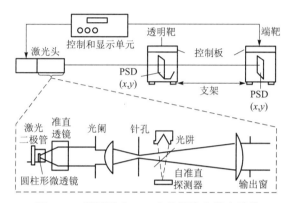

图 2-1 装配波音 777 客机的准直激光系统

下面介绍三种准直激光束的方法。

1. 用倒装望远镜准直激光束

实际工作中常用的激光束准直方法是倒装望远镜法。为便于理解，先介绍高斯光束传播和变换的基本公式。

高斯光束的束腰半径 ω_0 和束腰位置决定了高斯光束的全部特性。为便于处理高斯光束的传播和变换问题，引入复参数 q，q 定义为

$$\frac{1}{q(z)} = \frac{1}{R(z)} - i\frac{\lambda}{\pi\omega^2(z)n} \tag{2-1}$$

式中，$R(z)$ 为距束腰 z 处光束等相面的曲率半径；$\omega(z)$ 为 z 处的光斑半径（光强下降到光斑中心光强的 $1/e^2$ 处的光斑半径）；λ 为激光波长；n 为传播空间的折射率（在空气中，$n=1$）。其中

$$\omega^2(z) = \omega_0^2\left[1 + \left(\frac{\lambda z}{\pi\omega_0^2 n}\right)^2\right] \tag{2-2}$$

束腰处的波面为平面，此时 $R(0)=\infty$（取束腰位于坐标原点），则有

$$q_0 = i\frac{\pi\omega_0^2 n}{\lambda} \tag{2-3}$$

可以证明

$$q(z_1) = q_0 + z_1, \quad q(z_2) = q_0 + z_2 \tag{2-4}$$

对于高斯光束，其传播的波面是各处振幅不均匀的、曲率中心不断变化的球面波，高斯光束通过透镜的变换满足下式（见图 2-2（a））

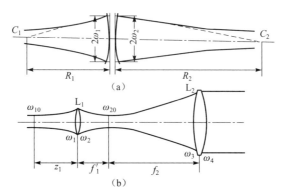

图 2-2 高斯光束通过透镜和通过倒装望远镜的变换
(a) 高斯光束通过透镜的变换;(b) 高斯光束通过倒装望远镜的变换

$$\frac{1}{R_1} - \frac{1}{R_2} = \frac{1}{f'} \tag{2-5}$$

式中,R_1 为高斯光束传至透镜前主点处的球面波曲率半径;R_2 为光束通过透镜后主点处的球面波曲率半径;f' 为透镜焦距。

变换前后在透镜处的光斑半径应相等,即 $\omega_1 = \omega_2$,得 $\lambda/(\pi\omega_2^2 n) = \lambda/(\pi\omega_1^2 n)$,故由式(2-5)得

$$\frac{1}{q_1} - \frac{1}{q_2} = \frac{1}{f'} \tag{2-6}$$

又由式(2-4)得(z 从束腰算起,故用 $-z_2$ 代替 z_2)

$$\frac{1}{q_{10} + z_1} - \frac{1}{q_{20} - z_2} = \frac{1}{f'} \tag{2-7}$$

式中,q_{10}、q_{20} 为纯虚数。将上式实部和虚部分开,可得

$$q_{20}q_{10} = z_2 z_1 - z_1 f' - z_2 f', \quad q_{20}(z_1 - f') = q_{10}(z_2 - f') \tag{2-8}$$

化简、移项得

$$(z_2 - f')(z_1 - f') = f'^2 + q_{10}q_{20} = f'^2 - \frac{\pi^2 \omega_{10}^2 \omega_{20}^2 n^2}{\lambda^2}$$

$$\frac{z_1 - f'}{z_2 - f'} = \frac{q_{10}}{q_{20}} = \frac{\omega_{10}^2}{\omega_{20}^2}$$

由上两式可得(取 $n=1$)

$$\omega_{20} = \frac{\omega_{10}}{\left[\left(\dfrac{z_1}{f'} - 1\right)^2 + \left(\dfrac{\pi\omega_{10}^2}{\lambda f'}\right)^2\right]^{1/2}} \tag{2-9}$$

$$z_2 = f' + \frac{z_1 - f'}{\left(\dfrac{z_1}{f'} - 1\right)^2 + \left(\dfrac{\pi\omega_{10}^2}{\lambda f'}\right)^2} \tag{2-10}$$

对式（2-9）、式（2-10）进行分析不难看出，经透镜变换的束腰半径 ω_{20}，不论 $z_1 < f'$、$z_1 > f'$ 或者 $z_1 = f'$，只要焦距 $f' < \pi\omega_{10}^2/\lambda$，总有 $\omega_{20}^2 < \omega_{10}^2$，即皆有聚焦作用，并且经透镜变换后的高斯光束的束腰都近似位于透镜的后焦面上。

如图 2-2（b）所示，高斯光束经倒装望远镜的短焦距（$f_1' < \pi\omega_{10}^2/\lambda$）透镜 L_1 变换后的束腰半径 ω_{20} 及位置 z_2 由式（2-9）、式（2-10）确定，再经第二个透镜 L_2 变换，利用式（2-9），相应更换式中变量，并有 $z_1 < f_2' \approx 1$，得

$$\omega_{30} = \frac{\lambda}{\pi\omega_{20}} f_2' \tag{2-11}$$

高斯光束的发散角定义为 $\tan U = \lim\limits_{z \to \infty} d\omega(z)/dz$，由式（2-2），入射光束发散角 U_0 由下式求得

$$\tan U_0 = \frac{\lambda}{\pi\omega_{10}} \tag{2-12}$$

透镜 L_1 后主面的光斑半径 ω_2 为

$$\omega_2 = f_1' \tan U_1 = f_1' \frac{\lambda}{\pi\omega_{20}}$$

$$\omega_{20} = \frac{\lambda f_1'}{\pi\omega_2}$$

代入式（2-11）得

$$\omega_{30} = \omega_2 \frac{f_2'}{f_1'}$$

与式（2-12）类同，出射光束发散角由下式确定

$$\tan U_2 = \frac{\lambda}{\pi\omega_{30}}$$

从而得到发散角压缩比为

$$\frac{\tan U_0}{\tan U_2} = \frac{\omega_{30}}{\omega_{10}} = \frac{\omega_2 f_2'}{\omega_{10} f_1'} = \Gamma \left[1 + \left(\frac{\lambda z_1}{\pi\omega_{10}^2}\right)^2\right]^{1/2} \tag{2-13}$$

式中，$\Gamma = f_2'/f_1'$ 为望远镜放大率。由式（2-2）知

$$\omega_2/\omega_{10} = [1 + (\lambda z_1/(\pi\omega_{10}^2))^2]^{1/2}$$

由此可见，倒装望远镜的出射光束发散角的压缩比主要与望远镜放大率有关（Γ 越大，压缩比越大），此外还与高斯光束结构参数（ω_{10}, z_1）有关。z_1 增大（束腰远离透镜 L_1），压缩比也增大，光束准直性将更好些。

目前，激光扩束准直系统在诸如激光雷达、全息照相、激光测距以及远距离激光通信等领域得到广泛的应用。在激光发射系统中，为了增大作用距离，就要提高发射系统的准直精度，可利用倒装望远镜来实现。例如，对大功率半导体激光器的发散光束，优化设计卡塞格林准直光学系统，其准直后的发散角可达 0.1 mrad。

2. 高稳定度的激光束准直技术

激光光束由于其良好的单一方向性、高亮度及高稳定性等优点，常被作为直线基准广泛

用于超精密加工及测量领域。但激光光束受到激光器谐振腔的温度变形、空气折射率不均匀和大气湍流等影响,常会产生漂移,主要表现为激光束的平漂、角漂及随机漂移。这些问题制约了激光光束准直精度的进一步提高,使激光光束的准直精度一般在 $10^{-4} \sim 10^{-6}$ rad 的量级。

目前,高稳定度的激光准直方法大体分为两类:一类是在长距离激光准直系统中采用波带片、相位板、双缝等产生干涉和衍射条纹的空间连线作为基准线,利用它们对漂移量不敏感这一特点,来达到光束的准直目的。典型方法有相位板衍射准直法、二元光学准直法、双光束补偿准直法等,此类方法准直精度一般在 10^{-6} rad 量级左右。另一类是在精密测量及加工领域中采用的准直激光光束的稳定方法,如激光方向稳定准直法和单模光纤准直法等。以下介绍一种光束漂移量反馈控制的稳定激光方向的准直法。

如图 2-3 所示是一种快速反馈控制光束漂移量的激光方向稳定方法。激光器 1 发出的激光光束通过声光调制器 2 调制为强度交变的激光光束,该交变光束进入虚框 A 所示的单模光纤准直系统,光纤出射端相当于二次光源。激光器 1 出射光束的漂移量主要影响单模光纤的耦合效率,出射光束的方向稳定性主要取决于光纤出射端在空间的稳定性,保证光纤出射端的稳定性则可提高出射光束的方向稳定性,即实现激光光束单模光纤的初级准直。经初级准直的激光光束再经虚框 B 中的激光光束漂移量反馈控制系统,对其漂移量进一步进行抑制。漂移量反馈准直过程中,它将光束漂移量中的平移量和角漂量进行分离和高精度锁相检测,并用 x、y 向光束平移机构和 x、y 向光束偏转机构对光束平漂量和角漂量各自进行快速反馈调整,来抑制光束的漂移量,继而达到出射光束的高方向稳定性。

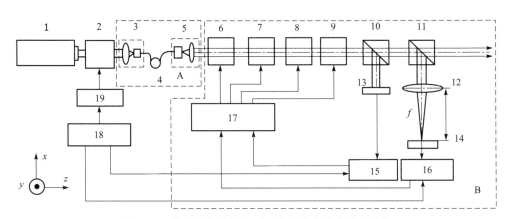

图 2-3 光束漂移量快速反馈控制式高精度激光准直

1—激光器;2—声光调制器;3—单模光纤耦合器;4—单模光纤;5—准直镜头;6—x 向光束平移机构;
7—y 向光束平移机构;8—x 向光束偏转器;9—y 向光束偏转器;10—反射平漂量光束的分光镜;
11—反射角漂量光束的分光镜;12—聚焦物镜;13—检测平漂量的四象限探测器;
14—检测角漂量的四象限探测器;15—平漂量锁相放大处理系统;16—角漂量锁相放大处理系统;
17—高速测量控制系统;18—调制波发生器;19—光强调制器驱动电源

激光光束漂移中,光束角漂量的大小与准直距离有关,而光束平漂量的大小与准直距离无关,漂移量反馈控制时,将平漂量和角漂量进行分离检测的原理如图 2-4 所示。

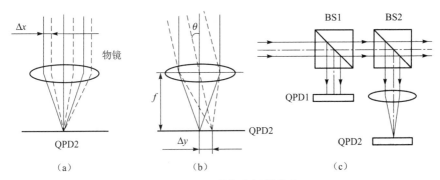

图 2-4 平漂量与角漂量分离
(a) 光束产生平漂量 Δx; (b) 光束产生角漂量 θ; (c) 光束平漂量分离检测原理

如图 2-4 (a) 所示,将检测光束平漂量四象限探测器 QPD2 的光敏面中心位于聚焦物镜的焦点处。当光束产生平漂量 Δx 时,由于入射光束平行于光轴,经聚焦物镜后仍聚于焦点,QPD2 对光束的平漂量不敏感。如图 2-4 (b) 所示,当光束产生角漂即相对光轴以 θ 角入射时,光束聚焦于聚焦物镜的焦平面上并发生偏移,偏移 QPD2 的中心位置量为: $\Delta y = \theta_x f$。其中,θ 为光束角漂量,Δy 为光束焦点偏移 QPD2 中心位置的大小,f 为聚焦物镜焦距。显然,选取较大的焦距 f,可增加 QPD2 对角漂量的探测能力。实际中光束角漂量是一个空间量,总可以分解为相互垂直的 x 向角漂 θ_x 和 y 向角漂 θ_y。

激光光束平漂量分离检测原理如图 2-4 (c) 所示。在动态调整开始时,x 向光束偏转器和 y 向光束偏转器首先依据 QPD2 检测到的 x 向光束角漂分量和 y 向光束角漂分量,转动激光光束,使激光光束向角漂分量减小的方向偏转,来抑制激光光束的角漂量。分光镜 BS1 位于 x、y 向光束偏转器之后,其反射到 QPD1 上的 x 向光束角漂分量和 y 向光束角漂分量也同样得到抑制,光束角漂被抑制得越小,QPD1 接收的信号中所含角度漂移量的成分就越小,此时 QPD1 检测到的值主要为激光束的平漂量,这样就基本上实现了激光束平漂量的分离和检测。

在光束漂移量反馈控制准直系统中,光束平移系统的平移分辨力已达纳米量级,光束偏转角分辨力已达 10^{-9} rad,而光束平漂量和角漂量检测系统的检测精度由于易受环境因素的影响却未达到相应的量级,并已成为制约漂移量控制准直系统准直精度提高的最大误差源。

为改善漂移量检测系统的灵敏度,检测电路采用四象限对角线放置,同时为抑制光功率波动和衰减对漂移量检测精度造成的影响,准直系统中对检测电路进行了归一化处理,即用 QPD 四个象限的相加信号分别去除检测到的 x 向漂移量和 y 向的漂移量信号,来抑制激光功率的衰减和波动,漂移量归一化计算公式如下

$$E_x = \frac{I_A - I_C}{I_A + I_B + I_C + I_D} \qquad (2-14)$$

$$E_y = \frac{I_B - I_D}{I_A + I_B + I_C + I_D} \qquad (2-15)$$

式中,I_A、I_B、I_C 和 I_D 分别为光束在 QPD 四个象限输出的电流值;E_x、E_y 分别为 x 向的漂移量和 y 向的漂移量。

光电检测系统中,当用光电探测器直接对光强信号进行直流放大时,检测信号 I_A、I_B、

I_C 和 I_D 易受环境背景光干扰、电网工频干扰和直流信号难于进行高精度放大等因素的影响。为减小这些因素对准直系统的不利影响，方向稳定系统中应用激光光强调制技术，将激光光束调制成以特定频率强度交变的激光光束，这样将待放大的漂移量、信号调制到容易放大的中频频带范围，再经交流带通放大、峰值检波后解调为低频信号，进而提高平漂量和角漂量信号的检测精度。

图2-3中的光束平移机构6和光束平移机构7的结构如图2-5（a）所示，平面反射镜1和平面反射镜2构成一组平行平面反射镜，其中平面反射镜1平行移动，平面反射镜2固定不动，当光束进入平移镜（两平行平面镜组成）出射时，依据反射定律其出射角始终与入射角一致，即平移反射镜并不改变光束的方向角，如图2-5（a）、图2-5（b）和图2-5（c）所示。

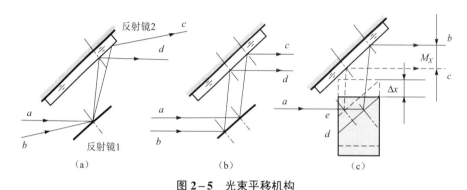

图2-5 光束平移机构

（a）两入射光不平行时的出射情况；（b）两入射光平行时的出射情况；（c）改变平面反射镜位置时的出射情况

如图2-5（c）所示，当平面反射镜1由位置 d 移动到位置 e 时，出射光束由位置 b 平行移动到位置 c，可完成光束的平动。平面反射镜1平移由平移式压电陶瓷驱动器直接驱动，可达到纳米级的驱动。

在图2-3中，相互垂直放置的两个结构及功能完全相同的 x 向光束平移机构6和 y 向光束平移机构7，使经 x 向光束平移机构6出射的光束再次进入 y 向光束平移机构7，x 向光束平移机构6用于调整光束在 x 方向的平移量，y 向光束平移机构7用于调整光束在 y 方向的平移量。高速测量控制系统17实时控制 x 向光束平移机构6和 y 向光束平移机构7产生平移，通过 x、y 方向的高速合成运动即可实现光束在空间任意位置的平动，其动态频响达到 kHz 量级。

由于光束经过光纤进行初级准直后，其出射光束的角漂量达到 10^{-6} rad 量级，"残余"的角漂量变化范围小，为对其角漂量进一步抑制，可采用如图2-6所示的偏转角精度达 10^{-9} rad 的多级串联电光晶体偏转角控制器，其偏转角范围可达到角分级。

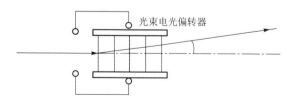

图2-6 电光晶体式光束角偏转机构

在图2-3中，x向光束偏转器8与y向光束偏转器9的结构及功能完全相同，放置x向光束偏转器8使其与y向光束偏转器9偏转方向相互垂直，使经x向光束偏转器8出射的光束再次进入y向光束偏转器9，x向光束偏转器8可用于调整光束在x方向的角漂量，y向光束偏转器9可用于调整光束在y方向的角漂量。光束在空间上的角漂量总可以分解为沿光束传播方向的两个相互垂直的角漂分量，通过高速测量控制系统17实时控制两相互垂直放置的x向光束偏转器8和y向光束偏转器9，即可完成光束在x、y方向的高速偏转控制，通过x、y方向的高速偏转角合成运动即可实现光束在空间任意位置的偏转，其动态频响达到kHz量级。

光束漂移量反馈控制激光方向高精度稳定方法：将光束强度调制后经单模光纤初级准直的激光光束的平漂量和角漂量进行分离和锁相检测，并通过相应的光束漂移量快速反馈控制系统对光束的平漂量和角漂量分别进行高速反馈控制，来抑制激光光束的漂移量，进而使出射激光光束具有优异的方向稳定性，激光方向稳定性可达到10^{-8} rad量级。

3. 零阶贝塞尔光束

高斯光束经过任何线性光学系统的变换后仍然是高斯光束，即其垂直于传播方向的光束截面内光强始终保持高斯分布。随着光束的传播，高斯光束截面上光强迅速衰减，若存在一种横截面上的光强几乎不随传播距离而衰减的光束，这将会很有用。零阶贝塞尔光束就是这样的光束。当光源用激光器时，经过特殊的会聚元件（或元件组）而形成的零阶贝塞尔光束是一条亮而细的光束，可看成是会聚角很小而聚焦深度很大的会聚光束，也可认为是直径很小的准直光束。

光束在真空、空气等各向同性介质中的传播规律遵从电磁场的麦克斯韦方程组，且矢量波动微分方程可简化为标量波动微分方程。若考虑简谐振动光波的情形，光波在各向同性介质中的传播规律可由标量亥姆霍兹波动方程来描述。零阶贝塞尔光束是亥姆霍兹波动方程在无界空间的一个特解，这个解的形式是

$$E = e^{i\beta z} J_0(\alpha r) \qquad (2-16)$$

式中，E是复数表示的电场复振幅分布；r为垂直光束传播方向截面内的极径（即$x^2 + y^2 = r^2$，光束沿z方向传播）；$\alpha^2 + \beta^2 = k^2$，k为波数，$J_0(\alpha r)$是自变量为αr的零阶贝塞尔函数，光束由此而得名。

由式（2-16）可知，该光束的实振幅（或光强）分布与传播距离z无关，也就是说该光束的垂轴光强分布不随传播距离z而变化，因而具有无扩散传播性质。必须指出，由于贝塞尔函数是发散的，因而这就意味着这样的光束理论上将携带无限大的能量，这在现实中是不能实现的，在现实的有界空间中，零阶贝塞尔光束是波动方程的一个近似解，即在某一传播距离内延缓光束的衍射发散，使横截面上的光强分布近似保持不变。

一种实现零阶贝塞尔光束的实验方法如图2-7所示。一个带有环形狭缝的屏置于焦距$f' = 305$ mm、半径$\rho = 3.5$ mm的薄透镜的前焦面上，环形狭缝的直径$d = 2.5$ mm，狭缝宽度$\Delta d = 10$ μm。环缝上每个点发出的光，经透镜变换为平行光束，环形狭缝所有点产生的平行光的波矢位于一个圆锥面上。当照明环形狭缝的光波长为λ时，可得参数$\alpha = 2\pi \sin\theta / \lambda$的贝塞尔光束，其中$\theta = \arctan(d/2f')$。当缝宽$\Delta d \ll 2\lambda F$（$F = f'/(2\rho)$）时，可以忽略衍射的调制效应（即宽$\Delta d$的光源经透镜衍射的光强分布与点光源经透镜衍射的光强分布相同）。

贝塞尔光束无扩散传输的最长距离为

$$Z_{max} = \frac{\rho}{\tan\theta} = \frac{2f'\rho}{d} \quad (2-17)$$

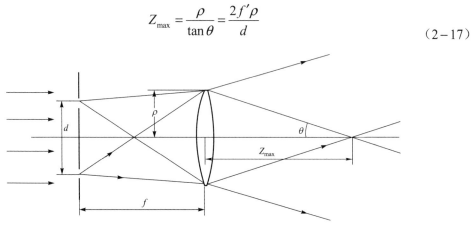

图 2-7 实现零阶贝塞尔光束的实验装置

贝塞尔光束的光强分布 J_0^2 如图 2-8 中的实线所示。在 $z=0$ 的平面上具有相同光斑半径的贝塞尔光束和高斯光束，在传输了距离 $z < Z_{max}$（此处 $Z_{max} \approx 800$ mm）后，贝塞尔光束光强分布几乎保持不变（图中实线），但高斯光束迅速衰减，图中两条虚线分别表示在 $z=100$ mm 和 $z=1\ 000$ mm 处高斯光束的光强分布。

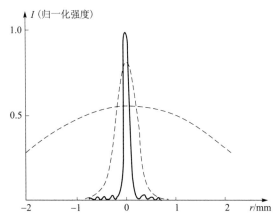

图 2-8 贝塞尔光束与高斯光束传输中的光强比较

聚焦深度很大的零阶贝塞尔光束还可以用轴锥镜（Axicon）获得，如图 2-9（a）所示。准直激光束正对锥尖入射，在轴锥镜之后的聚焦范围内放置一白屏，可看到同心圆环形干涉条纹，其光强分布如图右边的曲线所示（强度分布曲线图中 y 轴的比例尺约为 90:1，其左侧的圆环图中，y 轴的比例尺约为 45:1，即右图较左图的 y 轴尺寸放大了一倍）。根据简单的几何光学关系，可得几何近似条件下轴锥镜的聚焦范围

$$Z_{max} = \frac{R}{(n-1)\varphi} \quad (\varphi \ll 1\ \text{rad}) \quad (2-18)$$

式中，R 为轴锥镜的半径；φ 为轴锥镜的楔角；n 为轴锥镜材料的折射率。

根据衍射理论，J_0^2 光束中心斑的直径 d 为

$$d = \frac{2.40\lambda}{\pi(n-1)\varphi} \qquad (\varphi \ll 1 \text{ rad}) \tag{2-19}$$

上式是用 $J_0^2(\alpha r)$ 的第一个极小值 $J_0(2.405)=0$ 对应的 r 来表示中央亮斑半径的。由 $\alpha = 2\pi\sin\theta/\lambda$，$\theta = (n-1)\varphi$ 和 $\alpha r = 2.405$，即可得式（2-19）。例如一个硒化锌（ZnSe）轴锥镜，当其楔角 $\varphi = 1°$ 时，对 $\lambda = 10.6\ \mu m$ 的红外激光束，可得 $d = 320\ \mu m$（已知 $n = 2.45$）。当 $R = 10\ mm$ 时，得 $Z_{max} = 395\ mm$。与环形光阑相比，轴锥镜能通过更多的光能，因此是产生大深度聚焦光束的更有效光学元件。

利用零阶贝塞尔光束中心光斑直径很小，并保持较长传播距离不变（例如，中心斑直径为 70 μm，可保持约 1 m 范围内光强分布基本不变）这一特性，在测量上可有许多用途。图 2-9（b）为用于测量物体表面轮廓的一个例子。准直激光束通过轴锥镜成为近似的零阶贝塞尔光束，经扫描反射镜，光束在被测表面扫出一条细亮线，与入射光束成较大的 θ 角（一般 $\theta > 45°$）方向上，用 CCD 相机摄得细亮线在物面上的轨迹，由于 θ 角较大，可使小的纵向（深度）变化 δh 转变为大的横向位移 $\delta l = \delta h \cdot \tan\theta$，即以高于观测装置分辨率的灵敏度求出表面某截面的轮廓。

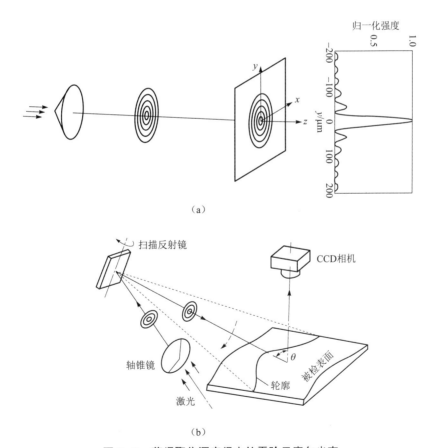

图 2-9 获得聚焦深度很大的零阶贝塞尔光束
（a）用轴锥镜产生贝塞尔光束；（b）用贝塞尔光束扫描物面以测定其表面轮廓

2.1.2 激光束自准直技术

激光束自准直技术是指能实现反射波面与入射波面完全重合的技术。目前有两种实现方法，第一种是波面为平面的激光束经平面镜反射的自准直；第二种是波面为任意形状的激光束经相位共轭镜反射的自准直。

激光器反射的激光束经倒装望远镜（又称扩束望远镜，简称扩束镜）后成为发散角更小的准直激光束，经平面镜反射回来，射在距平面镜一定距离的四象限平面光电接收器或面阵CCD（电荷耦合器）上，垂直光束移动光电接收器，当它的四个象限输出的电压或电流皆相同时，认为激光斑中心与光电接收器中心重合，由此确定了激光斑的位置；若平面镜有小量倾斜，则反射光束的偏角为平面镜倾角的两倍，再移动光电接收器，又一次确定了激光斑中心的位置后，由其移动距离和平面镜到光电接收器的距离，即可求出平面镜的倾角。

若保持准直激光束的方向和光电接收器的位置不变，平面镜移至在激光束路径上的各个定位面上，如果在光电接收器上的激光斑中心位置都不变，就说明各定位面是彼此严格平行的。

与第1章介绍的用自准直望远镜的自准直方法比较，这种自准直方法的优点是找自准直光束的投射光斑位置较找自准直像要容易得多；并且不论平面镜距离多远（可远至数百米），激光斑的直径变化不大，定中心的准确度几乎不变，而对自准直望远镜，其自准直像的视场将变小，不仅找像更困难，还会严重影响望远镜的对准准确度。缺点是要使反射波面与入射波面完全重合较困难。

因此，这种自准直方法主要用于大尺寸设备或部件的校准、定位和测量中。前面介绍的波音777客机机翼的装配就用到这种激光束自准直技术，如图2-1所示。

相位共轭技术可以实现任意波面的自准直。如图2-10所示，一束发散光经平面镜反射仍为发散光，且按反射定律反射；若经相位共轭镜，不论是否垂直入射皆按原路反射回去，而且发散光变成了会聚光。产生的会聚光波称为相位共轭波。相位共轭波束的任意两点间的相位差与原入射波束相同两点之间的相位差大小相同符号相反。改变相位符号这一数学运算称为共轭，故称这种现象为相位共轭。受激布里渊（Brillouin）散射和四波混频是产生相位共轭的两种主要方法。一束高强度、高方向性的光束进入光学非线性材料时，只要光束功率大于某一阈值，光束就几乎全部向后反射回来，后向反射光的出现就是产生布里渊散射的结果。四波混频是实现相位共轭的常用方法。如图2-11所示，这一方法涉及四束光在非线性介质中的相互作用，三束光是输入光，一束光是输出光。三束光中一束是物光，另外两束是参考光，两参考光严格沿相反方向传播，它们通常是平面波，并与物光的频率相同。物光束可以从任何方向进入介质。第四束为输出光，是物光束的相位共轭光束，它射出时与物光束重合，但传播方向相反。相位共轭光束产生的原因可以这样解释：物光束与一束参考光在介质中相交并产生干涉，介质中的干涉花样表现为一系列具有不同折射率的区域，区域的大小、形状和方位与干涉花样相同，因而有关物光束相位的所有信息就储存其中。这相当于记录了一幅相位全息图。第二束参考光"读出"储藏在干涉花样中关于相位结构的信息，由于第二束参考光的传播方向与第一束参考光相反，所以其"再现"光束便是物光束的相位共轭光。同样第二束参考光也与物光产生干涉花样，第一束参考光则为读出所储藏信息的光束，也产生物光束的相位共轭光。由于记录的是相位全息图，衍射效率较高，因而两束参考光皆有相当多的能量转移到共轭光束。四波混频相位共轭与受激布里渊散射相位共轭不同，物光束功率不需要超过某一阈值就能产生相位共轭光，因而较普遍采用。

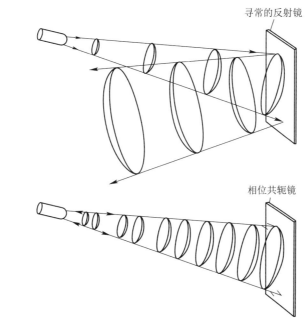

图 2-10　比较相位共轭镜与寻常反射镜反射光的性质

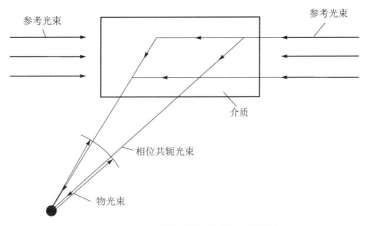

图 2-11　四波混频相位共轭原理图

光学相位共轭有许多可能的用途，如补偿激光通过非均匀介质引起的波前畸变，改善激光束的方向性；在自适应光学中，用于补偿大气湍流的影响，获得较清晰的图像；能实现脉冲序列的时序反转，因而可应用相位共轭镜和多个并行放大器来引发核聚变等。

2.2　自准直法测量平面光学零件光学平行度

2.2.1　概述

本节主要介绍应用目视自准直望远镜测量那些能够沿入射光轴展开成等效玻璃平板的

棱镜的光学平行度。这些棱镜有直角棱镜、五棱镜、列曼棱镜等，还包括直角屋脊棱镜、列曼屋脊棱镜等多种屋脊棱镜。以上各种棱镜统称反射棱镜。还有等边三棱镜、角隅棱镜等。当然也包括平面平行玻璃板，但不包括道威棱镜，因其光轴不与折射面垂直，不能同时看到棱镜两个折射面的自准直像。

反射棱镜有角度误差和棱差（各个棱互相不平行）时，展开后的等效玻璃平板的两个平面就不会严格平行，其后果是使光学系统光轴方向改变并影响成像质量。因此在反射棱镜的生产图纸上规定有"光学平行度"这一项质量指标，等效玻璃平板两个平面之间的夹角不得大于图纸规定的光学平行度数值。对于反射棱镜，只需测量光学平行度和双像差（反映屋脊棱镜的屋脊角误差）就可以知道棱镜的角度误差和棱的偏差是否在允许的范围内，不必测量各个角度的实际大小和各个棱之间的夹角。

常见的用于测量光学平行度的目视自准直望远镜有两种，一种是带阿贝目镜的，简称阿贝自准直望远镜，另一种是带测微自准直目镜的，简称测微自准直望远镜。前者测量范围为 $\pm 60'$，后者为 $\pm 10'$，但绝大多数目视自准直望远镜的分划板上所刻数字为实际对应角度值的一半，这时测量范围分别为 $\pm 30'$ 和 $\pm 5'$，测量不确定度分别为 $20''$ 和 $1''$（有的目视测微自准直望远镜可高达 $0.3''$）。

下面先介绍测量光学平行度的一般原理，然后介绍应用这个原理测量三种反射棱镜的光学平行度和角隅棱镜的角度误差。

2.2.2 测量光学平行度的一般原理

实质上它是测量透明玻璃平板平行度的自准直原理。

如图 2-12 所示，当平行光束垂直被测平板前表面入射时，由平板前后两表面反射的两束平行光之间的夹角 φ 与平板的平行度 θ 之间有以下关系

$$\sin\phi = n\sin 2\theta$$

因这两个角度都很小，做小角度近似并考虑到自准直望远镜读数减半后得

$$\theta = \frac{\varphi'}{n} \quad (2-20)$$

式中，n 为被测玻璃平板的折射率；φ' 为自准直望远镜中与平板两表面反射的自准直像间距对应的角度读数值，$\varphi' = \varphi/2$。

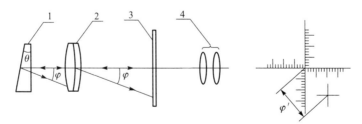

图 2-12　自准直法测平板光学平行度的原理图
1—被测平板；2—自准直望远物镜；3—分划镜；4—目镜

图 2-12 的右图表示自准直望远镜视场中看到的两个自准直像（小十字线）的相对位置。设分划板上刻线格值为 $15''$，则两个像的间距的读数值为 $\varphi' = \sqrt{2^2 + 2.25^2} = 3'$，当折射率 n 为

1.5 时，平板平行度 $\theta = 3'/1.5 = 2'$。实际测量中，光束不一定要严格垂直于前表面入射，只要入射角较小（例如小于 6°），式（2-20）仍是成立的。

反射棱镜展开后与玻璃平板等效，因此上述测量平板平行度的原理完全适用于反射棱镜光学平行度的测量。

2.2.3 反射棱镜光学平行度的测量

所有反射棱镜，当入射光轴截面内的各个角度没有误差和各个棱彼此平行（棱的不平行偏差称为棱差或塔差）时，都能展开成入射面和出射面严格平行的等效玻璃平板。如果有角度误差和棱差，展开后的平板入射面和出射面将不平行。角度误差造成两平面在入射光轴截面内的不平行，称为第一光学平行度 θ_I；棱差则造成垂直于入射光轴截面方向的不平行，称为第二光学平行度 θ_{II}。为了解两种光学平行度在总的平行度中各自所占比重，以便改进工艺、减小误差、提高生产效率，需要分别测出 θ_I 和 θ_{II}。为此要求自准直望远镜分划板上两条互相垂直的刻度尺分别平行和垂直于入射光轴截面，利用这两条刻度尺即可分别测出 θ_I 和 θ_{II}，如图 2-13（b）所示（图中 $\varphi'_I = n\theta_I$，$\varphi'_{II} = n\theta_{II}$）。下面介绍三种反射棱镜的测量。

1. 测量直角棱镜 DI-90°

如图 2-13 所示，将棱镜放在自准直仪的工作台上，调整自准直望远镜和工作台，可从望远镜视场中找到从棱镜两个折射面 AC 和 BC 面反射回来的两个十字线像，使其中一个十字线像的竖线与竖刻度尺的长竖线重合，另一个的横线与横刻线的长横线重合，因横刻度尺与棱镜入射光轴截面（图 2-13（a）的纸面）的方向平行，故由横刻度尺读出的角值为 $\varphi'_I = n\theta_I$。

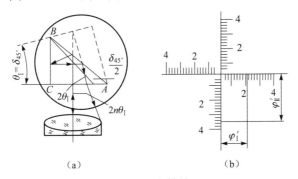

图 2-13　测量直角棱镜 DI-90°
(a) 光路图；(b) 视场图

同理，由竖刻度尺读出的角值为 $\varphi'_{II} = n\theta_{II}$（由于分划板上所刻的数字为实际角值的一半，故读数值 $\varphi' = \varphi/2 = n\theta$）。其中 $\theta_I = \delta_{45°}$，$\delta_{45°}$ 为 $\angle A$ 与 $\angle B$ 的差值；$\theta_{II} = 1.4\gamma_A$，$\gamma_A$ 为 C 棱与 AB 面的平行度。如果 $\angle A = \angle B$（不一定要等于 45°），C 棱平行于 AB 面，则自准直像合二为一。

2. 测量五棱镜 WII-90°

如图 2-14（a）所示，没有误差的五棱镜应有 $\angle A = 90°$，$\angle C = 45°$，A 棱和 C 棱在 AC 连线方向是平行的，这时 $A''D'$ 面平行于 AB 面。如果存在角度误差和棱差，AB 面和 $A''D'$ 面将不平行，这时在自准直望远镜中出现两个自准直像，如图 2-14（b）所示。读出的角值分别为 $\varphi'_I = n\theta_I$，$\varphi'_{II} = n\theta_{II}$，其中 $\theta_I = 2\Delta_{45°} - \Delta_{90°}$，$\theta_{II} = 1.4\gamma_B$（$\Delta_{45°}$、$\Delta_{90°}$ 分别为 $\angle C$、$\angle A$ 对 45°、90° 的偏差，γ_B 为 A、C 棱在 AC 连线方向的平行度，又称 B 棱差）。

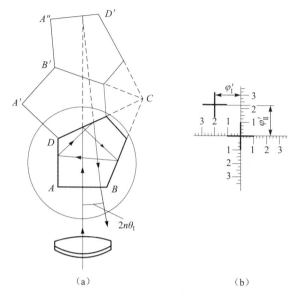

图 2-14 测量五棱镜 $WⅡ-90°$
(a) 光路图；(b) 视场图

五棱镜 $WⅡ-90°$ 的主要作用是出射光束在光轴截面内相对入射光束折转 $90°$，而且当棱镜有小量摆动或入射光束方向在入射面法线附近变化时，在光轴截面内，这个折转角度不变。因此检查入射光束经五棱镜后是否准确折转 $90°$，在许多情况下是十分必要的。这里简要介绍一种检查光束是否折转 $90°$ 的自准直方法，该方法的准确度可以达到角秒级。如图 2-15 所示，先使两个测微自准直望远镜 1、2 互相对准，用两块平面镜 4、5 构成 $45°$ 角（要求误差在 $1'$ 以内，这是容易做到的），其中一块平面镜可以微调以改变两平面镜间的夹角。把它们放在两望远镜中间，整体改变其方位，使望远镜 1 出射光束折转大致 $90°$。放入并调整平面镜 3 使光束原路返回（即望远镜 1 实现自准直），整体转动成 $45°$ 角的两平面镜（以下简称 $45°$ 角镜）至图中虚线位置，使望远镜 2 出射光束射向平面镜 3，为使望远镜 2 实现自准直，将 $45°$ 角镜中的一块平面镜和平面镜 3 各绕垂直轴微调，微调量各占自准像偏离原分划中心距离的一半。再将 $45°$ 角镜转回原位（图中实线位置），看望远镜 1 是否对平面镜 3 实现自准直，若未自准直，仍用各调一半的办法使之自准直。这样反复几次，直至 $45°$ 角镜在两个

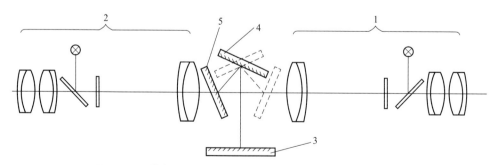

图 2-15 检查五棱镜的光束折转角的双测微自准直望远镜法
1，2—望远镜；3，4，5—平面镜

位置上,望远镜1和望远镜2都分别对平面镜3严格实现自准直为止。这时即达到平面镜3的法线与两测微自准直望远镜的瞄准轴严格垂直(若测微自准直望远镜的测角误差不大于2″,则其垂直度不大于1″)。撤去45°角镜换上被测五棱镜,使望远镜1的瞄准轴大致垂直于五棱镜的入射面(从入射面反射回望远镜1的分划像大致位于分划中心),用望远镜1的测微器测出平面镜3反射的分划像偏离分划中心对应的角值,它的一半就是五棱镜的入射光束与出射光束的垂直度。

3. 测量等腰屋脊棱镜 D$Ⅲ_J$–45°

如图2-16所示,如果棱镜存在角度误差和棱差,在自准直望远镜视场中也要出现两个自准像;如果屋脊角不等于90°,则从第二个折射面反射回来的像要被分成两个,这时视场中共有三个像。这后两个像对应的角距离为经两个屋脊面反射从第二个折射面折射出去的两个像对应的角距离(称为双像差S,$S = 4n\Delta_{90°}\cos\beta$,$n$为棱镜材料的折射率,$\beta$为垂直屋脊棱的平面与入射光轴的夹角)的两倍。由于分划板上的读数已减半,故读得的这两个像对应的角值就直接等于双像差S。

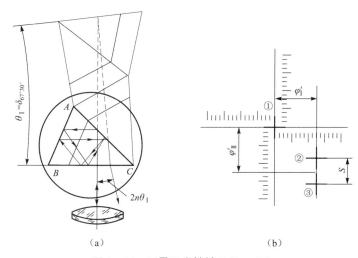

图2-16 测量屋脊棱镜 D$Ⅲ_J$–45°
(a) 光路图;(b) 视场图

对着棱镜的AC面哈一口气,视场中亮度不变的那一个像就是从入射面BC反射的像,即图2-16(b)中的像①。由此,即可从视场中读得$\varphi'_Ⅰ = n\theta_Ⅰ$、$\varphi''_Ⅱ = n\theta_Ⅱ$和S,如图2-16(b)所示。其中$\varphi''_Ⅱ$应从像②和③的中间算起。$\theta_Ⅰ$、$\theta_Ⅱ$与角度误差、棱差的关系分别为$\theta_Ⅰ = \delta_{67°30'}$、$\theta_Ⅱ = 0.76\gamma_C$。$\delta_{67°30'}$为图2-16中棱镜的∠$ABC$与∠$BAC$之差;$\gamma_C$称$C$棱差,为屋脊棱$AB$在包含$AB$棱并垂直于入射光轴截面(见图2-16纸面)的平面内的偏转角。

判断实际屋脊角是大于还是小于90°,即判断$\Delta_{90°}$的正负,至少有两种方法:

(1) 将自准直望远镜的目镜向正视度调节(反时针旋转目镜),若看到像②和③彼此靠近,则屋脊角大于90°;若看到双像分离,则小于90°。

(2) 用纸屏在望远物镜和被测棱镜之间沿垂直屋脊棱的方向往下移入光路中(纸屏边缘平行于屋脊棱),若发现双像的上面一个像先消失,则屋脊角大于90°;若下面一个像先消失,则小于90°。

4. 测量角隅棱镜的直角误差

角隅棱镜（Corner Cube）又称角锥棱镜、椎体棱镜、三面直角棱镜等。它由三个互成直角的工作面构成一棱锥，第四个工作面（弦面）与三个棱的夹角相等，形状如同从一个正方体上切下一个角一样，如图 2-17 所示。

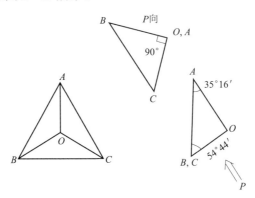

图 2-17 角隅棱镜的形状

这种棱镜的可贵特性是：当光线从弦面（见图 2-17 的 ABC 面）入射时，不论棱镜如何晃动，出射光线始终与入射光线平行。正是利用这个特性，使激光测长技术取得很大发展。例如，在激光地面测距和激光精密测长中，都用角隅棱镜作为"靶"，使投向靶的光线原路返回，由此精确测出靶到光接收器的距离或靶的距离的变化量。为了达到高准确度测长的目的，对三个直角提出了很高的加工精度要求，一般直角误差为 $1''\sim2''$ 甚至 $0.5''$ 以内。用自准直法检验其直角误差既简便可靠，又能保证达到高准确度要求，是一种很好的方法。下面介绍两种检测方法。

（1）补偿棱镜法

如图 2-18 所示，在角隅棱镜的弦面上用与棱镜材料折射率相近的折射液贴置一块相同玻璃牌号的直角补偿棱镜，其补偿角是 $35°16'$。自准直望远镜出射光束垂直于补偿棱镜的直角面入射，相当于射入一块屋脊棱镜，OA 棱是屋脊棱，两个屋脊面分别是 OAB 和 OAC，入射光束与屋脊棱的垂直面的夹角 $\beta = 0°$，因此经两个屋脊面反射回来的两个最亮的自准像对应的角距离，根据双像差计算公式 $S = 4n\Delta_{90°}\cos\beta$，得

$$\varphi' = \varphi/2 = 2n\Delta_{90°} \tag{2-21}$$

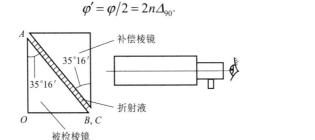

图 2-18 补偿棱镜测量法原理图

OAB 和 OAC 两平面夹角与 90°的偏差为

$$\Delta_{90°} = \frac{\varphi'}{2n} \tag{2-22}$$

式中，n 为角隅棱镜材料的折射率。

用同样方法可以测得角隅棱镜另外两个直角与 90° 的偏差。

(2) 斜入射法

补偿棱镜容易损伤弦面，如果使平行光束以入射角 $i = \arcsin(n\sin 35°16')$ 从弦面入射，则折射光线垂直于直角棱 AO，如图 2–19 所示。这时，经两个直角面反射回来的光束，在自准直望远镜视场中生成两个明亮的自准像，它们的角距离 $\varphi = 4n\Delta_{90°}$，读数值 $\varphi' = \varphi/2 = 2n\Delta_{90°}$，与式 (2–21) 相同。当角隅棱镜用 K9 玻璃制造时，$n = 1.5163$，这时入射角 $i = 61°6'$。

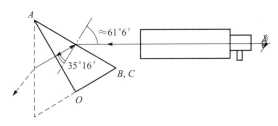

图 2–19 斜入射测量法原理图

由图 2–19 可以看出，棱镜按光路展开后等效于一色散棱镜，所以自准像呈现彩色。但色散方向与自准像分开方向垂直，只要自准直望远镜绕自身光轴微微转动，总可以找到使自准直刻线像足够清晰的位置，即刻线方向与色散方向平行，这时仅刻线像的两端呈现彩色，只要在刻线像中心处测量两像的角距离，就不会受色散的影响。

以上两种测量 90° 角误差的方法都能达到 0.5″ 甚至更高的测量准确度。

2.3 自准直法测量曲率半径和焦距

2.3.1 自准直法测量球面曲率半径

以抛光的被测球面作反射面，当投射到球面上的光线沿球面法线方向入射时，反射光线按原方向返回，在物体（被照明的分划板）所在平面 C' 上生成自身的清晰像（如图 2–20 所示）。这时对物镜来说，物体（分划板）和被测球面的球心 C 是共轭的。在确定了球心的位置以后，如果能再确定球面顶点 A 的位置，那么就可以求出曲率半径 R 的大小了。这就是测量的基本原理。

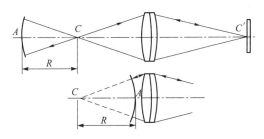

图 2–20 自准直法测量球面曲率半径原理

测量曲率半径的自准直仪基本上有两种，一种是自准直望远镜，另一种是自准直显微镜。

前者主要用于测量曲率半径达几十米的凹、凸抛光球面；后者的测量范围可以从几毫米到 1 米左右。若采用新的双线定焦原理（确定球面顶点和球心位置的光学原理），可使自准直显微镜测量曲率半径的相对测量不确定度达到十万分之一。即曲率半径为 200 mm 时，测量不确定度不大于 2 μm。下面仅介绍用自准直显微镜的测量方法。

如图 2-21 所示为自准球径仪的基本结构。当自准直显微镜（由 7、8、9、11、12、13、14 组成）分别调焦于被测球面的球心 C 和顶点 A 时，人眼通过目镜先后两次看到分辨率板 9 的图案在分划板 11 上的自准像，轴向微调自准直显微镜，当分辨率图案像中某一单元线条的对比度为 0.03 时，人眼刚可以分辨［再继续微调也不能使空间频率更大（更密）的线条被分辨］，此时所确定的自准直显微镜所在位置为定焦位置；先后两次（对 C 和 A）定焦位置之间的距离，就等于被测球面的曲率半径 R。

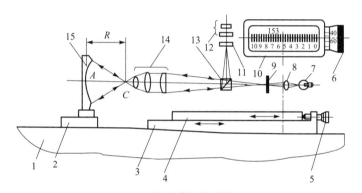

图 2-21 自准球径仪结构示意图

1—底座；2—夹持器座；3—滑座；4—上滑板；5—手轮；6—测微鼓轮；7—灯泡；8—聚光镜；9—分辨率板；10—读数窗；11—分划板；12—目镜；13—分束棱镜；14—显微物镜；15—被测光学样板

这里介绍一种新的双线定焦原理，它利用人眼对分辨率图案线条的对比度变化非常敏感这一生理特性，达到很高的定焦准确度。实践和理论计算（见表 2-1）都证明，双线定焦法与清晰度定焦法相比，定焦准确度能提高好几倍。由于人眼感知线条间对比度的变化有一个限度，在人眼视觉对比度阈值附近，对比度变化小于 0.005 时人眼就不能察觉了。可认为，线条对比度在 0.025~0.03 时，人眼恰好处于刚能分辨或刚不能分辨的状态，这个范围就是该定焦原理产生定焦误差的根源。理论分析双线定焦的误差比较困难，幸而用相对较容易的双点衍射理论进行定焦误差分析，其结论与双线定焦的实践结果十分接近。下面简要介绍双点定焦原理。以两个相距很近的发光点的衍射像之间对比度的变化来定焦的原理称为双点定焦原理。

从成像的衍射理论入手进行分析。首先假定显微物镜是无像差的，并认为成像光束是不相干的，成像空间具有空间不变性。由衍射理论可知，当一物体通过光学系统成像时，可以认为是夫朗和斐衍射过程，在像面上任一点的光强等于物上各点在该点的衍射光强之和。

无像差像点在光轴附近和像面前后一个较小范围内的光强分布可用洛梅耳（Lommel）函数描述。

如图 2-22 所示，假设一单色球面波通过圆孔会聚于一点 O，O 点附近 P 处光强可表

示为

$$I(u,v) = \begin{cases} \left(\dfrac{2}{u}\right)^2 [U_1^2(u,v) + U_2^2(u,v)] I_0, & |u/v| < 1 \\ \left\{\left(\dfrac{2}{u}\right)^2 \left[1 + V_0^2(u,v) + V_1^2(u,v) - 2V_0(u,v)\cos\left[\dfrac{1}{2}\left(u + \dfrac{v^2}{u}\right)\right]\right] - \\ 2V_1(u,v)\sin\left[\dfrac{1}{2}\left(u + \dfrac{v^2}{u}\right)\right]\right\} I_0, & |u/v| > 1 \end{cases} \quad (2-23)$$

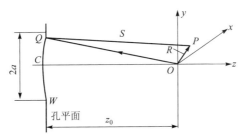

图 2-22 会聚球面波在圆孔上的衍射

式中

$$I_0 = \left(\dfrac{\pi a^2 |A|}{\lambda z_0}\right)^2 \qquad (2-24)$$

是几何像点 O 处的光强;

$$U_n(u,v) = \sum_{S=0}^{\infty} (-1)^S (u/v)^{n+2S} J_{n+2S}(v) \qquad (2-25)$$

$$V_n(u,v) = \sum_{S=0}^{\infty} (-1)^S (u/v)^{n+2S} J_{n+2S}(v) \qquad (2-26)$$

是洛梅耳函数;

$$u = \dfrac{2\pi}{\lambda}\left(\dfrac{a}{z_0}\right)^2 z \qquad (2-27)$$

$$v = \dfrac{2\pi}{\lambda}\left(\dfrac{a}{z_0}\right)\sqrt{x^2 + y^2} \qquad (2-28)$$

$$J_n(v) = \dfrac{v^n}{2^n n!}\left(1 - \dfrac{v^2}{2^2 \cdot 1! \cdot (n+1)} + \dfrac{v^4}{2^4 \cdot 2!(n+1)(n+2)} - \dfrac{v^6}{2^6 \cdot 3!(n+1)(n+2)(n+3)} + \cdots\right) \qquad (2-29)$$

式中,(x,y,z) 为 P 点处坐标,以 O 为原点;a 为圆孔半径;z_0 为圆孔平面到 O 点的距离;A 为 O 点电矢量振幅;λ 为光波波长,取 $\lambda = 0.555\,\mu m$;$J_n(v)$ 为第一类贝塞尔函数。$|u/v| < 1$

表示 P 点在几何阴影区内，$|u/v|>1$ 表示 P 点在光束照明区内，在阴影边界上时 $u=\pm v$。

两种特殊情况：当 P 点在几何像面上时，即 $z=0$，$u=0$，有

$$I(0,v) = 4\lim_{u\to 0}\left[\frac{U_1^2(u,v)+U_2^2(u,v)}{u^2}\right]I_0 = \left[\frac{2J_1(v)}{v}\right]^2 I_0$$

这就是常见的圆孔夫朗和斐衍射光强分布公式。

当 P 点在光轴上，即 $v=0$，则离焦光强呈如下的 sinc 函数规律分布

$$I(u,0) = \left[\frac{\sin(u/4)}{u/4}\right]^2 I_0$$

用自准直显微镜定焦时，应注意分辨率板 9 在分划板 11 上成像的放大率为 1，如图 2-21 所示。设显微物镜的数值孔径为 NA，放大率为 β，则有 $a/z_0=NA/\beta$，并设两星点像沿 x 方向分开，即 $y=0$，由式（2-27）、式（2-28）可得

$$u = \frac{2\pi}{\lambda}\left(\frac{NA}{\beta}\right)^2 z, \quad v = \frac{2\pi}{\lambda}\left(\frac{NA}{\beta}\right)x$$

相距 d 的两个像斑合成的最大和最小光强为

$$I_{\max} = [I(u,v)|_{x=0} + I(u,v)|_{x=-d}]_{\max} \tag{2-30}$$

$$I_{\min} = 2I(u,v)|_{x=d/2} \tag{2-31}$$

双点像的对比度为

$$K = \frac{I_{\max} - I_{\min}}{I_{\max} + I_{\min}} \tag{2-32}$$

式（2-30）、式（2-31）中的 $I(u,v)$ 由式（2-23）计算。

根据上述点像衍射理论，可以计算得到，不同参数显微物镜像面上双点间的对比度由 0.03 减到 0.025，所对应的显微镜物方自准直离焦量 $\Delta z''$ 即定焦误差为

$$\Delta z'' = \frac{\Delta z}{2\beta^2} \tag{2-33}$$

式中，Δz 为显微物镜像方两点像间对比度由 0.03 减到 0.025 时所对应的离焦量。

表 2-1 给出了双点定焦法与清晰度定焦法的定焦误差值。

表 2-1　两种定焦方法的定焦误差

定焦法 \ β	25×	10×	4×
双点法 $\Delta z_1''/\mu m$	0.25	0.57	2.6
清晰度法 $\Delta z_2''/\mu m$	0.88	2.46	13.2
$\Delta z_2''/\Delta z_1''$	3.5	4.3	5.1

可以认为，双点定焦法的定焦准确度一般比清晰度定焦法提高 3～5 倍。

2.3.2 自准直法测量物镜焦距和顶焦距

测量焦距和顶焦距的自准直仪也有两种：自准直望远镜和自准直显微镜。与测量曲率半径不同的是，此处必须加入辅助反射镜（平面镜和球面镜）。用自准直显微镜测量正透镜的焦距和顶焦距的准确度较常用的焦距仪（放大率法）高出 10～30 倍，而且设备简单，在一台自准直球径仪（见图 2–21）的夹持器左侧装上一个平面镜即可用于测量顶焦距和焦距。自准直望远镜较多用于测量负透镜的焦距和顶焦距，还用于测量甚长焦距的正透镜的焦距，但测量准确度较低。因此这里仅介绍应用自准直显微镜的测量方法。

测量原理如图 2–23 所示。当自准直显微镜 3 调焦在被测透镜 2 的焦点 F' 上时，从自准直显微镜射出的光束经被测透镜后成平行光射向平面镜 1。调节平面镜使它垂直于入射光束，则反射光按原路返回，在显微镜分划板上成清晰无视差的自准像，记下显微镜的位置读数 B_1；轴向移动自准直显微镜，到调焦在透镜表面顶点 A 上时，又一次获得清晰无视差的自准像，再记下位置读数 B_2。自准直显微镜两次调焦所移动的距离就是被测透镜的顶焦距 $l'_F = B_2 - B_1$。

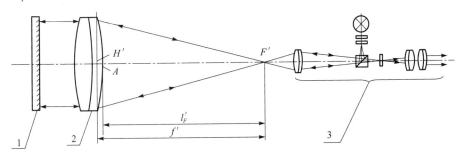

图 2–23 自准直显微镜测量顶焦距和焦距原理
1—平面镜；2—被测透镜；3—自准直显微镜

测焦距时，应使被测透镜的后节点 H' 位于透镜夹持器的垂直转轴上。方法是：当自准直显微镜调焦在被测透镜焦点 F' 上，并看到清晰无视差的自准直像时，绕垂直轴左右摆动透镜夹持器（摆动范围在 ±5° 以内），若看到自准像左右移动，则轴向移动被测透镜，到夹持器摆动时，自准像不动，就说明后节点已位于垂直轴上了。这时垂直轴中心到自准直显微镜调焦点 F' 的距离就等于被测透镜的焦距。

本方法测量顶焦距的误差包括两次自准直调焦的误差、刻度尺误差和平面镜面形误差。显微镜单次调焦的标准不确定度由式（1–52）计算，采用自准直法误差减半，即

$$u_{1\Delta x} = \frac{1}{2\sqrt{3}} \sqrt{\left(\frac{n\alpha_e f'_{eq}}{2NA}\right)^2 + \left(\frac{2n\lambda}{6(NA)^2}\right)^2}$$

平面镜面形误差产生的顶焦距误差，以标准不确定度表示为

$$u_{2\Delta x} = \frac{4N\lambda f'^2}{D_0^2}$$

式中，N 为平面镜有效孔径 D_0 内的光圈数；f' 为被测透镜焦距；λ 为照明光的波长，用白光时取 $\lambda = 560$ nm。

例如：测量 $f'=210$ mm，$f'/4.5$ 的照相物镜的像方顶焦距。采用 $4^\times$ 显微物镜（$NA=0.1$）和 $10^\times$ 目镜的自准直显微镜进行调焦，平面镜在直径 100 mm 内光圈 $N=1$。单次调焦的标准不确定度为

$$u_{1\Delta x}=\frac{1}{2\sqrt{3}}\left[\left(\frac{0.000\,29\times 250}{2\times 0.1\times 4\times 10}\right)^2+\left(\frac{2\times 0.56\times 10^{-3}}{6\times 0.1^2}\right)^2\right]^{1/2}=0.006\text{（mm）}$$

其中，取 $\alpha_e=1'=0.000\,29$ rad；$n=1$；$\lambda=0.56\times 10^{-3}$ mm。由于 $NA=0.1 < D/(2f')=1/9=0.11$，故取 $NA=0.1$。两次调焦的标准不确定度为 $\sqrt{0.006^2+0.006^2}=0.008\,5$（mm）。

平面镜产生的顶焦距误差为

$$u_{2\Delta x}=\frac{4\times 1\times 0.56\times 10^{-3}\times 210^2}{100^2}=0.01\text{（mm）}$$

仪器的测长标准不确定度，在 300 mm 内可达 ± 2 μm。总的测量合成不确定度 $u_{l'_F}$ 为 $\sqrt{0.008\,5^2+0.01^2+0.002^2}=0.013\,3$（mm），$u_{l'_F}/l'_F=0.006\,6\%$。若采用双点定焦法，$u_{1\Delta x}$ 还可减小。可见本方法的测量准确度是相当高的，但必须在被测物镜和显微物镜的像质都非常好的情况下。若像质不好，误差将大大增加。

测量焦距时，少一次调焦误差，但增加了确定节点位置的误差和确定夹持器垂直轴中心位置的误差。用自准直显微镜确定节点位置误差的光学原理图如图 2-24 所示。

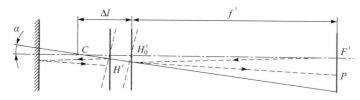

图 2-24 计算节点位置误差 Δl 的光学原理

当被测透镜转动的中心 C 与后节点 H'_0 不重合（相距 Δl）时，转过 α 角后，后节点由 H'_0 移至 H'。从而引起像点由 F' 横移至 P，$F'P$ 经显微物镜放大 β 倍，再经目镜（视放大率为 Γ_M）后对眼睛的张角小于或等于人眼的分辨角 δ_e。由此得 Δl 的计算公式为

$$\Delta l \leqslant \delta_e f'_{eq}(2\tan\alpha)^{-1} \qquad (2-34)$$

式中，f'_{eq} 为自准直显微镜的等效焦距（$f'_{eq}=250/\Gamma$，Γ 为显微镜的总放大率）。

当自准直显微镜用 $4^\times$ 物镜和 $10^\times$ 倍目镜，取 $\delta_e=2'=0.000\,58$ rad，$\alpha=5°$ 时，确定节点位置的不确定度为

$$\Delta l=\frac{0.000\,58\times 250}{2\times\tan 5°\times 4\times 10}=0.021\text{（mm）}$$

当夹持器的转轴制造精密时，确定转轴中心位置的不确定度可小于 0.01 mm。这时，测量焦距的合成不确定度 $u_{f'}=\sqrt{0.006^2+0.01^2+0.002^2+0.021^2+0.01^2}=0.026$（mm），$u_{f'}/f'=0.012\%$。以上说明只要像质好，测量装置制造精密，测量焦距的准确度还是相当高的。

如果被测物镜各透镜的曲率半径、厚度和材料的折射率，以及各透镜间隔皆已知，则可计算出物镜后主点到最后一个光学表面顶点的距离。用这个距离再加上测得的顶焦距 l'_F 值作为被测焦距值，在按中等精度制造物镜的情况下，其误差不会大于利用摆动夹持器而直接测

的焦距值的误差。因为后主点到最后一个光学表面顶点的距离一般较小，由于加工装配误差引起这个距离的误差是很小的，一般不会大于 0.02 mm。由于许多自准球径仪的透镜夹持器都设有绕垂直轴摆动的功能，因此这个方法很有实用意义。

2.4　自准直法测量非球面面形

测量面形误差（特别是非球面面形误差）的阴影法、补偿法（又称零检验法）、干涉法和全息法都用到自准直技术。这里介绍一种应用细激光束测量非球面面形的方法，称为激光束平移转动法。该方法可测各种非球面，不论是二次还是高次曲面，也不论是凸面还是凹面，而且可测的非球面度达 $1\,000\lambda$（$\lambda = 0.632\,8\ \mu m$）。其工作原理如图 2-25 所示。测量时先将被测面 5 的顶点调至转动轴心 O 上，移动激光束（在导轨 7 上整体移动含激光器 1、扩束镜 L_1、L_2，偏振分束棱镜 2，$\lambda/4$ 波片 3 和光斑对准器 4 的光源箱 6 实现）对准轴心 O，转动被测面使光束原路返回，光斑对准器 4 显示自准直状态，然后按所需步长转动一个角度 θ，再移动激光束重新获得自准直，即激光束中心线与光束在被测面上投影点的法线重合，移动距离为 S。这样依次测得 (θ_i, S_i)，即可计算出面形坐标 (x_i, y_i) 的值及其面形参数。

这种方法只有沿 x 方向移动光束和绕垂直轴转动被测面两个运动，易于实现仪器化，控制也较简单；反射光束在光电接收器上的光斑形状基本不变，因而测不同点的对准误差不变。尽管调整被测件时，需作 x、y 方向移动，但行程短，对移动装置要求较低，且测量过程中无须再动。由于具有以上优点，本方法有重要应用价值。

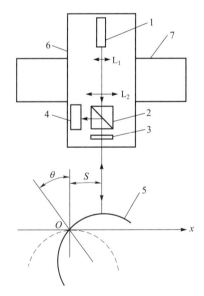

图 2-25　激光束平移转动法测非球面面形原理

1—激光器；2—偏振分束棱镜；3—$\dfrac{\lambda}{4}$ 波片；4—光斑对准器；5—被测面；6—光源箱；7—导轨

下面介绍本方法的数学模型。设被测轴对称非球面的母线方程为

$$y = f(x) \tag{2-35}$$

顶点在坐标原点 $(0,0)$，转动 θ_i，平移 S_i 后，激光束自准于母线上的 (x_i, y_i) 点。该点的法线方程

$$y - y_i = -f'(x_i)^{-1}(x - x_i) \tag{2-36}$$

顶点至法线的距离为

$$S_i = \frac{|x_i + f'(x_i)y_i|}{\sqrt{1 + f'^2(x_i)}} \tag{2-37}$$

又 $\pi - \theta_i$ 为该点切线的倾角，有

$$\tan\theta_i = -f'(x_i) \tag{2-38}$$

从而式（2-37）可简化为

$$S_i = x_i\cos\theta_i - y_i\sin\theta_i \tag{2-39}$$

式（2-38）、式（2-39）两式是由测出的 (θ_i, S_i) 计算 (x_i, y_i) 的基本方程。

下面求曲线的参数方程 $x = x(\theta)$，$y = y(\theta)$。设曲线的函数关系式 $S = S(\theta)$，由式（2-38）得

$$x'_\theta \sin\theta + y'_\theta \cos\theta = 0 \tag{2-40}$$

又由式（2-39）得

$$x = \frac{y\sin\theta + S(\theta)}{\cos\theta} \tag{2-41}$$

$$y = \frac{x\cos\theta - S(\theta)}{\sin\theta} \tag{2-42}$$

上两式对 θ 求导

$$x'_\theta = \frac{[y'_\theta \sin\theta + y\cos\theta + S'(\theta)]\cos\theta + [y\sin\theta + S(\theta)]\sin\theta}{\cos^2\theta} \tag{2-43}$$

$$y'_\theta = \frac{[x'_\theta \cos\theta - x\sin\theta - S'(\theta)]\sin\theta - [x\cos\theta - S(\theta)]\cos\theta}{\sin^2\theta} \tag{2-44}$$

式（2-43）与式（2-40）联立，式（2-44）与式（2-40）联立，分别得

$$y'_\theta \cos\theta + y\sin\theta + S'(\theta)\sin\theta\cos\theta + S(\theta)\sin^2\theta = 0 \tag{2-45}$$

$$x'_\theta \sin\theta - x\cos\theta - S'(\theta)\sin\theta\cos\theta + S(\theta)\cos^2\theta = 0 \tag{2-46}$$

由式（2-45）可得

$$\left(\frac{y}{\cos\theta}\right)' + \sin\theta\left(\frac{S(\theta)}{\cos\theta}\right)' = 0 \tag{2-47}$$

同样由式（2-46）可得

$$\left(\frac{x}{\sin\theta}\right)' - \cos\theta\left(\frac{S(\theta)}{\sin\theta}\right)' = 0 \tag{2-48}$$

上两式积分得

$$x = \cos\theta S(\theta) + \sin\theta \int_0^\theta S(\theta)\,\mathrm{d}\theta \tag{2-49}$$

$$y = -\sin\theta S(\theta) + \cos\theta \int_0^\theta S(\theta)\,\mathrm{d}\theta \tag{2-50}$$

这样，从连续角度考虑，只要 $S(\theta)$ 由已知数据表达得足够准确，理论上 x 与 y 值就可以

足够准确地求得。

最后，寻找 $S = S(\theta)$ 的准确关系。由测量过程和非球面表面的光滑性可知，测量数据 θ_i 与 S_i 之间的关系满足下列条件：

（1） $S_i = S(\theta_i)$，$i = 0,1,2,\cdots,n$，共有 $n+1$ 个测量点。

（2） $S(\theta)$ 在 $[\theta_0, \theta_n]$ 上有一阶和二阶连续可导。

（3） 采样点 θ_i 在 $[\theta_i, \theta_{i+1}]$ 内 $S(\theta)$ 以三次多项式表示。

这里，我们无须求出 $S(\theta)$ 的显式，而利用三次样条，求出 $[\theta_0, \theta_n]$ 内的每一点的 S 值，为按式（2-49）、式（2-50）作数值积分奠定基础。为保证数值积分足够准确，并考虑节省运算时间，选择变步长的辛普森（Simpson）求积法。

2.5　思考与练习题

1. 什么是准直技术？试举例说明它们有哪些应用？
2. 什么叫自准直？什么是自准直目镜？自准直目镜有几种及它们的特点是什么？
3. 什么叫自准直仪？它们的工作原理是什么？
4. 叙述自准直显微镜法测凹球面镜的曲率半径的原理，并分析自准直法定焦精度提高一倍的原因。
5. 自准直法测量凸球面曲率半径时应如何选取显微物镜？
6. 试分析直角棱镜（DI–90°）的第一光学平行度 θ_{I} 与角度误差的关系，第二光学平行度 θ_{II} 与棱差的关系。
7. 试述自准直显微镜测量顶焦距和焦距原理，测量装置中为何要具有透镜夹持器绕垂直轴摆动的功能？它在焦距测量中有什么作用？

第3章
光学测角技术

3.1 光学测量用的精密测角仪

角度计量是计量科学的重要组成部分。随着工业和高科技产业的发展,对角度计量的要求日益增多,测角技术及其测量准确度也在不断提高。光学测量所涉及的许多量是可以通过测量角度后间接得到的,例如玻璃材料的折射率、光学系统的焦距、照相物镜的畸变、光电瞄具的多光轴一致性、自聚焦透镜(梯度折射率透镜)的数值孔径等。

精密测角仪器是实现任意角高精度测量的重要仪器之一,也是光学测量实验室的基本仪器。测角仪的关键部件是圆分度器件。圆分度是指对圆周的分度,角度测量就是使被测的角度量与圆分度进行比较。实现圆分度的器件有很多种,最常用的是度盘,其他还有多面体、圆光栅、光学轴角编码器、感应同步器等。本节主要介绍精密测角仪的工作原理及基本构造,下一节将介绍测角技术在光学测量中的典型应用。

3.1.1 精密测角仪概述

近年来,利用计量光栅的测角技术发展较快,精度越来越高。因为圆周误差是封闭的,很容易采用全积分或多头读数法将圆光栅的刻划误差减小,使该测角系统具有较高的测角准确度;同时随着微电子技术的发展,将光栅的一个刻线周期等分成数百份甚至上千份都是能够办到的,因此可以获得很高的角分辨率;计量光栅还具有信号强、反差高、非接触、响应速度快和便于控制等特点,因此它广泛应用于角度的精密计量中。国内外著名的精密测角仪,其角度基准器几乎都是利用计量光栅制成的。如果把用光学度盘做基准器的测角仪(不确定度多数为秒级)称为第一代测角仪,具有代表性的如英国于20世纪60年代生产的C-20型测角仪,分辨率为0.1″,不确定度为1″;那么利用光栅做成的数显转台(不确定度达0.1″级)就构成了第二代测角仪,如我国航天航空工业部于1985年研制成功的精密数显转台,角分辨率为0.01″,不确定度为0.22″;德国于20世纪70年代末研制的210°转台,分辨率为0.01″,不确定度为0.15″。而以计算机控制的具有动态自动测角功能的精密测角仪则是新一代测角仪,如日本的用于角度编码器的自动校准系统,可以5 r/min的转速动态测角,分辨率为0.013 5″,不确定度为0.3″。

3.1.2 精密测角仪原理及构造

精密测角仪在设计中常采用模块式构造,可进行多种组合以满足测角、测光学材料折射率及测光学平行度等的需要。精密测角仪结构原理如图3-1所示。该仪器主要包括自准直望远镜、平行光管、光学度盘、复合成像系统、精密轴系和读数显微镜系统、工作台等部件，上述部件都装在牢固的基座上，其中光学度盘和轴系精确共轴。测角仪工作之前必须调整自准直望远镜和平行光管的视轴，使它们垂直于光学度盘转轴（又称主轴），平行光管的视轴应位于自准直望远镜绕主轴转动时其视轴扫过的平面内（该平面与度盘刻线面平行）。为适应不同工作的需要，一般精密测角仪可有多种形式，例如将仪器的主轴由铅垂位置改为水平位置，即可做成本章3.2节所介绍的用于测量光学玻璃折射率和色散的V棱镜折光仪。

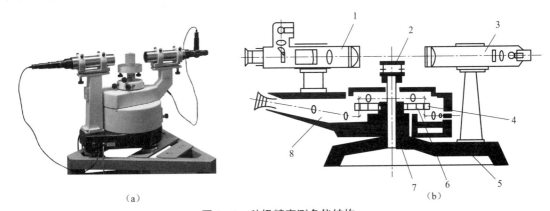

图 3-1 秒级精密测角仪结构
（a）常用秒级测角仪外观；（b）常用秒级测角仪系统组成
1—自准直望远镜；2—工作台；3—平行光管；4—光学度盘；5—基座；
6—复合成像系统；7—轴系；8—读数显微镜系统

新一代的精密测角仪普遍应用了空气轴系（气浮轴承转台）、高精度角度编码器、光电探测、高稳定性电机驱动、计算机精密测控及显示等先进技术。例如图3-2所示为我国20系、圆光栅角度基准器、动态光电自准直仪、传动系统和微机系统等组成。JC-1型精密测

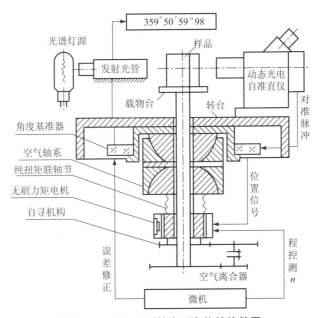

图 3-2 JC-1 型精密测角仪结构简图

世纪 80 年代末研制的 JC-1 型精密测角仪的原理结构，该仪器主要由高精度的空气静压轴角仪利用微机控制测角过程、修正圆分度误差及进行数据处理，测量不确定度优于 0.19″。其中微机按预定速度控制无刷力矩电机直驱空气轴承转台，由测速机信号组成的速度环及光栅信号给出的位置环控制转台转动，获得了低速下的高稳定性传动。其角度基准器为一块直径为 ϕ410 mm、刻线有 129 600 条的圆光栅，采用平行光照明，提取依次相差 $\pi/2$ 的四路正、余弦信号，采用载波调制锁相倍频技术细分 500 等份后，角度分辨率可达 0.02″。该仪器还能自动寻找最小偏向角，以最小偏向角法自动测量光学材料折射率。又如德国 PrismMaster HR 系列高精度测角仪，应用了径向轴向精度优于 50 nm 的超精密气浮轴承旋转台，分辨率为 0.036″、绝对精度优于 0.2″ 的高精度角度编码器，分辨率为 0.01″ 的光电自准直仪，软件自动修正与补偿等先进技术，使单次测量的测量精度（极限误差）达到了 ±0.2″。

3.2 测角技术的应用

3.2.1 在精密测角仪上测量棱镜的角度

准确度要求高的特殊棱镜，以及光学冷加工中使用的光学角度样板，除了 30°、45°、60°、90° 这些标准角度的棱镜可以使用自准直方法测量外，通常都要在精密测角仪上测量角度。常用的测量方法主要有下面三种。

1. 自准直望远镜定位对准法

图 3-3（a）是该种测量方法的示意图。自准直望远镜的作用是对棱镜被测角的两个平面进行定位对准，这个操作通常称为照准定位。测量时可以使工作台和度盘固定，利用自准直望远镜转动来对准定位；也可以使自准直望远镜固定，工作台和度盘转动。首先使自准直望远镜对准棱镜工作面①，如图 3-3（a）的实线所示。当看到自准直像和分划线本身重合时，表示自准直望远镜视轴与棱镜平面①法线重合。这时，从度盘上得到一读数。然后使自准直望远镜与棱镜工作面②对准，如图 3-3（a）的虚线所示，又可得到一读数。两读数之差即为两工作面法线的夹角 φ。由图中很容易看出被测角 A 为

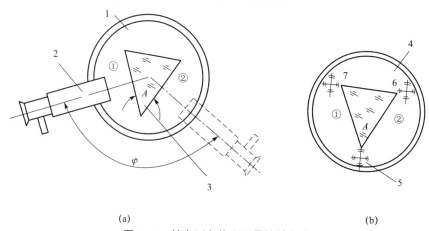

图 3-3 精密测角仪上测量棱镜角度
(a) 方法一；(b) 被测棱镜的调节
1—度盘；2—自准直望远镜；3—被测角度；4—工作台；5，6，7—调平螺钉

$$\angle A = 180° - \varphi \tag{3-1}$$

在精密测角仪上测量时,首先必须调节被测棱镜的位置,使组成被测角的两平面的法线构成的平面,与自准直望远镜的视轴平行。这样当自准直望远镜分别在平面①和②上照准时,可同时得到在高低方向上与分划线本身重合的自准直像。为了使这样的调节方便起见,在工作台上可以按图3-3(b)所示那样来放置被测棱镜。这时转动调平螺钉7能使平面②倾斜,而对平面①的影响很小。当转动调平螺钉6时能使平面①倾斜,而对平面②的影响很小。

2. 平行光管和自准直望远镜组合定位对准法

使平行光管视轴和自准直望远镜视轴组成一锐角,如图3-4(a)所示。先使构成被测角A的一个工作平面①转到图示位置,并调节到在自准直望远镜中看到平行光管分划板(狭缝)的像。当狭缝像与自准直望远镜分划板刻线对准时,就表明平面①的法线正处在该锐角的角平分线上。此时从度盘上可以取得一读数。然后,使工作台和度盘一起带着被测棱镜转动,直到使平面②转到此位置上,并再次从自准直望远镜中看到平行光管狭缝的反射像。用同样的方法对准后,又可从度盘上取得另一读数。很明显,两读数之差就是平面①和②的法线之间的夹角φ。于是,被测棱镜角A为

$$\angle A = 180° - \varphi$$

这时,自准直望远镜本身的灯泡不必点亮,作为普通望远镜使用。

在测量之前也必须调节工作台的调平螺钉,使被测角两表面法线构成的平面与由平行光管视轴和自准直望远镜视轴构成的平面相平行。

3. 分割平行光束定位对准法

使被测角A的棱线对向平行光管,则由平行光管射出的平行光束被分割为两半,分别射到平面①和②上,如图3-4(b)所示。首先使自准直望远镜转到正对着平面①反射光线的方向,观察到平行光管狭缝的反射像。当反射像和分划板刻线对准时,就可以在度盘上取得一个读数。然后使自准直望远镜转到正对着平面②反射光线的方向,再次观察到平行光管狭缝的反射像,并使它与分划板刻线对准,从度盘上又可取得一读数。两读数之差值即为图中的角度φ。很容易看出,被测角A为$\angle A = \varphi/2$。

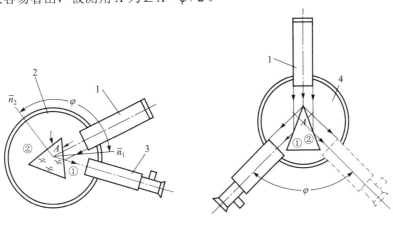

(a) (b)

图3-4 精密测角仪上测量棱角角度

(a) 方法二;(b) 方法三

1—平行光管;2—度盘;3—自准直望远镜;4—工作台

这里自准直望远镜也只是作为普通望远镜使用。测量之前还必须借助工作台调平螺钉调节棱镜的位置，使平面①和②的法线构成的平面和旋转自准直望远镜时由视轴扫出的平面相平行。

3.2.2 光学玻璃折射率的测量

作为成像光学系统的介质材料，光学玻璃对折射率的要求是很严格的。在光学玻璃整个熔制过程中，需要不断地进行折射率测量，以便控制折射率的变化和及时纠正偏差，保证成品玻璃的折射率在严格的质量指标范围内。

众所周知，折射率是以光在真空中的传播速度与在介质中的传播速度之比来定义的。但要通过测量光的速度来测量折射率显然是很难办到的。光学玻璃折射率的测量主要借助于折射定律，即通过测量光线在不同介质中传播时偏折的角度来实现的。测角技术是测量光学玻璃折射率的基础。下面介绍测量光学玻璃折射率常用的 V 棱镜法、最小偏向角法、直角照射法。

1. V 棱镜法

（1）测量原理

图 3-5 为 V 棱镜法测量折射率原理图。V 棱镜是一块带有"V"形缺口的长方形棱镜。它是由两块材料完全相同、折射率均为 n_0 的直角棱镜胶合而成的。"V"形缺口的张角为 $\angle AED = 90°$，两个尖棱的角度为 $\angle BAE = \angle CDE = 45°$。

将被测玻璃样品磨出构成 90° 的两个平面，放在"V"形缺口内。由于样品角度加工的误差，被测样品的两个面和"V"形缺口的两个面之间会有空隙，需要在中间填充一些折射率和被测样品折射率接近的液体，这种液体称为折射液。其作用一是防止光线在界面上发生全反射；二是即使样品加工 90° 角不准确，加上折射液之后，近似于一个准确的 90° 角；三是样品表面只需细磨，免去抛光的麻烦。

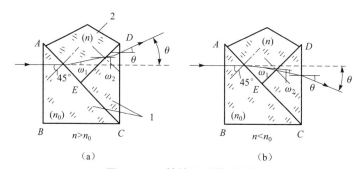

图 3-5 V 棱镜法测量折射率

1—V 形棱镜；2—被测样品

以单色平行光垂直射入 V 棱镜的 AB 面。如果被测样品的折射率 n 和已知的 V 棱镜折射率 n_0 相同，则整个 V 棱镜加上被测玻璃样品就像一块平行平板玻璃一样，光线在两接触面上不发生偏折，所以最后的出射光线也将不发生任何偏折。如果两者折射率不相等，则光线在接触面上发生偏折，最后的出射光线相对于入射光线就要产生一偏折角 θ，如图 3-5 所示。很明显，偏折角 θ 的大小和被测玻璃样品的折射率 n 有关。V 棱镜法就是通过测量偏折角 θ 的准确值，计算出被测玻璃的折射率 n。

图 3-5（a）表示被测玻璃折射率大于已知的 V 棱镜材料折射率（$n>n_0$）情况下，垂直入射面的光线通过各分界面时光线偏折的方向。在各界面上，依次应用折射定律可写出下列公式

$$\begin{cases} n_0\sin 45° = n\sin(45° - \omega_1) \\ n\sin(45° + \omega_1) = n_0\sin(45° + \omega_2) \\ n_0\sin\omega_2 = \sin\theta \end{cases} \quad (3-2)$$

式中，ω_1 为光线在 AE 界面上的折射方向和最初入射光线方向的夹角；ω_2 为光线在 ED 界面上的折射方向和最初入射光线方向的夹角。

在方程组（3-2）中，消去 ω_1 和 ω_2，就得到被测玻璃折射率 n 和光线偏折角 θ 之间的关系式

$$n = (n_0^2 + \sin\theta\sqrt{n_0^2 - \sin^2\theta})^{1/2} \quad (3-3)$$

如果 $n<n_0$，则光线通过时的偏折方向如图 3-5（b）所示。此时可写出下列方程组

$$\begin{cases} n_0\sin 45° = n\sin(45° + \omega_1) \\ n\sin(45° - \omega_1) = n_0\sin(45° - \omega_2) \\ n_0\sin\omega_2 = \sin\theta \end{cases} \quad (3-4)$$

用同样方法消去 ω_1 和 ω_2，可得到如下关系式

$$n = \left(n_0^2 - \sin\theta\sqrt{n_0^2 - \sin^2\theta}\right)^{1/2} \quad (3-5)$$

将式（3-3）和式（3-5）合写成一个式子，则为

$$n = \left(n_0^2 \pm \sin\theta\sqrt{n_0^2 - \sin^2\theta}\right)^{1/2} \quad (3-6)$$

式（3-6）是 V 棱镜法的原理公式。测得出射光线相对于最初入射光线方向的偏折角 θ，根据已知的 V 棱镜材料折射率 n_0，就可以计算出被测玻璃的折射率 n。

当 $n>n_0$ 时，式中取正号；当 $n<n_0$ 时，式中取负号。由于在测量前并不知道是 $n>n_0$ 还是 $n<n_0$，式（3-6）中的正负号可根据出射光线的偏折方向来确定。如图 3-5（a）所示方向偏折时，取正号；如图 3-5（b）所示方向偏折时，取负号。对于应用这种原理的专用测量仪器——V 棱镜折光仪，可利用度盘上的度数来区分正负号：对于 $n>n_0$ 的情况，度盘上 θ 角的读数是在 0°～30° 范围内；对于 $n<n_0$ 的情况，θ 角的读数是在 360°～330° 范围内。

（2）V 棱镜折光仪

因 V 棱镜法具有测量精度高，测量速度快和测量范围广等特点，所以光学玻璃的生产和使用单位广泛采用这种方法，所用仪器称为 V 棱镜折光仪。这种仪器实际上是一台立式精密测角仪。它除了作为角度测量仪器要求有较高精度的度盘和轴系外，对光学系统还要求较小的二级光谱，并要求杂散光少和成像清晰等。国内外生产过多种型号的 V 棱镜折光仪，图 3-6 是国产 JCZ-1 型 V 棱镜折光仪的光学系统图，它主要由平行光管、V 棱镜、对准望远镜、度盘和读数显微镜等组成。

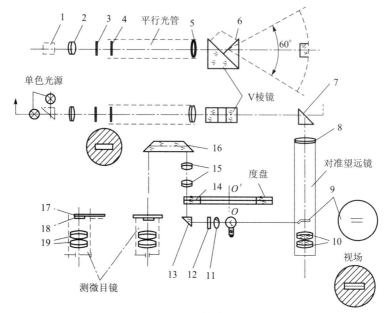

图 3-6　JCZ-1 型 V 棱镜折光仪光学系统

1—光源棱镜；2,11—聚光镜；3—滤光片；4,19—分划板；5—准直物镜；6—V 棱镜；7—直角棱镜；
8—望远物镜；10,19—目镜；12—毛玻璃；13,16—棱镜；14—度盘；
15—读数显微物镜；17—螺旋线分划板；18—固定分划板

平行光管给出一束单色平行光，其视轴应和 V 棱镜入射面垂直。分划板 4 上刻有一条和 V 棱镜的 V 形缺口底棱相平行的细线作为目标线。为了减少杂散光，分划板上透光部分只有中间一条窄带，其余部分不透光。分划板由单色光源通过聚光镜 2 和滤光片 3 照亮。

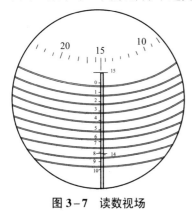

图 3-7　读数视场

对准望远镜用于对准平行光管的目标线经过 V 棱镜和被测玻璃的像。它由望远物镜 8、分划板 9 和目镜 10 组成。对准望远镜和度盘 14 连在一起绕水平主轴 OO' 旋转，使它对准出射光线的方向。它在分划板上是一对短双线，如图 3-6 中的 9 所示，用它作为目标线像的瞄准线。图中还给出了在对准望远镜视场中所看到的正好对准目标线像时的图像。为了保证在可见光范围内用各波长单色光照明时，目标线像与短双线之间都看不出视差，准直物镜 5 和望远物镜 8 都应采用复消色差物镜。

读数显微镜是用来读出度盘转角的读数的。它由读数显微物镜 15、梯形棱镜 16 和测微目镜组成。这里采用的是阿基米德螺旋线式测微目镜。仪器度盘的分划格值为 $1°$，利用测微目镜细分，可以读到 $0.001°$。图 3-7 是读数显微的视场情况，图中读数为 $14.815\,5°$，最后一位是估读的。

（3）测量方法

光线的偏折角 θ 按下列步骤进行测量（见图 3-6）：

① 首先要调节仪器的零位，即当对准望远镜直接瞄准来自平行光管的没有偏折的光线时，读数应是 $0°$。本仪器带有一块校正零位用的标准玻璃块，它是从制造 V 棱镜的同一块

玻璃上切割下来加工而成的。调整零位时,将它放在V棱镜的缺口内,中间加上少许折射率与已知的 n_0 接近的折射液。由于V棱镜与标准块的折射率完全相同,光线通过时不发生偏折。用对准望远镜的瞄准双线对准平行光管的目标线像,此时读数应为0°。如有偏差应校正好,或者记下零位读数,在以后的读数中减去。

② 在被测玻璃样品的两直角面上涂上少许与样品折射率接近的折射液,然后将它放在V棱镜的缺口内。并注意排除其间的气泡。

③ 转动对准望远镜,找到平行光管目标线的像,并用瞄准双线与之对准。

④ 用读数显微镜的测微目镜读出此时度盘位置的准确读数。经零位修正后就是所要测量的偏折角 θ。

⑤ 利用式(3-6)计算出被测玻璃的折射率 n。

对被测玻璃样品角度的要求:虽然被测玻璃样品与V棱镜缺口之间会涂覆折射浸液,以减小测量误差,被测玻璃样品的直角偏差仍不能太大。如果 $n \leqslant 1.78$,样品只要求细磨并且直角偏差应控制在1′以内。如果 $n > 1.78$,样品要求按两道光圈进行抛光,直角偏差也应控制在1′以内。实际工作中也可采用"一对样品法",也就是用同一块被测玻璃做成两块样品,先分别磨出偏差不大于5′的直角,然后将该两直角的一个面胶合在一起研磨,使另一面成平面(即两直角之和为180°)。由于两块样品的直角偏差大小相等而符号相反,所以引起折射率测量误差也基本上是大小相等但符号相反,所以取两块样品折射率测量值的平均值作为结果,可望有较高的准确度。

(4)测量不确定度评定

根据间接测量的标准不确定度传播公式,折射率的测量标准不确定度 $u(n)$ 可写为

$$u(n) = \sqrt{\left(\frac{\partial n}{\partial n_0}\right)^2 u^2(n_0) + \left(\frac{\partial n}{\partial \theta}\right)^2 u^2(\theta)} \tag{3-7}$$

式中,$u(n_0)$ 为V棱镜材料的折射率测量标准不确定度;$u(\theta)$ 为偏折角的测量标准不确定度。

由式(3-6)可求得

$$\begin{cases} \dfrac{\partial n}{\partial n_0} = \dfrac{n_0}{n}\left[1 + \dfrac{\sin^2\theta}{2(n^2 - n_0^2)}\right] \\ \dfrac{\partial n}{\partial \theta} = \dfrac{\sin 2\theta(n_0^2 - 2\sin^2\theta)}{4n(n^2 - n_0^2)} \end{cases} \tag{3-8}$$

将上式代入式(3-7)可得

$$u(n) = \sqrt{\dfrac{n_0^2}{n^2}\left[1 + \dfrac{\sin^2\theta}{2(n^2 - n_0^2)}\right]^2 u^2(n_0) + \dfrac{\sin^2 2\theta(n_0^2 - 2\sin^2\theta)^2}{16n^2(n^2 - n_0^2)^2} u^2(\theta)} \tag{3-9}$$

这就是V棱镜法折射率测量标准不确定度 $u(n)$ 的计算公式。

V棱镜材料的折射率在制造时必须经过精密测量,当要求 $u(n) \leqslant 2 \times 10^{-5}$ 时,要求 $u(n_0)$ 不大于 5×10^{-6}。偏折角 θ 的测量误差包括下列因素:

① 度盘的刻线误差,用 u_1 表示它的标准不确定度。

② 对准望远镜的对准误差，用 u_2 表示其标准不确定度。并且有 $u_2 = \delta_e / \Gamma$，其中 δ_e 是人眼直接观察时的对准误差，Γ 是望远镜的放大率。

③ 读数显微镜的读数标准不确定度，用 u_3 表示。这里包括了显微镜的对准误差和测微目镜的测量误差。

考虑这些误差因素，则偏折角的测量标准不确定度 $u(\theta)$ 为

$$u(\theta) = \sqrt{u_1^2 + 2u_2^2 + 2u_3^2}$$

因为每测一个 θ 角，必须包括两次对准望远镜的对准过程和两次读数显微镜的读数过程，所以上式中有系数 2。当要求 $u(n) \leqslant 2 \times 10^{-5}$ 时，$u(\theta)$ 应不大于 $6''$。

下面举一个数值实例。

现有一次测量，得到 $\theta = 6.2608°$，已知 $n_0 = 1.64750$，计算得到 $n = 1.701038$。设 $u(n_0) = 5 \times 10^{-6}$，$u(\theta) = 6'' = 30 \times 10^{-6}$ rad，则根据式（3-8）有

$$\frac{\partial n}{\partial n_0} = \frac{1.64750}{1.701038}\left[1 + \frac{\sin^2(6.26080)}{2(1.701038^2 - 1.64750^2)}\right] = 1.00065$$

$$\frac{\partial n}{\partial \theta} = \frac{\sin(2 \times 6.26080)[1.64750^2 - 2 \times \sin^2(6.26080)]}{4 \times 1.701038 \times (1.701038^2 - 1.64750^2)} = 0.47582$$

代入式（3-7）可得

$$u(n) = \sqrt{(1.00065)^2 \times (5 \times 10^{-6})^2 + (0.47582)^2 \times (30 \times 10^{-6})^2} = 1.5 \times 10^{-5}$$

这样的测量不确定度已能满足大多数光学仪器对光学玻璃的折射率测量要求。应该指出，上面讨论的是影响测量不确定度的一些主要误差。此外，还有 V 棱镜的形状误差、被测玻璃样品的角度误差、折射浸液的折射率误差、仪器的调整误差和测量环境影响的误差等。但只要按一定要求控制这些误差，就能使 V 棱镜折光仪的测量标准不确定度不大于 2×10^{-5}。

2. 最小偏向角法

（1）测量原理

最小偏向角法是一种测量准确度很高的折射率测量方法，在 $0.2''$ 级高精度测角仪上应用最小偏向角法测量折射率，可达到 2×10^{-6} 的测量精度。我国国家标准中规定，无色光学玻璃折射率的精密测量方法采用最小偏向角法。

将被测玻璃制成三棱镜样品，如图 3-8 所示。其中，入射面 AB 和出射面 AC 经过仔细抛光，顶角 φ 已经用精密测角仪测出角值。

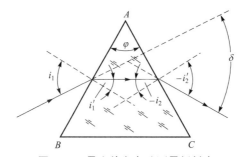

图 3-8 最小偏向角法测量折射率

这里把单色光经过被测棱镜样品时，入射光线和出射光线之间的夹角称为偏向角，用δ表示，如图3-8中所示。可以得到

$$\delta = (i_1 - i_1') + (i_2' - i_2) = i_1 - i_2' - (i_1' - i_2)$$

因为$\varphi = i_1' - i_2$，所以

$$\delta = i_1 - i_2' - \varphi \tag{3-10}$$

由上式可看出，偏向角是随光线的入射角i_1的改变而改变的。利用几何光学不难证明：当$i_1 = -i_2'$（或者$i_1' = -i_2$）时，也就是AB面入射角和AC面出射角相等时，偏向角δ取得最小值。把满足此条件时的偏向角称为最小偏向角，并用符号$\delta_{\min}$表示。对于确定的被测玻璃折射率，符合最小偏向角条件的光线位置是唯一的特定位置。最小偏向角$\delta_{\min}$的大小是由被测玻璃样品的折射率决定的。所以只要找出这个（$i_1 = -i_2'$）特定位置，测量出最小偏向角的大小，就可以得出被测玻璃折射率n。这就是最小偏向角法的基本原理。

将最小偏向角位置的条件：$i_1 = -i_2'$，$i_2 = -i_1'$，代入式（3-10），则有

$$\varphi = i_1' - i_2 = 2i_1' \quad \Rightarrow \quad i_1' = \varphi/2$$
$$\delta_{\min} = 2i_1 - \varphi \quad \Rightarrow \quad i_1 = (\delta_{\min} + \varphi)/2$$

利用折射定律就可得到

$$n = \frac{\sin\left(\dfrac{\delta_{\min} + \varphi}{2}\right)}{\sin\left(\dfrac{\varphi}{2}\right)} \tag{3-11}$$

上式表明，只要测量出顶角φ和最小偏向角$\delta_{\min}$值，就可计算出折射率n。

（2）测量方法

最小偏向角法测量折射率需在精密测角仪上进行。顶角φ的测量方法前面已经叙述过，对于无色光学玻璃，顶角φ一般取60°左右较为适宜。这里应注意，在测量前必须仔细地调整，使被测玻璃样品两工作面法线构成的平面，与平行光管和自准直望远镜光轴构成的平面严格平行，如图3-9所示。下面简要介绍一下最小偏向角的测量方法。

测量最小偏向角$\delta_{\min}$的关键在于准确判断并找到光线处于最小偏向角的那个位置。平行光管分划板（狭缝）由所要求的单色光照亮，平行光管发出的单色平行光经过被测玻璃样品后，光线要发生偏折。转动自准直望远镜，在视场里可以找到平行光管狭缝的像。为了找到最小偏向角的位置，可沿某一方向转动工作台，使入射光线的入射角不断改变。出射光线方向也随之改变，这时在望远镜视场里能看到狭缝像不断向一个方向移动。当工作台转动到某一个位置时，将能观察到这样的现象：继续转动工作台时，狭缝像不再以原来的方向移动，而是向相反的方向移动。在这刚刚要向相反方向移动时的被测玻璃样品位置，就是最小偏向角位置。此时保持工作台不动，用望远镜分划板刻线对准狭缝像，从度盘上得到一个读数β_I，如图3-9中所示。接着取走被测样品，旋转望远镜使它直接对向平行光管。同样用分划板刻线对准狭缝像后，又可从度盘上得到一个读数β_{II}。两次读数之差$\beta_{II} - \beta_I$就是最小偏向角$\delta_{\min}$的值。

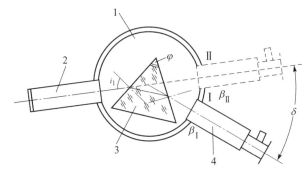

图 3-9 最小偏向角的测量

1—度盘；2—平行光管；3—被测玻璃样品；4—自准直望远镜

由上面的叙述可看出，测量最小偏向角 δ_{min} 的关键在于准确判断并找到处于最小偏向角的那个位置，也就是要准确判断狭缝像刚刚要向相反方向移动的那个位置。这种判断需要一定的经验和技巧。除上述方法外，还常用逐次逼近法、三像法等来提高判断最小偏向角的准确性和测量精度。目前，应用最小偏向角法测量折射率的高精度折射率仪，普遍采用光电探测，由计算机自动控制测角过程、自动寻找最小偏向角、修正误差及进行数据处理。

（3）测量不确定度评定

根据间接测量的标准不确定度传播公式，可直接写出

$$u(n)=\sqrt{\left(\frac{\partial n}{\partial \delta_{min}}\right)^2 u^2(\delta_{min})+\left(\frac{\partial n}{\partial \varphi}\right)^2 u^2(\varphi)} \quad (3-12)$$

由式（3-11）可得

$$\begin{cases} \dfrac{\partial n}{\partial \delta_{min}}=\dfrac{\cos[(\delta_{min}+\varphi)/2]}{2\sin(\varphi/2)} \\ \dfrac{\partial n}{\partial \varphi}=-\dfrac{\sin(\delta_{min}/2)}{2\sin^2(\varphi/2)} \end{cases} \quad (3-13)$$

代入式（3-12）有

$$u(n)=\frac{1}{2}\sqrt{\left(\frac{\cos[(\delta_{min}+\varphi)/2]}{\sin(\varphi/2)}\right)^2 u^2(\delta_{min})+\left(\frac{\sin(\delta_{min}/2)}{\sin^2(\varphi/2)}\right)^2 u^2(\varphi)} \quad (3-14)$$

上式是最小偏向角法的折射率测量标准偏差计算式。$u(\varphi)$ 是被测玻璃样品顶角 φ 的测量标准差，$u(\delta_{min})$ 是最小偏向角 δ_{min} 的测量标准差。利用高精度的精密测角仪，测角标准偏差可达 0.5″以上。

这里举一个数值计算实例。现在 0.2″高精度精密测角仪上进行测量，得到如下测量数据

$$\begin{cases} \varphi=59°58'29.4'',\ \delta_{min}=42°5'32.6'' \\ u(\varphi)=0.2''\approx 1\times 10^{-6}\ \text{rad},\ u(\delta_{min})=0.4''\approx 2\times 10^{-6}\ \text{rad} \end{cases} \quad (3-15)$$

由式（3–11）可得

$$n = \frac{\sin[(42°5'32.6'' + 59°58'29.4'')/2]}{\sin(59°58'29.4''/2)} = \frac{\sin 51°2'1''}{\sin 29°59'14.7''} = 1.555\,622$$

由式（3–13）可得到

$$\frac{\partial n}{\partial \delta_{\min}} = \frac{\cos 51°2'1''}{2\sin 29°59'14.7''} = 0.629\,1$$

$$\frac{\partial n}{\partial \varphi} = -\frac{\sin 21°2'46.3''}{2\sin^2 29°59'14.7''} = -0.718\,8$$

再由式（3–14）得

$$u(n) = \sqrt{(0.629\,1)^2 \times 2^2 + (0.718\,8)^2 \times 1^2} \times 10^{-6} = 1.45 \times 10^{-6}$$

由此可看出，用最小偏向角法测量折射率的精度很高，它主要取决于所使用的精密测角仪的精度。要获得高精度的折射率测量，必须使用大型的贵重的精密测角仪。为保证光学玻璃折射率的测量精度，还应对玻璃样品的加工精度、测量环境条件（温度、湿度、气压、气流扰动、振动等）提出适当的要求或进行修正处理。

3. 直角照射法

使用同等精度的测角仪，直角照射法要比最小偏向角法测折射率的准确度更高，而且也适合于自动测量，目前已成功用于折射率的高精度自动测量中。

（1）测量原理

如图3–10所示，对一个三棱镜的被测样品，要求平行光束对向一个棱（如A棱）并垂直底面（如BC面）照射，入射平行光束被分成两半，分别经AB、BC面和AC、BC面折射后，产生两束折射光，测角仪测出两束光的夹角Ψ_A后，可以由公式求出被测试样的折射率。由于本方法要求平行光束垂直底面照射，故称为直角照射法。

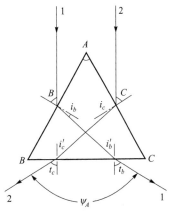

图3–10 直角照射法测量原理

下面导出本方法的原理公式。如图3–10所示，由光路1得

$$\sin B = n\sin i_b$$

$$i_b' = B - i_b$$

$$n\sin i_b' = \sin t_b$$

由光路2得

$$\sin C = n\sin i_c$$

$$i_c' = C - i_c$$

$$n\sin i_c' = \sin t_c$$

并有

$$\psi_A = t_b + t_c$$

同理依次以 B、C 为顶角，可得与上述 7 个公式类似的两组共 14 个公式。

因三角形三个内角之和 $A+B+C=180°$，故有

$$\tan A + \tan B + \tan C = \tan A \cdot \tan B \cdot \tan C$$

利用这个关系式即可导出本方法的原理公式为

$$\frac{\sin t_c}{\sqrt{n^2-\sin^2 t_c}-1} + \frac{\sin t_b}{\sqrt{n^2-\sin^2 t_b}-1} + \frac{\sin t_a}{\sqrt{n^2-\sin^2 t_a}-1}$$
$$= \frac{\sin t_c}{\sqrt{n^2-\sin^2 t_c}-1} \cdot \frac{\sin t_b}{\sqrt{n^2-\sin^2 t_b}-1} \cdot \frac{\sin t_a}{\sqrt{n^2-\sin^2 t_a}-1} \quad (3-16)$$

当直接测 Ψ_A、Ψ_B、Ψ_C 时，利用下列关系式

$$t_c = \frac{\psi_A+\psi_B-\psi_C}{2},\quad t_b = \frac{\psi_A+\psi_C-\psi_B}{2},\quad t_a = \frac{\psi_B+\psi_C-\psi_A}{2}$$

求出 t_c、t_b、t_a，代入式（3-16）中就可以利用计算机精确地求出被测玻璃的折射率 n。

直接测量 Ψ_A、Ψ_B、Ψ_C 与直接测 t_a、t_b、t_c 比较，可以减少瞄准次数并且受入射光束与底面垂直度的影响较少，故准确度较高。上述分别通过 A、B、C 三个顶角入射，测出 Ψ_A、Ψ_B、Ψ_C 的方法，称为封闭测量法。

当玻璃的折射率较高（例如大于 1.8），若试样做成等边三棱镜，则光束会在棱镜内发生全反射。为此可做成顶角大于 60° 的等腰棱镜，平行光束对向这个大角入射时，则不会发生全反射。但不能进行封闭测量，只能得到一组 7 个方程，由这组方程可得到如下等式

$$\frac{\sin t_b}{\sin B \sqrt{n^2-\sin^2 B}-\cos B \sin B} = \frac{\sin t_c}{\sin C \sqrt{n^2-\sin^2 C}-\cos C \sin C} \quad (3-17)$$

测出角度 t_b、t_c、B、C 后，应用计算机也可求出折射率 n，但其准确度不如封闭测量法高。

（2）测量方法

在测角仪的工作台上放一块两平面严格平行、两平面皆镀铝膜的方形玻璃板，调整自准直望远镜，使它对玻璃板的两平面皆自准直（即望远镜视轴垂直于平面），这时自准直望远镜视轴垂直于度盘转轴。再调整平行光管，使其视轴与望远镜视轴一致（见图 3-11）。工作台上换上被测三棱镜，倾斜调节工作台，使自准直望远镜对三棱镜的一个平面（如 BC 面）自准直，这时平行光管出射的平行光垂直于 BC 面，如图 3-11 所示。绕测角仪主轴转动自准直望远镜，分别在位置Ⅰ和Ⅱ处两次对准从棱镜出射的平行光管的狭缝像，用仪器的读数系统读出位置Ⅰ和Ⅱ间的夹角，即为 Ψ_A；转动工作台，按同样方法使平行光束分别垂直 AC、AB 面入射，测出 Ψ_B、Ψ_C，即可求出 t_c、t_b、t_a，再由式（3-16）求出折射率 n。

（3）测量不确定度评定

由式（3-16）可以看出，直角照射法测量折射率的误差主要由测量角度 Ψ_A、Ψ_B、Ψ_C 的误差产生。下面先求出误差 $d\Psi$ 和 dn 的关系。

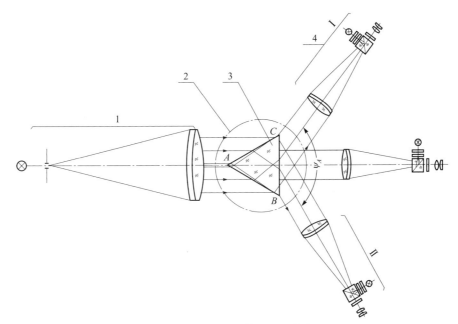

图 3-11 直角照射法测量光路

1—平行光管；2—工作台；3—被测三棱镜；4—自准直望远镜

为使讨论问题简化，可设 $\Psi_A = \Psi_B = \Psi_C$，此时式（3-16）可以变为

$$n^2 = \frac{1}{3}\left(4\sin^2\frac{\Psi_A}{2} + 2\sqrt{3}\sin\frac{\Psi_A}{2} + 3\right) \quad (3-18)$$

对上式求微分

$$\mathrm{d}n = \frac{1}{6n}\left(2\sin\Psi_A + \sqrt{3}\cos\frac{\Psi_A}{2}\right)\mathrm{d}\Psi_A \quad (3-19)$$

简写为

$$\mathrm{d}n = K\mathrm{d}\Psi_A$$

可以看出 K 值与折射率 n 有关，表 3-1 给出了不同折射率的 K 值以及 $\Delta\Psi_A$ 为 1″ 和 1.5″ 时产生的 Δn 值。

表 3-1 不同折射率的 K 值以及 $\Delta\Psi_A$ 为 1″ 和 1.5″ 时产生的 Δn 值

n		1.4	1.5	1.6	1.7	1.8
K		0.39	0.37	0.33	0.27	0.18
Δn	$\Delta\Psi_A=1″$	1.9×10^{-6}	1.8×10^{-6}	1.6×10^{-6}	1.3×10^{-6}	0.9×10^{-6}
	$\Delta\Psi_A=1.5″$	2.8×10^{-6}	2.7×10^{-6}	2.4×10^{-6}	2.0×10^{-6}	1.3×10^{-6}

K 值的大小反映了不同测量方法的误差灵敏度。也就是说，在相同的测角误差 $\mathrm{d}\Psi_A$ 的情况下，K 值越小产生的折射率误差 $\mathrm{d}n$ 越小，说明该方法对测角误差不灵敏，因而是较好的方法。下面将本方法与最小偏向角法做一比较。

假设试样的 $n=1.5$，顶角 $A=60°$，由表 3-1 查出直角照射法的 $K=0.37$。最小偏向角法的 K 值由下式计算

$$K = \frac{\mathrm{d}n}{\mathrm{d}\delta_{\min}} = \frac{1}{2}n\cot\frac{A+\delta_{\min}}{2}$$

当 $n=1.5$、$A=60°$ 时，最小偏向角 $\delta_{\min}=37°10'$，由上式得 $K=0.662>0.37$。可见，本方法的测量准确度高于最小偏向角法。例如，当 $\Delta\Psi_A=1.5''$ 时，$\Delta n \leqslant 3\times 10^{-6}$；若要求最小偏向角法的测量误差 $\Delta n \leqslant 3\times 10^{-6}$，则要求 $\Delta\delta_{\min}\leqslant 0.9''$，即要使用不确定度小于 $1''$ 的测角仪进行测量。

影响测角误差的因素除测角仪的测角误差外还有入射平行光束平行度误差、入射光束与底面的不垂直度误差；此外还有由于测量环境引起试样折射率和空气折射率的变化而产生的折射率误差。现分述于下。

① 入射试样的平行光束的平行度。当光束的会聚角或发散角为 $0.5''$ 时，经计算得折射率的误差 $\Delta n_1=0.63\times 10^{-6}$。可见该项误差影响较大，必须采用第 1 章 1.3.1 节介绍的五棱镜法准确调校测角仪的平行光管。由于平行光管物镜色差的影响，每次更换单色光照明时，必须重新调校平行光管。

② 平行光束与底面的垂直度。设光束对底面的倾角为 γ，假定已知折射率 n 的情况下，可以求出 Ψ_A 的偏差 $\Delta\Psi_A$，再由式（3-19）求出 Δn。设 $\gamma=3'$，得 $\Delta n_2=0.44\times 10^{-6}$。可见该项误差影响很小。

③ 测量环境的影响。测量过程中应保证环境的温度为 (20 ± 0.5) ℃；气压为 $(101\,325\pm 500)$ Pa。如果测量环境不符合上述要求，则应对测量结果作温度修正和气压修正。环境条件修正问题可以归结为两方面，一是样品折射率的环境温度修正，二是环境的空气折射率修正。

A. 样品折射率的环境温度修正。

光学玻璃的折射率随温度变化而变化。通常把温度每增高 1 ℃折射率的增长值称为折射率温度系数，用符号 β 表示。当测量环境的温度为 t ℃时，用下式计算样品折射率温度修正值 Δn_t

$$\Delta n_t = \beta(t-20) \qquad (3-20)$$

式中，Δn_t 为样品折射率随温度变化的修正量，β 为折射率温度系数，t 为测量环境的温度。$t>20$ ℃时，Δn_t 为正。

B. 测量环境的空气折射率修正。

大气压强对光学玻璃折射率测量的影响是通过空气折射率改变而引起的。由于空气折射率的改变，使光线在玻璃样品与空气交界面上的光线折射方向改变，从而使折射率测量值改变。空气折射率的大小与气压压强、温度、空气中水蒸气气压、CO_2 含量以及光波波长等多个因素有关。按最新的空气折射率修正公式有

$$(n-1)_{tp} = \frac{P(n-1)_{15}}{96\,095.43} \cdot \frac{1+10^{-8}(0.601-0.009\,72\cdot t)P}{1+0.003\,661\,0\cdot t} \qquad (3-21)$$

式中，P 为空气压强（Pa）；t 为空气的温度（℃）。压强为 101 325 Pa、温度为 15 ℃ 时空气折射率的小数部分用下列空气色散公式计算

$$(n-1)_{15} \times 10^8 = 8\,343.05 + 2\,406\,294(130-\sigma^2)^{-1} + 15\,999(38.9-\sigma^2)^{-1} \quad (3-22)$$

式中，σ 为光波波长的倒数（μm^{-1}）。

当 $\lambda_d = 0.587\,56\,\mu m$ 时，由式（3-22）算出 $(n-1)_{15} = 0.000\,277$。当空气温度 $t = 20$ ℃，压强 $P = 101\,325$ Pa 时，对 $\lambda_d = 0.587\,56\,\mu m$ 的光波，空气折射率由式（3-21）计算，式中的 $t = 20$ ℃，$P = 101\,325$ Pa，$(n-1)_{15} = 0.000\,277$，得

$$(n-1)_{20,101325} = 0.000\,272$$

即得标准条件 $t = 20$ ℃，$P = 101\,325$ Pa，对 $\lambda_d = 0.587\,56\,\mu m$ 光波的空气折射率 $n_{L0} = 1.000\,272$。

考虑到空气中水蒸气压强时的空气折射率修正公式为

$$n_{tpf} - n_{tp} = -f(3.734\,5 - 0.040\,1\sigma^2) \times 10^{-10} \quad (3-23)$$

式中，f 为水蒸气压强（Pa）。

考虑到空气中 CO_2 含量时的空气折射率修正公式为

$$(n-1)_X = [1 + 0.540(X - 0.000\,3)](n-1)_s \quad (3-24)$$

式中，X 为 CO_2 在空气中的相对含量，X 是相对量。

有了正确地计算空气折射率公式，就可以计算在测量环境条件下的空气折射率 n_L，以及标准环境条件的空气折射率 n_{L0}，由下式即可求出标准条件下被测玻璃的折射率

$$n = n_{测} \frac{n_L}{n_{L0}} - \Delta n_t \quad (3-25)$$

式中，$n_{L0} = 1.000\,272$（$\lambda_d = 0.587\,56\,\mu m$ 时），Δn_t 由式（3-20）计算。

3.2.3　精密测角法测量物镜焦距

精密测角法是测量物镜焦距的一种常用的、准确度很高的方法，尤其适合长焦距测量。

1. 测量原理

图 3-12 为测量原理图。在被测物镜的焦平面上，垂直于光轴设置一玻璃刻线尺或者分划板。其中 A 和 B 是它上面的两条已知间隔为 $2y_0$ 的刻线。两刻线对被测物镜主点的张角为 2ω，则当刻线尺或者分划板被照亮后，刻线上 A 和 B 两点发出的光束经过被测物镜后，成为两束夹角为 2ω 的平行光。用测角仪器上的望远镜先后对准刻线 A 和刻线 B，则望远镜转过的角度就是 2ω，从图中可看出被测物镜的焦距 f' 为

$$f' = y_0 / \tan\omega \quad (3-26)$$

这就是精密测角法测量焦距的公式。其中 $2y_0$ 是玻璃刻线尺或分划板上两条刻线的间隔，是事先经过精密测量的已知量。只要精确测量出角度 2ω，就能很容易计算出焦距 f'。

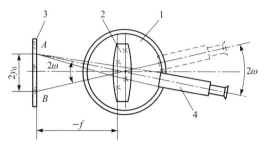

图 3-12 精密测角法测量焦距

1—度盘；2—被测物镜；3—刻线尺；4—望远镜

2. 测量方法

利用经纬仪测量平行光管物镜的焦距就是采用了上述原理。如图 3-13 所示，将经纬仪安置在被测平行光管物镜前并尽量靠近被测物镜，首先要将平行光管的分划板准确调焦在物镜焦平面上。调节经纬仪的内调焦转鼓，使平行光管分划板刻线清晰而无视差地成像在经纬仪望远镜的分划板上。转动平行光管，使其分划板上刻线的方向和经纬仪望远镜的垂直分划线方向一致。

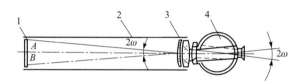

图 3-13 平行光管物镜焦距的测量

1—分划板；2—平行光管；3—物镜；4—经纬仪

在平行光管分划板上选定两条刻线 A 和 B，其间隔 $2y_0$ 可事先测出。转动经纬仪并使望远镜先后对准这两条刻线，于是，通过经纬仪的读数系统，从水平度盘上可先后记下两个读数，它们之差值就是所要测量的角度 2ω。将已知的 $2y_0$ 和测量得到的 2ω 代入式（3-26），就可计算出被测的平行光管物镜焦距。

也可应用这个测量原理在精密测角仪上测量物镜的焦距。图 3-14 表示了这种测量方法。被测物镜安置在测角仪的工作台上，使物镜入瞳中心与工作台转动中心基本重合。

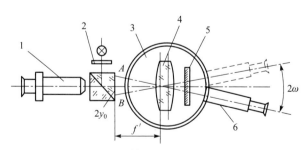

图 3-14 在精密测角仪上测量焦距

1—低倍显微镜；2—滤光片；3—度盘；4—被测物镜；5—辅助平面反射镜；6—望远镜

首先利用自准直原理将一立方棱镜的带有分划刻线尺的表面调到位于被测物镜的焦平面上。为此在物镜前设置一辅助平面反射镜，在立方棱镜后用一低倍显微镜观察分划刻线尺和由辅助平面反射镜反射回来的刻线尺像，调节到两者重合无视差时，立方棱镜的分划表面就准确位于焦平面上了。测量时取走辅助平面反射镜，转动望远镜使它先后对准两条刻线 A 和 B。两次度盘读数之差值就是角度 2ω，已知 A 和 B 两刻线的间距为 $2y_0$，于是代入式（3-26）就可计算得到被测物镜的焦距。

3. 测量不确定度

由式（3-26）可得到

$$\frac{\partial f'}{\partial y_0} = \frac{1}{\tan\omega} = \frac{f'}{y_0}$$

$$\frac{\partial f'}{\partial \omega} = \frac{-y_0}{\sin^2\omega} = \frac{-y_0}{\tan\omega}\left(\frac{1}{\sin\omega\cos\omega}\right) = -f'\frac{2}{\sin 2\omega}$$

因此，焦距 f' 的测量标准不确定度 $u(f')$ 为

$$u(f') = f'\sqrt{\left(\frac{1}{y_0}\right)^2 u^2(y_0) + \left(\frac{2}{\sin 2\omega}\right)^2 u^2(\omega)} \qquad (3-27)$$

相对标准不确定度为

$$\frac{u(f')}{f'} = \sqrt{\left(\frac{1}{y_0}\right)^2 u^2(y_0) + \left(\frac{2}{\sin 2\omega}\right)^2 u^2(\omega)} \qquad (3-28)$$

由上式可看出，焦距测量标准不确定度由刻线间隔的测量标准不确定度和角度测量的标准不确定度组成。分划刻线的间隔 $2y_0$ 的测量，在测长仪上可达到 $u(y_0) = 0.0005$ mm。

例如，用一经纬仪测量平行光管物镜的焦距。测角标准不确定度为 $u(2\omega) = 2''$，则 $u(\omega) = 1'' = 0.5 \times 10^{-5}$ rad。已知刻线间隔 $2y_0 = 12.000$ mm。测量得到 $2\omega = 34'24.2''$。利用式（3-26）得到

$$f' = 6/\tan(17'12.1'') = 1199.09 \text{（mm）}$$

利用式（3-28）计算测量相对标准不确定度为

$$\frac{u(f')}{f'} = \sqrt{\left(\frac{1}{6}\right)^2 \times (0.0005)^2 + \left[\frac{2}{\sin(34'24.2'')}\right]^2 \times (0.5 \times 10^{-5})^2} = 0.1\%$$

由计算例子可看出，精密测角法测量焦距的准确度是比较高的。如果使用准确度更高一些的精密测角仪或者经纬仪，焦距的测量准确度还可以提高。但是必须指出：用这种方法测量时，测量装置调整比较麻烦；测量时还应注意被测物镜畸变和球差的影响。为此选择分划刻线间隔 $2y_0$ 不要太大，也就是由测角仪器测量得到的角度 2ω 值不能太大，否则经纬仪的望远物镜将切割光束而引起对准误差，并使两刻线尽量对光轴对称安置。

本方法不适用于测量负透镜的焦距。

3.2.4 自聚焦透镜数值孔径测量

自聚焦透镜又称梯度折射率透镜,它是一种不同于普通光学透镜的新型成像光学元件。这里所介绍的是一种折射率沿径向变化的圆柱形光学透镜。由于自聚焦透镜具有体积小、质量轻、像差小、入射和出射面是平行平面等特有的优点,目前已在工业内窥镜、医用内窥镜、复印机的阵列镜头、微型照相机、激光视盘、光学传感器和光通信系统等领域得到广泛应用。自聚焦透镜的光学参数与普通透镜光学参数有较大差异,数值孔径是自聚焦透镜的基本评价参数之一,它反映元件的集光能力和成像能力。这里介绍一种应用测角技术来测量其数值孔径的原理和方法。

1. 测量原理

如图 3-15 所示,从自聚焦透镜的成像过程可以看到光线在透镜中是沿正弦曲线路径传播的,一条入射到自聚焦透镜前端面的光线,其入射角为 θ_0,入射位置为 $r=0$,根据斯涅耳定律,进入透镜后有如下关系式

$$(NA)_0 = \sin\theta_0 = n_0 \sin\phi_0 = n_0 \sqrt{A} r_0 \qquad (3-29)$$

式中,$(NA)_0$ 为自聚焦透镜最大数值孔径;θ_0 为在最大数值孔径情况下入射光线与透镜中轴线的夹角;ϕ_0 为入射光线在进入透镜后的折射角;n_0 为自聚焦透镜的中心折射率,$\sqrt{A}$ 为自聚焦透镜折射率分布系数,$n(r) = n_0(1 - Ar^2/2)$;r_0 为自聚焦透镜的半径。从公式中可知,若能测得值 θ_0,将会很快计算出自聚焦透镜的数值孔径值,关键是要准确地确定对应最大孔径角的光线位置。

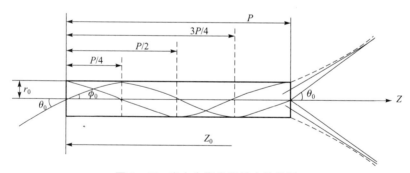

图 3-15 光在自聚焦透镜中的传播

2. 测量方法

如图 3-16 所示,采用一个有较高准确度的测角装置,样品置于精密转台上,用平行光垂直自聚焦透镜的前表面入射,其前表面中心和测角装置转台中心精确重合。测角装置转台在步进电机带动下相对于光束转动,样品后端面位于积分球入口处,用在积分球上的光电探测器探测输出光强,通过放大器和 A/D 转换后由计算机进行处理。这里需要说明的是,自聚焦透镜的光学参数与它的长度 Z_0 和传播周期 P 有关,一般 Z_0 等于 $P/4$、$P/2$、$3P/4$ 和 P,不同周期长度的自聚焦透镜,它的出射光束方向也不相同,如图 3-15 所示。在图 3-16 中以测 $P/4$ 长度的自聚焦透镜为例进行数值孔径的测量。设光束垂直于样品前端面入射,也即 $\theta = 0$ 时的输出光强为 I_0,当 θ 逐渐变大,输出光强随之变小,我们定义 $I(\theta) = 5\%I_0$ 对应的入射角度 θ 为数值孔径角,对 θ 取正弦值就得到数值孔径值 NA。

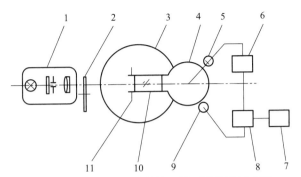

图 3-16 自聚焦透镜数值孔径测量装置原理图

1—平行光管；2—调制器；3—转台；4—积分球；5—光电二极管；6—A/D 转换器；7—打印机；
8—计算机；9—步进电机；10—自聚焦透镜；11—样品前端面光阑

3. 测量不确定度评定

测量不确定度的主要来源如下：

（1）平行光管发出的光束不平行引入的数值孔径不确定度 u_1

平行光管发出的光束发散角为 0.14° 时，引入的数值孔径角不确定度 ≤0.035°，数值孔径不确定度 $u_1 \leq 0.61 \times 10^{-3}$。

（2）步进电机转动系统误差引入的数值孔径不确定度 u_2

步进电机所连接的蜗轮蜗杆传动比为 1:74，当蜗轮蜗杆准确地传动时，步进传动系统引入的数值孔径角不确定度 ≤0.013°，数值孔径不确定度为 $u_2 \leq 0.23 \times 10^{-3}$。

（3）光电探测系统误差引入的数值孔径不确定度 u_3

光电探测系统在光强最大值的 5% 处的定位不确定度 <0.05°。数值孔径不确定度为 0.88×10^{-3}。

（4）软件计算误差引入的数值孔径不确定度 u_4

仪器软件计算误差引入的数值孔径角不确定度 <0.075°，数值孔径不确定度 $u_4 < 1.31 \times 10^{-3}$。

（5）自聚焦透镜放置位置偏差引起的数值孔径不确定度 u_5

样品的前入射面不垂直入射平行光，当倾斜引入的不确定度 <0.1° 时，数值孔径不确定度 $u_5 < 1.75 \times 10^{-3}$。

根据上述分析，表 3-2 汇总给出了各不确定度分量及其合成结果。

表 3-2 各不确定度分量及其合成结果

不确定度分量	数值孔径角不确定度	数值孔径不确定度
u_1	0.035°	0.61×10^{-3}
u_2	0.013°	0.23×10^{-3}
u_3	0.05°	0.88×10^{-3}
u_4	0.075°	1.3×10^{-3}

续表

不确定度分量	数值孔径角不确定度	数值孔径不确定度
u_5	0.1°	1.75×10^{-3}
$u = \sqrt{\sum_{i=1}^{5} u_i^2}$	0.14°	2.44×10^{-3}

3.2.5 高精度测量光学角规偏向角

以上介绍的几种测角技术的应用都是在测角仪基础上实现的，这里将介绍利用干涉和测长方法实现标准光学角规偏向角的测角原理和方法，即相互正交的双频激光干涉仪测量光学角规偏向角的新方法。这种方法是基于等厚干涉测量光学角规偏向角的理论，采用双正交光路的双频激光干涉精密测长实现标准光学角规偏向角的测量。此方法的精度高，当偏向角测量范围为 2″～10″时，测量不确定度可达到 0.01″。

1. 标准光学角规及其应用

工作面间具有一定楔角的玻璃平板通常称为光楔或楔形镜，光线通过光楔时出射光线方向相对入射光线方向的偏折角称为偏向角。经过严格标定偏向角值的光楔称为标准光学角规。由于光学角规能在透射光路的水平或竖直面内产生偏向角，所以可用于检定高精度自准直仪、圆分度检验仪等的示值误差或细分误差，也可检定测角仪、光学经纬仪、分度头、分度台等仪器的测微系统，以及各种小角度工作计量器具的示值误差。近年来，光学角规已作为计量基准器具列入国家平面角计量器具检定系统中。

2. 测量原理

相互正交法测试光学角规偏向角的方法源于传统的等厚干涉测量光学角规偏向角的理论，其利用高精度双频激光干涉测长方法代替模拟的条纹判读方法，将测量光学角规的偏向角值转化为测量长度值。图 3-17 所示为测量方法原理图，图 3-18 为正交法测量装置光路示意图。其中一路双频激光干涉仪用于测量光楔实际移动的几何距离，而另一路用于测量光线在光楔主截面内的光程差变化量。通过建立偏向角数学模型，得到光学角规的偏向角值。

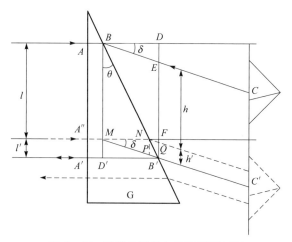

图 3-17　光学角规偏向角测量原理图

图 3-17 中 G 为被测光学角规，C、C′为两个测试角锥镜的中心，θ 为光学角规的楔角，δ 为光线通过光学角规主截面以后的偏向角。其中一条光线 ABC 从 A 点垂直于光学角规前表面入射，经光学角规在主截面内偏折后射向角锥镜中心 C 并原路返回。当光学角规在主截面内垂直于入射光束的方向移动距离 l 后，等效光线为 A′B′C′，光学角规的等效移动距离为 l+l′；光学角规移动前后的光程变化为 $\Delta = n\overline{D'B'} - \overline{BE}$，从而近似得到光学角规偏向角值

$$\delta = \frac{(1-n)l + \sqrt{l^2(n-1)^2 + 4(n-1)\Delta^2}}{2\Delta} \quad (3-30)$$

式中，n 为光学角规介质的折射率。

当 δ<1′时，利用上式计算的 δ 角值，因近似引入的误差为 $1×10^{-5}$ 角秒，该误差量极小可以忽略不计。

3. 测量仪器和测量方法

由以上的光学角规偏向角值的计算公式可知，光学角规沿主截面方向移动的距离 l 和移动过程中光程的变化量 Δ 是需要精确测量的两个量。由于双频激光干涉仪具有很高的测量精度，故采用两路双频激光干涉测量装置准确测量这两个量。测量仪器的光路示意如图 3-18 所示。

图 3-18 中包括两个互相垂直的光路，其中一个光路由双频激光干涉仪 3、分光镜 2、固定反射镜 4、移动反射镜 5 和精密平移台 7 构成，用来测量光学角规在平行于其主截面的平面内移动的实际距离 l；另一个光路由第二长基线双频激光干涉仪、长基线分光镜组 9 和长基线反射镜 6 构成，用来测量光学角规在移动过程中厚度变化引入的光程变化量 Δ。通过一台主控计算机 1 实现对整个仪器的控制。

测量时，控制精密平移台使光学角规移动相应的距离，通过第一双频激光干涉仪 3 精确测量光学角规实际移动的距离 l，由双频激光干涉仪 10 测量在此移动过程中因光学角规厚度变化产生的光程变化量 Δ，将这两个数值输入计算机，根据严格的偏向角计算模型编制的测量软件，完成光学角规偏向角的计算。

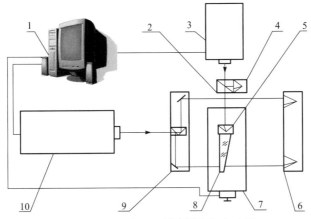

图 3-18 正交法测量光学角规光路图

1—计算机；2—分光镜；3—双频激光干涉仪（第一激光测头）；4—固定反射镜；5—移动反射镜；
6—长基线反射镜；7—精密平移台；8—被测光学角规；9—长基线分光镜组；
10—双频激光干涉仪（第二激光测头）

4. 测量不确定度评定

从测量原理公式（3-30）出发，忽略光学角规介质折射率不均匀性等的影响后，测量偏向角不确定度的来源主要来自两部分，即光学角规移动距离 l 的测量误差，以及角规移动过程中厚度变化引入的光程变化量 Δ 的测量误差。

下面先分析光学角规移动距离 l 的测量误差。第一双频激光干涉仪的测量误差、入射光束在光学角规前表面不垂直度引起的测量误差、光学角规面形误差、精密平移台的左右偏摆和俯仰偏摆误差，以及环境不稳定引起的测量误差是其主要的测量不确定度来源。以上各项误差的标准不确定度 u_i、自由度 v_i 和传递系数 c_i 的数据均列于表 3-3 中。

分析角规移动过程中厚度变化引入的光程变化量 Δ 的测量误差。其中，第二激光测头的非线性误差和光学角规面形误差对测量结果影响较大，这里重点分析这两项误差，其他误差也依次列于表 3-3 中。

（1）第二双频激光干涉仪的非线性误差引起的标准不确定度分量

对第二双频激光干涉仪的非线性误差的检定结果表明，该激光干涉仪非线性误差引起的标准不确定度为 1.42 nm。另外，检定用仪器的标准不确定度为 2 nm，则第二双频激光测头测长误差引起的标准不确定度分量为

$$u_1 = \sqrt{1.42^2 + 2^2} = 2.45 \text{（nm）}$$

估计其相对不确定度为 10%，则自由度为 $v_1 = 50$。

（2）光学角规面形误差引起的标准不确定度分量

在光学角规的研磨加工过程中，要求光楔的透射波差为 $rms \leq 0.006\lambda$，λ 为数字波面移相干涉仪检测光学角规面形时的检测波长，$\lambda = 632.8$ nm，估计该项误差为均匀分布，$k_6 = \sqrt{3}$，故其对光程差 Δ 的影响为

$$u_6 = \frac{\delta_6}{k_6} = \frac{0.006 \times 632.8}{\sqrt{3}} = 2.192 \text{（nm）}$$

估计其相对不确定度为 10%，则自由度为 $v_6 = 50$。

最后，标准光学角规偏向角的测角合成标准不确定度 u_c 为 0.01″。

光学角规已作为计量基准器具列入 JJG 2057—2006 国家平面角计量器具检定系统中。相互正交双频激光干涉测量法的测量精度高，测量范围为 2″～10″时，测量不确定度为 0.01″，满足 JJG 2057—2006《平面角计量器具》中一等小角度基准的要求，能实现对 JJG 850—2005《光学角规》检定规程中一等光学角规的标定。

表 3-3 系统的主要测量不确定度分量

i	标准不确定度分量	u_i	v_i	c_i
1	第二双频激光干涉仪测量误差/nm	2.45	50	1×10^{-8}
2	第一双频激光干涉仪测量误差/nm	63.33	50	2.5×10^{-13}
3	正交光路调整不完全误差/nm	11.55	12.5	2.5×10^{-13}
4	精密平移台行程偏摆对 Δ 的误差/nm	0.25	50	1×10^{-8}
5	精密平移台行程偏摆对 l 的误差/nm	30.94	50	2.5×10^{-13}

续表

i	标准不确定度分量	u_i	v_i	c_i
6	光学角规面形误差/nm	2.19	50	1×10^{-8}
7	光学角规前表面不垂直度误差/nm	0.31	12.5	1×10^{-8}
8	光学角规材料折射率误差 n	1×10^{-5}	50	≈ 0
9	环境稳定性误差/nm	2	12.5	1×10^{-8}
10	其他操作引起的测量重复性/nm	3	9	1×10^{-8}
	合成标准不确定度 u_c	\multicolumn{3}{c}{0.01″}		
	有效自由度 v_{eff}	\multicolumn{3}{c}{45}		
	扩展不确定度 U	\multicolumn{3}{c}{0.020″}		

3.3 思考与练习题

1. 试讨论常用秒级测角仪由哪些部分组成？
2. 精密测角仪有哪几个单元技术？它们的主要作用是什么？
3. 精密测角仪在使用前应注意哪些仪器状态的检查和调整？为什么？
4. 在精密测角仪上测量棱镜角度时，为什么要对棱镜摆放状态进行调节？
5. V棱镜法测光学玻璃折射率的原理是什么？推导出计算折射率的公式，说明被测光学玻璃折射率大小与公式中符号的关系。
6. V棱镜法测光学玻璃折射率时，为什么要在被测样品直角面上使用折射液？
7. 安装V棱镜时，对其V形缺口的棱边方向有什么要求？
8. 阐述精密测角法测量透镜焦距的原理，并画出测试光路图。
9. 光学角规是一种小角度标准器具，高精度测定光学角规的偏向角可有哪些方法？
10. 标准光学角规在小角度计量中是如何应用的？其优越性体现在哪里？

第4章
光学干涉测量技术

干涉测量技术在光学测量中一直占有非常重要的地位。自从20世纪60年代激光器问世，70年代各种新型半导体器件、光电子器件涌现，以及80年代以后数字图像处理技术的发展，出现了激光干涉仪、数字图像采集与计算机处理的有效结合，从而把干涉测量技术推向了新的水平。光学干涉测量是以光波长（或其细分）为尺度进行的测量，具有很高的测量灵敏度和准确度。现代干涉测量技术由于采用了高性能激光器、新型光电探测器件、数字计算机及图像处理算法等新技术，使干涉测量不仅具有高灵敏度和高精度，还扩大了测量范围，在精密测量、精密加工和实时测控等诸多领域都获得广泛应用。

干涉测量技术的应用范围相当广，本章重点讨论光波波前的干涉测量方法。按光波分光的方法，干涉测量技术有分振幅式和分波面式两类，波前测量中常用的是分振幅式。按相干光束传播路径，干涉测量技术可分为共程干涉和非共程干涉两种。按干涉方式又可分为两类，一类是通过测量被测波面与参考标准波面产生的干涉条纹分布或其变形量，进而求得试样表面微观几何形状、场密度分布和光学系统波像差等，即静态干涉；另一类是通过引入动态调制，测量干涉场上指定点的干涉条纹的移动数或光程差的变化量，进而求得被测样品的尺寸大小、位移量等，即动态干涉。

本章 4.1 节介绍干涉测量基础；4.2 节介绍波前测量干涉仪中两种经典的结构，即泰曼格林干涉仪和斐索干涉仪；4.3 节介绍一类实用、简便且不需参考波面的剪切干涉测量技术；4.4 节介绍提高干涉测量精度的方法——移相干涉测量技术，包括移相干涉测量原理、移相方法以及一些典型的移相干涉测量仪器；4.5 节介绍测量光学元件面形、波像差等的典型干涉测量光路；4.6 节介绍点衍射移相干涉测量技术。

4.1 干涉测量基础

4.1.1 干涉条件及测量保证

干涉测量是一种基于光波叠加原理，在干涉场中产生亮暗交替的干涉条纹，通过分析处理干涉条纹来获取被测量有关信息的精密测量技术。

满足频率相同、振动方向相同以及初相位差恒定这三个条件的两束光会发生稳定的干涉现象。在干涉场中任一点的合成光强为

$$I = I_1 + I_2 + 2\sqrt{I_1 I_2} \cos \frac{2\pi}{\lambda} \Delta \qquad （4-1）$$

式中，Δ为两束光到达某点的光程差，I_1、I_2分别为两束光的光强，λ为光波长。

干涉条纹是光程差相同点的轨迹，以下两式分别为亮纹和暗纹方程

$$\Delta = m\lambda \tag{4-2a}$$

$$\Delta = \left(m + \frac{1}{2}\right)\lambda \tag{4-2b}$$

式中，m为干涉条纹的干涉级。

干涉仪中两支光路的光程差Δ可表示为

$$\Delta = \sum_i n_i l_i - \sum_j n_j l_j \tag{4-3}$$

式中，n_i、n_j为干涉仪两支光路的介质折射率；l_i、l_j为干涉仪两支光路的几何路程。

当把被测量引入干涉仪的一支光路中，干涉仪的光程差会发生变化，干涉条纹也随之变化。通过测量干涉条纹的变化量，可以获得与介质折射率n和几何路程l有关的各种物理量和几何量等。

为了获得明亮、清晰和稳定的干涉条纹，在测量中需要采取一些技术措施来保证良好的干涉条件。干涉条纹的对比度是衡量干涉条纹清晰程度的主要特征，是干涉测量的一个重要质量指标。下面来分析影响干涉条纹对比度的各主要因素，并指出改善干涉条纹对比度的一些技术措施。

干涉条纹对比度的定义为

$$K = \frac{I_{\max} - I_{\min}}{I_{\max} + I_{\min}} \tag{4-4}$$

式中，$I_{\max}$和$I_{\min}$分别为静态干涉场中光强的最大值和最小值，也可理解为动态干涉场中某点的光强最大值和最小值。当$I_{\min}=0$时，$K=1$，对比度最大；而当$I_{\max}=I_{\min}$时，$K=0$，对比度降为零，干涉条纹消失。

在实际应用的干涉仪中，由于种种原因，所观察到的干涉图样对比度都小于1。对目视静态干涉仪而言，一般认为，当$K>0.75$时对比度处于较好的状态；而当$K>0.5$时对比度尚可接受；当$K=0.1$时，条纹可大致辨认，但此时干涉仪已经很难完成正常工作了。而对动态干涉测试系统，对条纹对比度的要求相应地会稍低一些。

干涉条纹对比度受光源单色性、光源大小、相干光束的光强比、杂散光、相干光束的偏振态、振动、空气扰动等多种因素影响。以下就前几个主要的影响因素进行分析。

1. 光源单色性的影响与时间相干性

干涉测量中实际使用的光源都不是绝对单色的，而是有一定的谱线宽度，记为$\Delta\lambda$。如图4-1所示，实线1和实线2分别对应λ和$\lambda+\Delta\lambda$两组条纹的强度分布曲线，其他波长对应的条纹强度分布曲线居于这两条曲线之间。干涉场中实际见到的条纹是这些干涉条纹叠加的结果，如图4-1中实线3所示。

由图4-1可见，在零级时，各波长的极大值重合，之后慢慢错开，干涉级越高，各波长极大值错开的距离越大，合强度峰值逐渐变小、谷值逐渐变大，对比度逐渐下降。当$\lambda+\Delta\lambda$的第m级亮纹与λ的第$m+1$级亮纹重合后，所有亮纹开始重合，而在此之前则是彼此分开的。以上条件可作为尚能分辨干涉条纹的限度，即

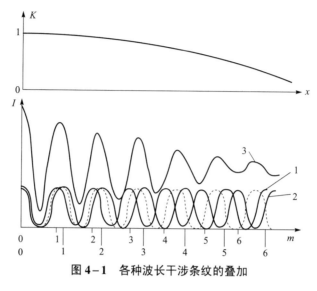

图 4-1 各种波长干涉条纹的叠加

$$(m+1)\lambda = m(\lambda + \Delta\lambda) \tag{4-5}$$

由此得最大干涉级 $m = \lambda/\Delta\lambda$，与此相应的尚能产生干涉条纹的两支相干光的最大光程差（或称光源的相干长度）为

$$L_M = \frac{\lambda^2}{\Delta\lambda} \tag{4-6}$$

上式表明，光源的相干长度与光源的谱线宽度成反比。实际上，光源的相干长度不仅决定于光源的谱线宽度，还受谱线的功率分布形式、激光光源的模系结构和稳频状态等的影响，大致可给出以下扩展的相干长度计算式

$$l_C = \frac{\lambda^2}{\Delta\lambda} K_C \tag{4-7}$$

式中，K_C 除谱线呈矩形分布取 1.0 外，一般多取 0.3~0.6。

表 4-1 列出了一些干涉仪光源的相干长度及辐射亮度的参考数值。例如，用镉同位素灯作干涉光源，其波长为 643.8 nm，光谱宽度为 0.001 3 nm，按 K_C 取 1 算出其相干长度为 300 mm。在普通单色光源中，镉红光是较好的相干光源，但与激光相比相差甚远。一个单模稳频 He-Ne 激光器的波长为 632.8 nm，其光谱宽度为 10^{-8} nm，按 K_C 取 1 算出其理论相干长度为 40 km。实际使用的激光器，由于存在各种不稳定因素，导致谐波频率波动，使得谱宽远大于理论值，再加之谱线功率分布的复杂性，导致激光干涉仪中甚至可能出现干涉条纹清晰度随光程变化呈周期状的复杂现象。因此，激光器的实际相干长度最好通过实际试验来确定。

表 4-1 几种光源的相干长度和辐射亮度

光源		波长/nm	相干长度/mm	辐射亮度/(W·Sr^{-1}·mm^2)
白炽灯加干涉滤光片		550	0.06	1×10^{-3}
汞灯	高压汞灯	546.1	1	2.5×10^{-4}
	低压汞灯	546.1	50	5×10^{-6}

续表

光源		波长/nm	相干长度/mm	辐射亮度/(W·Sr^{-1}·mm^2)
氦灯	d 谱线	587.56	—	—
钠灯	D 谱线	589.3	<10	—
单色同位素灯	Hg^{198}	546.1	500	$1.5×10^{-6}$
	Cd^{114}	644.0	330	$2.9×10^{-6}$
	Kr^{86}	605.7	710	$3×10^{-7}$
激光器	He-Ne	632.8	$>1×10^5$	$1×10^4$
	半导体	633,670,1 530 等	5 左右	>5 mW（功率）

通常，激光光源有足够长的相干长度，故不必调整两支光路的相干光程相等。而使用低压汞灯、钠灯之类单色性较差的光源时，则必须调整两支相干光程尽量一致。

在物理光学中，光通过相干长度所需要的时间称为相干时间，其实质就是可产生干涉的波列持续时间。因此，在干涉仪中选择光源，以及相干光路设计时，为保证获取良好的干涉条纹图形，应使光源发出的光波分离后又汇合过程产生的光波间光程差不超过光源的波列长度，对此所采取的技术措施，称其为保证时间相干性。

2. 光源大小的影响与空间相干性

干涉图样的亮度，除与所用光源的辐射强度或功率有关外，在很大程度上还取决于有效利用的光源的几何尺寸，而光源的几何尺寸大小同时也会对各类干涉仪的干涉图样的对比度有不同的影响。

如物理光学所述，由平行平板产生的等倾干涉，无论多么宽的光源尺寸，其干涉图样都有很好的对比度；杨氏干涉实验只在限制狭缝宽度的情况下才能看清干涉图样；由楔形板产生的等厚干涉图样，则是介于以上两种情况之间。

如图 4-2 所示，光源是被均匀照明的直径为 $2r$ 的光阑孔，光阑孔上不同点 S 经准直物镜后形成与光轴不同夹角 θ 的平行光束。不同 θ 角的平行光束经干涉仪形成彼此错位的等厚干涉条纹，经叠加后形成的干涉条纹如图 4-3 所示。当光阑孔较小时，干涉条纹的对比度较好（见图 4-3 (a)）；随着光阑孔增大，干涉条纹的对比度下降（见图 4-3 (b)），直至对比度趋于零（见图 4-3 (c)）。如取对比度为 0.9，可得光源的许可半径为

$$r_m \leqslant \frac{f'}{2}\sqrt{\frac{\lambda}{h}} \qquad (4-8)$$

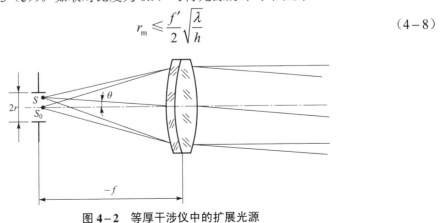

图 4-2 等厚干涉仪中的扩展光源

可见，光源的许可半径正比于准直物镜的焦距 f'，反比于等效空气层厚度 h 的开方。空气层厚度越小，光阑孔越可开大，干涉条纹也有较高的亮度。在干涉测量中，采取减小光源尺寸的措施，尽管可以提高条纹的对比度，但干涉场的亮度也会随之减弱，不利于观测。如能设法改变参考光路或测量光路的光程，使两支光的等效空气层厚度减薄，可以达到适当开大光阑孔径的目的。为此，在干涉仪中采取的相应技术措施，称为保证空间相干性。

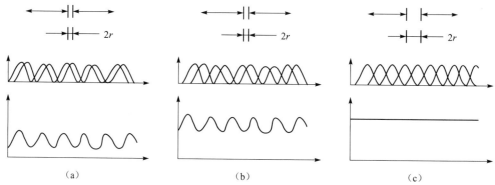

图 4-3 光阑孔大小对干涉条纹对比度的影响

3. 相干光束的光强比和杂散光的影响

设两支相干光的光强比为 $n = I_2/I_1$，则由式（4-1）、式（4-4）可得

$$K = \frac{2\sqrt{n}}{n+1} \tag{4-9}$$

图 4-4 中实线表示了干涉条纹对比度 K 随两支光束强度比 n 的变化。当 $n=2.5$ 时，对比度仅降低 10%。这种情况，如柯氏干涉仪和林尼克干涉显微镜，一支光束从镀铝的镜面（反射率为 90%）上反射，另一支光束从抛光的钢零件表面（反射率约 40%）上反射，形成的干涉条纹的对比度是好的。经验表明，当 $n=5$ 时，对比度仍处于较好的状态（$K=0.75$）。

可见，没有必要追求两支相干光束的光强严格相等。尤其是在其中一支光束光强很小的情况下，人为降低另一支光束的光强会产生不好的效果，因为这会不适当地降低干涉图样的亮度，从而提升了人眼的对比度灵敏阈值，不利于目视观测。

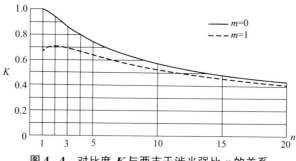

图 4-4 对比度 K 与两支干涉光强比 n 的关系

另外，必须指出的是，在干涉测量中会经常出现非期望的杂散光进入干涉场的现象。例如，干涉光束在干涉仪光学零件表面上的有害反射，或者外界环境的漫射光均有可能进入干涉场。设混入两支干涉光路中杂散光的强度均为 $I' = mI_1$，由式（4-1）和式（4-4）可得

$$K = \frac{2\sqrt{n}}{1+n+m} \quad (4-10)$$

当 $m=0$ 时即为式（4-9）。当 $n=1$ 时，有

$$K = \frac{2}{2+m} \quad (4-11)$$

图 4-4 中虚线表示了 $m=1$ 时对比度 K 随干涉光强比 n 的变化。可见，在两支光强比 n 较小时，杂散光对条纹对比度的影响远比两支干涉光的光强不相等的影响要严重得多。如容许 K 值降低 10%，则杂散光的强度不得超过干涉光束之一强度的 20%。因此，必须重视在干涉仪中采取抑制和消除非期望的杂散光的技术措施。

在干涉仪中各光学零件的每个界面上都产生光的反射和折射，其中非期望的杂散光线，能以多种可能的路径进入干涉场。尤其当采用时间相干性好的激光光源时，极易使系统中出现寄生条纹。解决杂散光的主要技术措施有：

① 光学零件表面正确镀增透膜或析光膜。
② 在光源处适当设置消杂光针孔光阑。
③ 正确选择分束器。

以泰曼格林干涉仪中的平行平板分束器为例，如图 4-5 所示，AA 面镀析光膜，BB 面镀增透膜。增透膜的作用是为增强两支干涉光束①和③的光强，减弱 BB 面反射引起的②和④两支杂散光的光强；析光膜的作用是调整 AA 面的反射比与透射比接近相等，从而使两支光干涉光束①和③的光强接近相等。

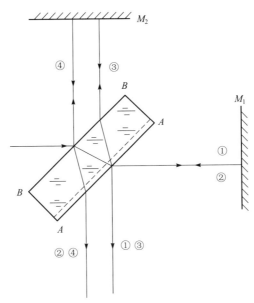

图 4-5 平行平板分束器产生的杂散光

以上介绍了提高干涉图形对比度的主要技术措施。现代干涉仪，多数都已采用激光光源，由于激光具有良好的时间相干性和空间相干性，很容易在干涉场中产生散斑和非零频衍射噪声，影响干涉图样的质量。例如，激光器前端加入的扩束镜或显微物镜的镜面上的尘埃和干

涉光路中的尘埃均会产生光散射,由此在干涉图形上会附加上散斑的斑纹。又如,相干光衍射在频谱面上产生的非零频噪声对干涉场的附加"贡献"。以上因素均会严重影响对干涉图形的正确判读与处理。为消除有害的激光相干噪声,大致可采取以下措施:

① 尽可能清洁光学元件。特别是靠近光阑孔或焦点附近的镜面,要绝对保持清洁。

② 在激光束会聚点处,用连续转动的毛玻璃屏消除散斑效应,其效果十分显著。

③ 在激光束会聚点处,设置小孔光阑,可起到空间滤波器的作用,能滤除部分或大部分非零频成分的光线。

4.1.2 干涉条纹的分析判读

干涉仪输出的信息是干涉条纹图,干涉条纹是干涉场中光程差相同点的轨迹,根据干涉条纹的形状、方向、疏密以及条纹移动等情况,便可获得与光程差有关的被测量(面形、角度误差、折射率均匀性、波像差等)。因此干涉图的识别、判断与分析计算具有重要意义,也是从事光学测量工作的人员致力于研究的领域之一。传统的做法是采用人工目视判读或照相分析方法,但由于存在效率低、主观性大、精度不高等原因,现已很少使用。当前,普遍采用光电探测、自动数据采集、计算机分析处理的方式。考虑到干涉条纹分析判读的重要性,本章还将讨论有关干涉图识别、处理的一些基本方法。

1. 波面偏差的主要评价指标

干涉测量中,干涉条纹实质上反映的是实际被测波面与标准参考波面之间的偏差。如图 4-6(a)所示,同一条干涉条纹对应的是干涉场中光程相同点的轨迹,相邻条纹间则相差一个波长的 $1/n$ 光程,这里 n 是测试光通过被测试样的来回路径次数,图中 H 是条纹间隔,h 是某处的条纹弯曲量,该处的波面偏差可表示为

$$\Delta W = \frac{h}{H}\frac{\lambda}{n} \quad (4-12)$$

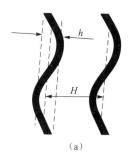
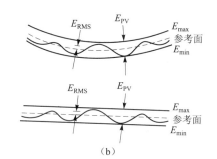

图 4-6 波面偏差的表示

(a) 用条纹弯曲量表示波面偏差; (b) 波面偏差的综合表示

图 4-6(b)是轴对称波面的波面偏差分布的一维描述,对于非轴对称波面的情形,则需要绘出二维波面偏差分布图形。常用下面的几个评价指标表示波面偏差。

(1)峰谷偏差 E_{PV}

被测波面相对于参考波面偏差的峰值与谷值之差,可用下式表示

$$E_{PV} = E_{max} - E_{min} \tag{4-13}$$

（2）均方根偏差 E_{RMS}

被测波面相对于参考波面的各点偏差 E_i 的均方根值，可用下式表示

$$E_{RMS} = \sqrt{\frac{1}{N-1}\sum_{i=1}^{N} E_i^2} \tag{4-14}$$

（3）最大偏差 E_{MAX}

被测波面与参考波面的最大偏差值，可用下式表示

$$E_{MAX} = \frac{1}{2}(E_{max} - E_{min}) \tag{4-15}$$

2. 光学零件面形偏差

在光学车间，人们广泛使用玻璃样板来检验球面（包括平面）光学零件的面形偏差，国家标准 GB/T 2831—2009 规定了光圈的识别方法，它包括下列三项。

（1）半径偏差（N）

被检光学表面的曲率半径相对参考表面曲率半径的偏差，用所对应的光圈数 N 表示。图 4-7（a）、(b)、(c)、(d) 表示面形偏差较大（$N \geqslant 1$）的情况，以有效检验范围内直径方向上最多干涉条纹数的一半来度量光圈数 N；在面形偏差较小（$N<1$）的情况下，光圈数 N 以通过直径上干涉条纹的弯曲量（h）相对于条纹的间距（H）的比值来度量，即 $N = h/H$，如图 4-7（e）所示。

（2）像散差（$\Delta_1 N$）

被检光学表面与参考光学表面在两个互相垂直方向上的光圈数不等所对应的偏差，此偏差对应的光圈数用 $\Delta_1 N$ 表示。$\Delta_1 N$ 是以两个互相垂直方向上干涉条纹数(N_x, N_y)的最大代数差的绝对值来度量的，即

$$\Delta_1 N = |N_x - N_y|$$

图 4-7（f）表示椭圆形像散差，$N_x = 2$、$N_y = 3$，偏差方向相同，$\Delta_1 N = |N_x - N_y| = 1$。图 4-7（g）表示马鞍形像散差，$N_x = -1$、$N_y = 2$，偏差方向相反，$\Delta_1 N = |N_x - N_y| = 3$。图 4-7（h）表示柱形像散差，在某一方向上干涉条纹数为零（$N_y = 0$），$\Delta_1 N$ 就取决于 N_x 值。当 $N_x \neq N_y$，且 N_x 和 N_y 又都小于 1 时，则根据两个方向的干涉条纹的弯曲度来确定 N_x 和 N_y；如图 4-7（i）中，$N_x = 0.2$、$N_y = 0.4$ 时，则 $\Delta_1 N = 0.2$。

（3）局部偏差（$\Delta_2 N$）

被检光学表面与参考光学表面在任一方向上产生的干涉条纹的局部不规则程度称为局部偏差，用 $\Delta_2 N$ 表示。$\Delta_2 N$ 以局部不规则干涉条纹相对理想平滑干涉条纹的偏离量（e）与两相邻条纹间距（H）的比值来度量，即 $\Delta_2 N = e/H$。图 4-7（j）为中心局部不规则偏差；图 4-7（k）为边缘局部不规则偏差；图 4-7(l)为中心及边缘均有局部偏差，应分别求出并取大值来表征。

需要指出的是，半径偏差 N 在一定程度上会使光学成像关系、像面和放大倍率等产生微量变化，但这些变化可经适当调整各光学零件间的相对位置而得到一定程度的补偿。而光学零件的面形不规则引起的像散差 $\Delta_1 N$ 和局部偏差 $\Delta_2 N$，则将直接影响到光学系统的成像质量，这种影响一般是难以补偿的。

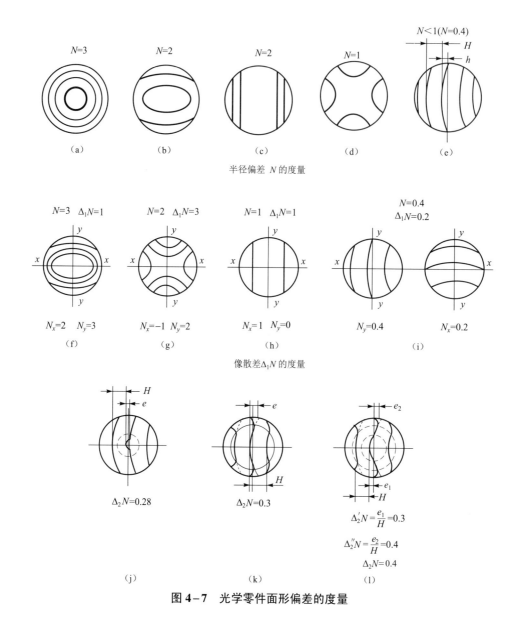

图 4-7 光学零件面形偏差的度量

4.2 泰曼格林干涉测量和斐索干涉测量

在光学车间常用光学样板检验光学工件的面形光圈,它属于接触式等厚干涉测量。这种测量操作简便,但不适合测量标准样板和其他高精度光学件。本节重点介绍两种常用的非接触式等厚干涉测量技术,即泰曼格林(Twyman-Green)干涉测量和斐索(Fizeau)干涉测量。

4.2.1 泰曼格林干涉测量

1. 光路和原理

图 4-8 是泰曼格林干涉仪的光路结构图。由光源 1 发出的单色光经聚光镜 2 会聚于可变

光阑 3 的小孔上，小孔位于准直物镜 4 的焦点上，故光束通过准直物镜 4 后成为平行光投射到分束镜 5 上，该平行光经分束镜后分成两部分：一部分经参考反射镜 6 后按原路返回，称为参考光束；另一部分射向待测反射镜 7 后返回，称为测试光束。这两支光束经分束镜汇合，再经观察物镜 8 聚焦在观察光阑 9 上，生成可变光阑 3 的两个小孔像。操作者在距观察光阑 9 约 250 mm 处观察小孔像，调节测试反射镜使两个像重合，轴向移动参考反射镜，使两支光的光程大致相等。这时，眼睛位于观察光阑 9 处向里观察，同时，细调待测反射镜 7，可以看到对比度较好的干涉条纹。这种条纹属等厚条纹，其定位面在参考反射镜附近，但由于可变光阑 3 开孔很小，而且参考光束和测试光束在前后很大范围内重叠在一起，故可经由观察光阑 9 在很大的深度范围内观察到清晰的干涉条纹。也可在观察光阑 9 附近放置相机，调焦镜头便能拍摄被测系统光瞳面上波像差所对应的干涉图。

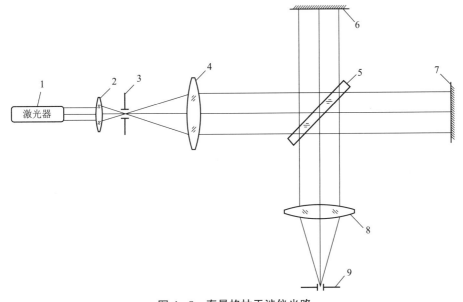

图 4-8 泰曼格林干涉仪光路

1—光源；2—聚光镜；3—可变光阑；4—准直物镜；5—分束镜；6—参考反射镜；
7—待测反射镜；8—观察物镜；9—观察光阑

上述泰曼格林干涉仪的光路是用于测量平面反射镜表面面形的，也可将测试光路稍做改变用于测量平面光学零件的波像差，这样的干涉仪一般称作泰曼格林棱镜干涉仪。泰曼格林干涉仪在光学元件面形检测领域中应用极广，其优点在于可以实现大口径光学元件的面形检测，而且干涉仪内参考光路与测试光路相互独立，可以通过更换参考镜或者在光路中加入补偿棱镜，从而实现多种面形的测量。此外，泰曼格林干涉仪还可以用于检测光学系统的波前误差，通过调节参考光路的光强可以得到对比度良好的干涉条纹图。其缺点在于对于参考光路的光学元件的面形质量要求极高，参考镜的面形误差以及其他因素（如气流扰动等）所产生的测量误差将会累加到最终检测结果中，进而影响泰曼格林干涉仪的面形检测精度。

2. 测量平面面形误差和玻璃平板平行度

（1）测量平面面形误差

如图 4-8 所示，在测试光路中换上被测平面工件（7），调整参考光程与测试光程大致相等,并细调被测工件的位置,通过光阑孔(9)观察,让其反射光斑与参考光路的光斑重合,即可观察到干涉条纹。图4-9列出了以标准平面为基准的各种典型面形的条纹形状,根据上节提到的条纹判读方法,还可以定量处理被测工件的面形误差。由于泰曼格林干涉仪的参考镜面镀有高反射率的膜层,故只适于测反射率高的工件面形。

编号	表面类型	干涉条纹形状	
		无倾斜	倾斜
1	平面		
2	近似平面		
3	球面		
4	锥形		
5	柱面		
6	双曲率面(相同符号的曲率)		
7	双曲率面(相反符号的曲率)		
8	极不规则		

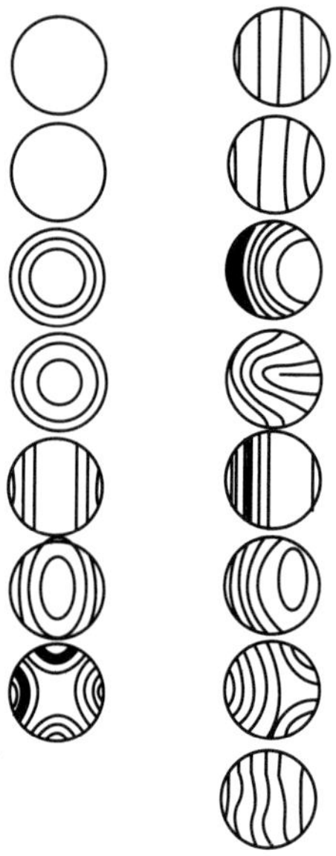

图4-9 基于标准平面的各种典型面形的干涉条纹形状

(2) 测量玻璃平板的平行度

如图4-10(a)所示,先不放入被测件 P,将棱镜干涉仪的干涉场调节至亮度均匀,即使测试波面 Σ_1 和参考波面 Σ_2 平行。然后将被测件 P 放入测试光路中,测试光束经平行度为 θ 的玻璃平板试件的折射,光束偏转 $(n-1)\theta$ 角,再经测试反射镜的反射和试件的再次折射后,使测试光束偏转角度 $\alpha=2(n-1)\theta$, α 即为两个波面 Σ_1 和 Σ_2 的夹角。两个波面汇合干涉后,在视场中可以观察到等间距的平行直条纹。由图4-10(c),易得

$$\theta = \frac{m\lambda}{2(n-1)b} \times 206\,265'' \quad (4-16)$$

式中,θ 为被测玻璃平板的楔角(平行度),n 为被测玻璃平板的折射率,λ 为光源的波长,b 为干涉条纹的测量范围,m 为对应测量范围的条纹数。

根据间接测量的不确定度传播公式,由式(4-16)得平行度 θ 的测量不确定度

$$u(\theta) = \theta\sqrt{\left[\frac{u(m)}{m}\right]^2 + \left[\frac{u(b)}{b}\right]^2 + \left[\frac{u(n)}{n-1}\right]^2} \quad (4-17)$$

以 $m=15.5$, $u(m)=0.2$, $b=100\,\text{mm}$, $u(b)=0.5\,\text{mm}$, $n=1.5147$, $u(n)=0.001$ 和 $\lambda=0.6328\,\mu\text{m}$ 为例,代入上两式得

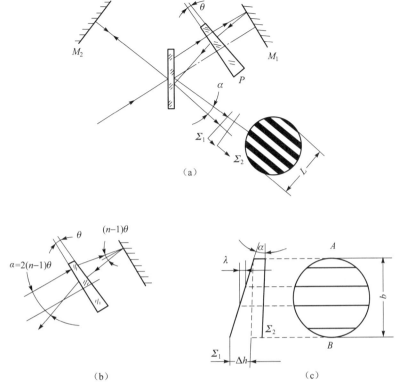

图 4-10 泰曼格林棱镜干涉仪测量光学平行度
(a) 平板平行度干涉测量光路；(b) 偏向角 α 与楔角 θ 的关系；(c) 由干涉条纹图计算偏向角 α 的关系

$$u(\theta) = 19.7'' \sqrt{\left(\frac{0.2}{15.5}\right)^2 + \left(\frac{0.5}{100}\right)^2 + \left(\frac{0.001}{0.5147}\right)^2}$$

$$= 19.7'' \sqrt{(0.0129)^2 + (0.005)^2 + (0.00194)^2}$$

$$\approx 19.7'' \times 0.0129 = 0.25''$$

可见，测量平行度 θ 的准确度是很高的，其不确定度的主要来源是干涉条纹数 m 的估读不确定度，其次是测量条纹的范围 b 和试件折射率 n 的不确定度。

在式（4-16）中，令 $m=1$，得测量平行度的最小值 $\theta_{min} = \lambda/[2(n-1)b]$；又以条纹密度 $m/b = 2 \text{ mm}^{-1}$ 计，得测量平行度的最大值 $\theta_{max} = \lambda/(n-1)$。以 $\lambda = 0.6328\ \mu\text{m}$，$n = 1.5147$，$b = 100\ \text{mm}$ 为例，估计其测量范围为 $1.2'' < \theta < 4'$。

3. 测量光学系统波像差

用波像差评价光学系统的成像质量是一种比较好的方法。例如，对于一般目视观察光学系统，只要波像差不大于 $\lambda/4$，就可认为像质是优良的（瑞利准则）。精密光学系统的波像差应不大于 $\lambda/10$。用 $\lambda/4$、$\lambda/10$ 等波像差容限值评价光学系统的像质，不但简单明了，而且与光学系统的焦距、相对孔径等性能参数无关。另外，波像差与其他像质评价指标如中心点亮度、光学传递函数等也有密切关系。

测量波像差常用棱镜透镜干涉仪（泰曼格林干涉仪常称为棱镜透镜干涉仪），对于会聚系统用透镜干涉仪，对于望远系统用棱镜干涉仪。

（1）测量原理和典型干涉图

图 4-11（a）是测量镜头的光路图，由于被测镜头存在波像差，由分束镜射向被测镜头的平面波，经过镜头再由测试球面反射镜反射，返回的波面再次按原路通过镜头，最后出射的波面不再是准确的平面波，它与参考光路提供的标准平面波干涉，所产生的干涉图中反映的波像差是被测镜头波像差的两倍。

实际上，如图 4-11（b）所示，有像差或带有缺陷的波面在传播过程中不断变化，对应的干涉图形也随之变化。因此，测量被测镜头的波像差应严格指定是被测镜头出瞳面上的波像差，即应采集对应镜头出瞳处的干涉图。如图 4-11（a）所示，被测镜头出瞳 O 通过球面反射镜 M_c 的反射成像于 O'，再通过被测镜头成像于 O'' 处。这时，注意前后调整辅助透镜，直至在采集干涉图的像面 O''' 处见到被测镜头出瞳边界清晰的像为止。另外，仪器配备有不同曲率半径的标准球面反射镜，应从中选用其曲率半径尽量接近并略小于被测镜头的焦距。这样，方可保证被测镜头出射的波面基本按原路返回，从而使干涉图更准确反映被测镜头的波像差。

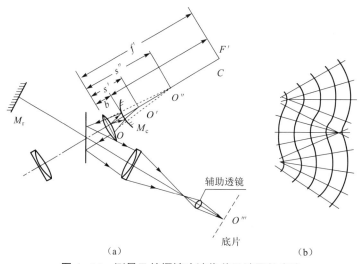

图 4-11 测量及拍摄镜头波像差干涉图的光路
（a）测量镜头的光路图；（b）干涉图随波面传播而变化

当光学系统只有初级像差时，其波像差函数可写为

$$W(x,y) = A(x^2+y^2)^2 + By(x^2+y^2) + C(x^2+3y^2) + D(x^2+y^2) + Ex + Fy$$

（4-18）

式中，(x,y) 为光瞳面上的直角坐标，入瞳半径归化为 1；A 为球差系数，以波长为单位（以下同）；B 为彗差系数；C 为像散系数；D 为离焦系数；E、F 为波面倾斜系数。

图 4-12 是按上述关系式计算绘制的一些典型干涉图。它们表明了各种波像差、初级几何像差类别（球差、彗差、像散）及调整状态（离焦、倾斜）与干涉图的关系，这些图形有利于在实际测量工作中对几何像差及其波像差大小的判别。

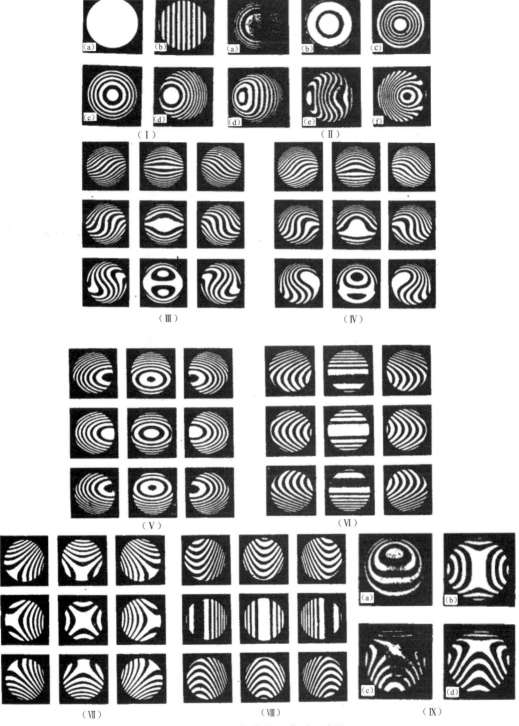

图 4-12 初级像差的典型干涉图

(Ⅰ) 理想透镜干涉图;(Ⅱ) 近轴、中间带、边缘焦点的球差干涉图 [(a)(b)(c) 无倾斜,(d)(e)(f) 为有倾斜; (a)(d) 近轴,(b)(e) 中间带,(c)(f) 边缘焦点];(Ⅲ) 近轴焦点的彗差干涉图 ($D=0$);(Ⅳ) 有彗差和微小离焦 ($D=2$) 时的干涉图;(Ⅴ) 匹兹伐尔焦点处 ($D=0$) 的像散干涉图;(Ⅵ) 弧矢焦点处 ($D=-C=-2$) 的像散干涉图; (Ⅶ) 最佳焦点处 ($D=-2C=-4$) 像散干涉图;(Ⅷ) 子午焦点处 ($D=-3C=-6$) 像散干涉图;(Ⅸ) 各种像差混合干涉图

（2）由离焦干涉图求波像差

由上述可见，干涉图形状反映波像差的大小，同时又与标准球面反射镜的调整位置有关。从干涉图求被测镜头的波像差，应将标准球面反射镜球心 C 调节到被测镜头最佳像点的位置上。在实际测量时，标准球面反射镜的球心和最佳像点的重合是通过观察干涉图的条纹数最少来判断的。但准确确定这个位置有一定困难，尤其在波差较小时，干涉条纹数稀少，受环境的影响（如温度、振动、气流等因素），条纹不稳定，不易拍摄和数据处理。因此，往往拍摄有一定条纹数目的离焦干涉图，由此求出离焦的波面形状，再处理出对应于最佳像点的波面形状。

下面结合实例说明由离焦干涉图求波像差的作图法和最小二乘法。为避免判读干涉条纹序号时区分正负号的麻烦，在拍摄离焦干涉图时，要注意观察当参考镜移动时干涉条纹是否向一个方向收缩或扩张。如果有的条纹收缩，有的条纹扩张，则可以继续移动标准球面反射镜缓慢增加离焦量，直到在视场中观察到所有的干涉条纹都向一个方向收缩或扩张为止。图 4-13 是拍摄到某被测镜头的离焦干涉图。

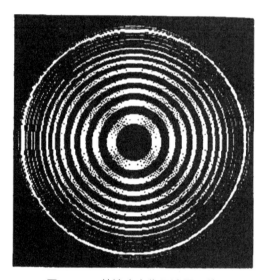

图 4-13 某镜头离焦干涉图照片

用作图法求实际波像差的步骤如下：

① 从干涉图中量出被测镜头的光瞳直径 $D'=45.5$ mm，如果被测镜头的实际通光口径 $D=50$ mm，则拍摄的放大率为 $\beta=0.91$。

② 从干涉图上量出各干涉条纹的半径 r，并把它换算为被测物镜上的实际光线的投射高 h（$h=r/\beta$），将计算得到 W 和 h^2 的对应值列在表 4-2 中。

③ 以 h^2 为纵坐标，W 为横坐标，作出离焦的波像差曲线，如图 4-14 所示。

④ 离焦附加波像差 W_2 和 h^2 是直线关系，在离焦波像差曲线上用两条平行直线去夹曲线，改变倾角，找出两条水平间隔最小的能把离焦波像差曲线完全夹在中间的平行线，如图 4-14 中 aa' 和 bb'，则这两条平行线的水平距离是被测物镜的最佳波面的波像差峰谷值 $(W_1)_{PV}$。由图 4-14 得 $(W_1)_{PV}=1.2\lambda$。在图 4-14 中作过坐标原点 O 与一对平行线相平行的直线 OP，它就是离焦附加波像差直线。由图上 P 点求出该直线的斜率

$$\tan\alpha = \frac{h^2}{W_2} = \frac{400}{5.25\lambda} \tag{4-19}$$

故有

$$\frac{W_2}{\lambda} = 0.013125 h^2 \tag{4-20}$$

按上式将数据算出填入表 4-2 中。

表 4-2　由离焦干涉图求波像差的一个实例

左					右					
W/λ	r/mm	$h=\dfrac{r}{\beta}$	h^2/mm²	W_2/λ	W_1/λ $[=(W-W_2)/\lambda]$	W/λ	r/mm	$h=\dfrac{r}{\beta}$	h^2/mm²	W_2/λ	W_1/λ $[=(W-W_2)/\lambda]$
0.5	5.27	5.79	33.52	0.44	+0.06	0.5	5.14	5.65	32.92	0.42	+0.08
1.0	7.70	8.46	71.57	0.95	+0.05	1.0	7.72	8.48	71.91	0.94	+0.06
1.5	9.72	10.68	114.09	1.50	+0.00	1.5	9.89	10.87	118.16	1.55	-0.05
2.0	11.63	12.78	163.33	2.14	-0.14	2.0	11.91	13.09	171.35	2.25	-0.25
2.5	13.38	14.70	216.09	2.84	-0.34	2.5	13.80	15.17	230.13	3.02	-0.52
3.0	15.13	16.63	276.56	3.63	-0.63	3.0	15.45	16.98	288.32	3.78	-0.78
3.5	16.51	18.14	329.06	4.32	-0.82	3.5	16.85	18.52	342.99	4.50	-1.00
4.0	17.73	19.49	379.86	4.99	-0.99	4.0	17.89	19.66	386.52	5.07	-1.07
4.5	18.69	20.54	421.89	5.54	-1.04	4.5	18.75	20.61	424.77	5.58	-1.08
5.0	19.45	21.38	457.10	6.00	-1.00	5.0	19.45	21.38	457.10	6.00	-1.00
5.5	20.19	22.19	492.40	6.46	-0.96	5.5	20.02	22.00	484.00	6.35	-0.85
6.0	20.73	22.78	518.93	6.81	-0.81	6.0	20.50	22.52	507.58	6.66	-0.66
6.5	21.18	23.28	541.96	7.11	-0.61	6.5	20.92	22.99	528.54	6.94	-0.44
7.0	21.63	23.77	565.01	7.42	-0.42	7.0	21.30	23.41	548.03	7.19	-0.19
7.5	21.93	24.10	580.81	7.62	-0.12	7.5	21.56	23.69	561.21	7.37	+0.13

⑤ 由表 4-2 算出对应最佳波面的波像差

$$W_1 = W - W_2 \tag{4-21}$$

容易画出被测镜头的波像差曲线，如图 4-15（a）所示。

上述作图法的实质是按最大波像差达到最小的准则找最佳波面。另一种方法是按波像差的平方和达最小来确定最佳波面，这种方法称为最小二乘法。

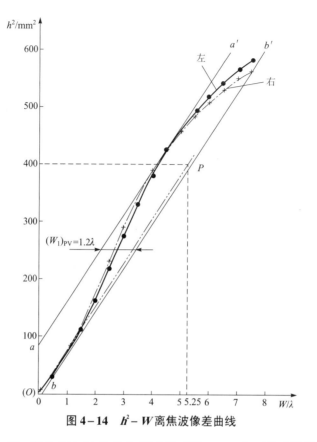

图 4-14 $h^2 - W$ 离焦波像差曲线

设离焦波像差为 W，离焦附加波像差包括常数项为 $a+bh^2$，则对最佳波面的波像差为

$$W_1 = W - a - bh^2 \tag{4-22}$$

按最小二乘法

$$\sum W_1^2 = \sum (W - a - bh^2)^2 = \min \tag{4-23}$$

待定系数 a 和 b 按下式计算

$$\begin{cases} a = \dfrac{\sum Wh^2 \cdot \sum h^2 - \sum W \cdot \sum h^4}{\left(\sum h^2\right)^2 - \sum h^4 \cdot \sum 1} \\ b = \dfrac{\sum h^2 \cdot \sum W - \sum Wh^2 \cdot \sum 1}{\left(\sum h^2\right)^2 - \sum h^4 \cdot \sum 1} \end{cases} \tag{4-24}$$

例如，由表 4-2 算出 $\sum W = 120$，$\sum h^2 = 10\,314.7$，$\sum h^4 = 4\,499\,219.7$，$\sum Wh^2 = 52\,646.7$，被测物镜 50 mm 孔径范围内共测 30 点，故 $\sum 1 = 30$。代入上式求出 $a = -0.11$，$b = 0.012$。再由式（4-22）求出各点 W_1 值，绘制波像差曲线如图 4-15（b）所示。

由上可见，用作图法和最小二乘法求得的波像差曲线形状相似，但略有差别。这是因为它们寻求最佳波面的准则不同的缘故，这相当于它们分别定义于不同的最佳像点位置。前者的实质是按最大波像差达最小的准则来确定最佳波面，而后者是按波像差平方和达最小来确定最佳波面。

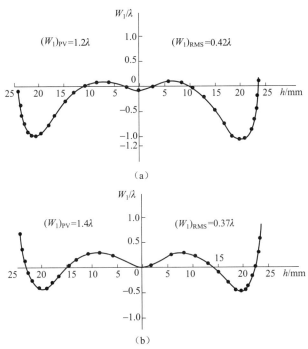

图 4-15　两种方法求得的波像差曲线
(a) 作图法；(b) 最小二乘法

以上只是讨论了由离焦干涉图寻求波像差曲线的方法。更完整的讨论，应当是寻求二维的波像差曲面。这就需要建立处理二维波像差的数学模型，寻找数值解稳定的算法，编制计算软件，依靠计算机来完成。另外，二维干涉图数据则采用光电探测（例如 CCD 或 CMOS）等方式来获得，输出数据和图形也都由计算机及其辅助设备完成。现代的泰曼格林干涉仪都是集光机电算一体的测试系统，由于采用了光电器件和数字计算机，极大地提高了干涉测量的工作效率，也有利于提高干涉测量的准确度。

4. 泰曼格林型激光球面干涉仪

图 4-16 所示是泰曼格林型激光球面干涉仪的光路示意图，其结构与图 4-8 所示的泰曼格林棱镜干涉仪基本一致，主要区别在于测试光路中加入了一块标准透镜，将平面波转换成球面波入射到待测球面上，经待测球面反射后原路返回。测试光与参考光形成干涉条纹，根据干涉条纹的局部变形可以分析得到待测球面的面形误差。

在实际的生产加工中，为了检测装置的简便，有时会采用 Shack 干涉仪对待测球面的面形进行检测，Shack 干涉仪是泰曼格林干涉仪的一种变种，其光路如图 4-17 所示。

图 4-17（a）所示是双臂不等光程的激光球面干涉仪的光学系统。图中虚线部分是仪器部分，由 He-Ne 激光器 1 射出的激光束经聚光镜 2 会聚成一球面波，经分束棱镜 3 分成两部分。透射光射向标准球面 4，透射的球面波的波面与标准球面准确同心，因此这部分光原路返回，再经分束棱镜反射，会聚成一亮点。这部分光为参考光。另一部分经分束棱镜反射，射向被测球面 5。调节被测球面使之与分束棱镜反射的球面波同心，则光从被测球面上反射后按原路返回。这部分光称为测试光，它透过分束棱镜后也会聚成一亮点。调节仪器使两个亮点准确重合，则人眼在光束会聚点 E 处可观察到由参考光和测试光形成的干涉条纹。根据

干涉条纹图案中的局部变形可以发现被测球面的面形局部误差。如果用平面反射镜 7 代替被测球面 5，也可以用来测量准直透镜 6 的波像差，如图 4-17（b）所示。

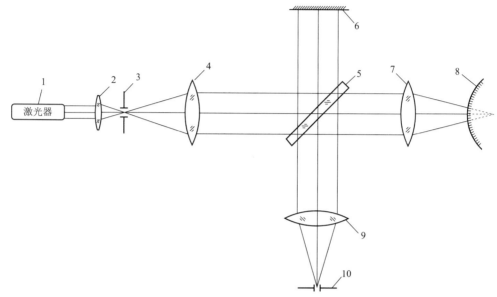

图 4-16　泰曼格林型激光球面干涉仪光路

1—光源；2—聚光镜；3—可变光阑；4—准直物镜；5—分束镜；6—参考反射镜；
7—标准透镜；8—被测件；9—观察物镜；10—观察光阑

为了消除分束棱镜带入的球差，可改用图 4-17（c）所示的立方镜组，凹透镜 8 和凸透镜 10 的曲率中心 C_8 和 C_{10} 重合，凸透镜 9 和凹透镜 11 的曲率中心 C_9 和 C_{11} 重合，在发散光束中不产生球差。

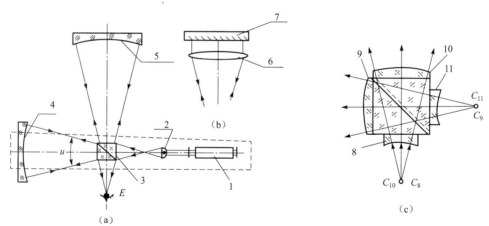

图 4-17　Shack 干涉仪光路

1—He-Ne 激光器；2—聚光镜；3—分束棱镜；4—标准球面；5—被测球面；
6—准直透镜；7—平面反射镜；8，11—凹透镜；9，10—凸透镜

由图 4-17（a）可以看出，对被测球面的曲率半径大小没有限制，参考光和测试光两臂的光程差可以相差很大，所以这种干涉仪只能使用激光光源。用小口径参考面检查大口径球

面和平面,是这种干涉仪的一大特点。该仪器体积小,使用方便,灵活机动,尤其适合生产部门用。

Shack 干涉仪虽然结构相较于泰曼格林干涉仪更加简便,但是其只能用于凹球面的面形检测,适用范围受限。

4.2.2 斐索干涉测量

1. 斐索平面干涉仪

(1) 光路和原理

图 4-18(a)是一种斐索平面干涉仪的基本光路图,图 4-18(b)是在出瞳处观察到的调整过程示意图。He-Ne 激光器 1 或汞灯 2 出射的光束经转换反射镜 3,由聚光镜 4 会聚于准直物镜 8 的焦点上的小孔光阑 5 处,光束透过分束镜 7 通过准直物镜 8 以平行光束出射,投射在标准平晶 9 上。它的下表面是标准平面 10,被测件 12 放在标准平晶 9 的下方,上表面是被测平面 11。一部分光线从标准平面 10 反射,而另一部分光线透过标准平面射到被测平面 11 上,由被测平面反射回一部分光线。这两部分反射光线都经分束镜 7 反射,在出瞳 14 处形成两个明亮的小孔像。标准平面 10 和被测平面 11 形成空气楔,通过旋转底座螺钉 13,使两者趋于平行。这时,在出瞳 14 前方约 250 mm 处观察出瞳,可见到两个小孔像逐渐趋于重合。观察者再将眼睛靠近出瞳 14 处,便可见到标准平面 10 和被测平面 11 之间形成的干涉条纹,如图 4-18(b)所示。调整底座螺钉 13,即改变空气楔的方位,干涉条纹的疏密和方位会做相应变化。如要记录干涉图,只要在出瞳 14 处放置一架照相机,并调焦在标准平面和被测平面之间的干涉条纹定域面上,就可以将干涉图样拍摄下来。

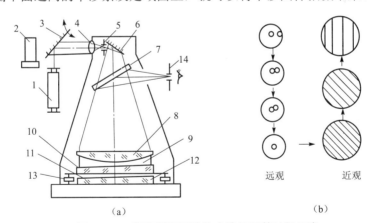

图 4-18 斐索平面干涉仪光路及调整过程示意

1—激光器;2—汞灯;3—转换反射镜;4—聚光镜;5—小孔光阑;6—反射镜;7—分束镜;
8—准直物镜;9—标准平晶;10—标准平面;11—被测平面;12—被测件;13—底座螺钉;14—出瞳

从光路图中可以看出,斐索平面干涉仪的参考光路与测试光路在参考面之前都是共光路的,因此消除了由于参考光路与测量光路受到干扰不一致引入的面形测量误差,相较于双光路干涉仪更加稳定。干涉仪内的光学元件只对出射镜头的最后一个面(参考面)的面形质量有极高的要求,从而降低了干涉仪内部光学元件的加工难度,干涉仪的制造成本相比泰曼格林干涉仪也更低。但是由于出射镜头的面形在加工完成后就已经确定,因此斐索平面干涉仪无法检测与参考面形差异过大的待测面形；此外，斐索平面干涉仪的参考光是参考面反射回去的光束所形成的，参考面的反射率一般在 4%，为得到对比度良好的干涉条纹图，若被检光学元件具有高反射率，则需要对测量光路的光强进行衰减，但是这大大降低了斐索平面干涉仪的光能使用效率。

为了形成对比度良好的干涉条纹，斐索干涉测量中必须注意以下几个问题。

① 光源大小和空间相干性。

小孔光阑 5 的尺寸会影响干涉条纹的对比度，其容许尺寸取决于空气楔的厚度，即标准平面和被测平面之间的空气层厚度。若用单色光波长 $\lambda = 546.1\ nm$ 的汞灯，准直物镜焦距 $f' = 250\ mm$，标准平面和被测平面间距离 $h = 5\ mm$，按式（4-8）算得小孔直径最大容许值 $2r_m = 2.6\ mm$。由于 $2r_m$ 与 $\sqrt{h}$ 成反比，即标准平面和被测平面间的空气层厚度 h 越小，容许光源尺寸越大，在干涉条纹对比度一定的条件下，干涉场的亮度越高。故在测量时应使被测平面尽量靠近标准平面。如果采用激光光源，就不必苛刻要求尽量减小空气层厚度 h。因为光阑孔径可以开小一些，也能保证干涉条纹有足够的亮度。

② 光源单色性和时间相干性。

在检验被测平面的面形时，可将被测平面 11 和标准平面 10 之间的空气层厚度 h 调整得相当小，例如不超过几毫米，使两支相干光束的光程差不超过普通单色光源的相干长度，就能形成良好的干涉条纹。这种情形，可用带 546.1 nm 滤色片的低压汞灯作光源。但也有两支相干光束的光程差不能调整到很小的情形，例如检验玻璃平板平行度时，两相干光束是由玻璃平板上、下表面反射的光束，其光程差为 $2nd$，其中 n 是玻璃折射率，d 是其厚度。当 d 较大时（例如 $d > 10\ mm$），汞灯的相干长度已不能满足要求。这时，必须用单色性好的激光器，常用的是 mW 级 He-Ne 激光器，其相干长度较大，亮度也足够。

鉴于上述两个原因，现代的斐索平面干涉仪都用激光光源。

③ 消除杂散光的影响。

由图 4-18（a）可看出，平行光在标准平晶的上表面和被测件的下表面都会反射一部分光而产生非期望的杂散光，这些杂散光叠加到干涉域内，会影响待测干涉条纹的对比度。解决的办法是，常把标准平晶做成楔形板，以阻止标准平晶上表面反射的光线进入小孔光阑 14。另外，可在被测件的下表面涂抹油脂等，以减小其下表面产生的杂散光。

④ 标准平晶。

一般对于口径不大的被测件，由标准平晶提供斐索平面干涉仪的测量基准（即标准平面），因此对标准平晶的面形误差有极严格的要求，其口径必须大于被测件的口径。当标准平晶的口径大于 200 mm 时，其加工和检验都十分困难。为了保证标准平面的准确度要求，除了在加工中严格控制外，制作材料也应选用线膨胀系数小、残留应力小和均匀性好的光学玻璃，安装时要防止产生装夹应力。对大口径标准平晶还要考虑自重变形。如被测平面是高反射率镜面，为使两支反射光束的强度相近，以保证干涉条纹有良好的对比度，标准平面还应镀析光膜。

在检测大口径、高面形精度的被测件时，常用液体的表面作为基准平面。此时的斐索平面干涉仪不用标准平晶，使被测平面朝下对向液面。一个处于静止状态的液面具有与地球相等的曲率半径，地球半径约为 6 370 km，液面口径为 500 mm 时，其液面的平面度误差仅为

$\lambda/100$。可见，把液面作为一个基准平面使用是十分理想的。使用液体表面作为标准平面的主要关键是要使液体处于静止状态。环境的微小震动、温度梯度的影响、气流、静电荷分子引力以及液体自身的不均匀性等都会使液体表面处于不断的"波动"中，使测量无法进行。还要考虑液体与容器内壁接触处的表面张力的影响。因此，除了对环境影响严格控制外，还应选用黏度较大的液体，常用的有液态石蜡、硅油、扩散泵油、精密仪表油和水银等。医用液体石蜡易受外界震动的影响。水银相对密度大，受外界干扰后能很快稳定下来，但水银蒸气有毒，其表面易氧化，使用时应特别注意。总之，以液体为基准平面的激光平面干涉仪多用于大口径（ϕ200 mm 以上）、高准确度（光圈 $N<0.1$）的场合，不适合车间现场使用。

⑤ 准直物镜的像差控制。

干涉仪中的准直物镜主要是为了给出一束垂直入射于标准平面的平行光，然而，如果物镜存在像差，则出射光不再为平行光。以角像差 θ 入射至空气隙上的光，在形成干涉条纹的光程差中增加了一个附加的光程差 $h\theta^2$。如要求由此引起的测量不确定度不超过 0.01 光圈，空气隙厚度 h 为 50 mm，求得准直物镜的角像差 $\theta<1'$。显然，设计满足这样要求的物镜并不困难。

（2）测量平面面形

① 测量方法。

将被测件的被测面清洁后，放在标准平面之下可以作水平调节的承物台上。通过调节承物台使两表面反射光斑像重合，在小孔光阑处即可观察到定域于空气隙之间的等厚干涉条纹。关于条纹的判读和处理，则与前述泰曼格林干涉仪测平面面形的情形完全相同。

由于斐索平面干涉仪的标准平面的反射率低的缘故，与泰曼格林干涉仪的情形不同，适于测量未镀高反射膜的工作面形。

斐索平面干涉仪还可以测曲率半径特别大的光学球面曲率半径。如图 4-19 所示，只要测出孔径为 D 的范围内干涉条纹数 m，根据矢高公式，可以按下式得出曲率半径

$$R = \frac{D^2}{4m\lambda} + \frac{m\lambda}{4} \approx \frac{D^2}{4m\lambda} \tag{4-25}$$

如以干涉条纹密度 $m/D=1$ mm^{-1}，$\lambda=0.6\times10^{-3}$ mm，$D=100$ mm 代入式（4-25），其最小可测半径为 40 m；如以 $m=1$ 代入式（4-25），其最大可测半径为 4 000 m。按间接测量的不确定度传播公式，易得其测量标准不确定度为

$$\frac{u(R)}{R} = \sqrt{4\left[\frac{u(D)}{D}\right]^2 + \left[\frac{u(m)}{m}\right]^2 + \left[\frac{u(\lambda)}{\lambda}\right]^2} \approx \frac{u(m)}{m} \tag{4-26}$$

它主要取决于条纹数 m 采集的不确定度，数值为 1%～10%。

② 测量不确定度。

用斐索平面干涉仪测被测件的平面面形，其不确定度主要来自标准平面的面形不确定度 u_1、准直物镜像差引起的面形不确定度 u_2 以及条纹采集和判读引起的面形不确定度 u_3，由此合成的标准不确定度为

$$u = \sqrt{u_1^2 + u_2^2 + u_3^2}$$

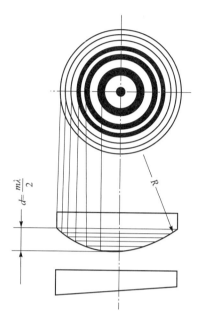

图 4-19 斐索平面干涉仪测大曲率半径

按 $u_1=0.005\lambda$（液面有效口径 $\phi 250$ mm 以内），$u_2=u_3=0.05\lambda$ 估计，$u=0.07\lambda$，其测量不确定度主要来自后两项。

（3）测量玻璃平板的平行度

① 测量方法。

如图 4-18 中卸去标准平晶 9，把被测玻璃平板放在准直物镜下方的承物台上，调节承物台，使由准直物镜出射的平行光垂直入射到被测玻璃平板上。光线经玻璃平板上、下两表面反射后，形成等厚干涉条纹。如果玻璃平板材料均匀，表面面形质量又好，则干涉条纹应是平行的等间隔直条纹。设在长度为 b 范围内有 m 个条纹，长度 b 两端的对应厚度分别为 h_2 和 h_1，则经被测玻璃两面反射的光程差方程为

$$2n(h_2-h_1)=m\lambda$$

故平行度 θ 为

$$\theta=\frac{h_2-h_1}{b}=\frac{m\lambda}{2nb} \qquad (4-27)$$

或

$$\theta=\frac{m\lambda}{2nb}\times 206\,265'' \qquad (4-28)$$

与泰曼格林棱镜干涉仪测平行度的式（4-16）比较，形式类同，只是分母以折射率 n 代替 $n-1$，故斐索平面干涉仪比泰曼格林干涉仪测平行度的灵敏度要高近 2 倍，但其测量平行度的最大值要低近 50%。

② 测量不确定度。

类似于泰曼格林干涉仪测量平行度的不确定度分析，有

$$u(\theta) = \theta \sqrt{\left[\frac{u(m)}{m}\right]^2 + \left[\frac{u(b)}{b}\right]^2 + \left[\frac{u(n)}{n}\right]^2} \qquad (4-29)$$

考虑到实际测量中条纹采集和估读的不确定度 $u(m)$ 影响最大，故斐索干涉仪和泰曼格林干涉仪测量平行度的标准不确定度相仿，约为 $0.2''$。

2. 斐索激光球面干涉仪

（1）光路和原理

图 4-20 是该干涉仪的基本光路图。图中标准物镜组的最后一球面与出射的高质量球面波具有同一个球心 C_0，即该面作为测量的参考球面。为了获得需要的干涉条纹，必须仔细调整被测球面，使被测球面的球心 C 与 C_0 精确重合。观察者通过目镜可以观察到分别由标准参考面和被测面反射回来的两束光所形成的等厚干涉条纹，也可以用 CCD 相机摄取干涉图样，由计算机进行干涉条纹显示、处理和波面恢复。

斐索激光平面干涉仪与斐索激光球面干涉仪的主要差别就在于前者用标准平晶的后平面做参考面，后者用标准物镜组的最后一个球面做参考面，它们的测量原理及其光路结构则是十分相似的。通过更换标准参考镜的方式，将两种用途合为一体后，可用于检测凸球面、凹球面、平面、非球面（抛物面等）的面形误差，以及光学系统的波像差等。

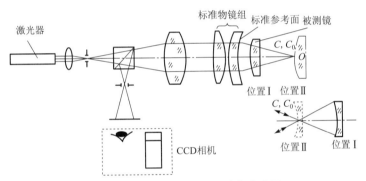

图 4-20 斐索激光球面干涉仪光路图

（2）测量球面面形误差

测量系统光路如图 4-20 所示。仔细调整光路，使被测球面的球心 C 与标准波面球心 C_0 精确重合。如果干涉场中得到等间距的直条纹，表明没有面形误差；若条纹出现椭圆形或局部弯曲，则可按前述方法予以判读。

显然，斐索激光球面干涉仪在测量中，通过轴向移动被测件，就可实现以一组标准物镜检测一定曲率半径范围内的球面。

（3）测量球面曲率半径

在图 4-20 所示光路图中，将被测球面的顶点 O 和球心 C 先后调整到与标准参考球面的球心 C_0 精确重合，这时被测零件从位置Ⅰ移动到位置Ⅱ的距离就是被测球面的曲率半径，它可由精密测长机构测出。

若被测球面曲率半径较大，则标准参考球面也应有较大的曲率半径，为了使仪器导轨不太长，通常干涉仪备有一套具有不同曲率半径参考球面的标准物镜组。当被测球面的曲率半径过大，超出仪器测长机构的量程时，可采用下述方法：如图 4-21 所示，首先进行调节使

C 与 C_0 重合（位置Ⅰ），接着使被测球面向标准参考球面慢慢靠近，直到使两者在顶点处相接（位置Ⅱ），则二位置之间距为标准参考面半径与被测球面半径之差。于是可得

$$R_{凸} = R_{标} - (R_{标} - R_{凸}) \qquad (4-30)$$

同理，可以测量凹面镜的曲率半径。

斐索激光球面干涉仪的用途是非常广泛的，它还可以用于屋脊棱镜屋脊角误差和高质量反射棱镜光学平行度的测量。

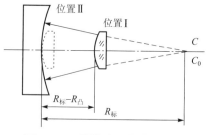

图 4-21 干涉法测量曲率半径

4.3 剪切干涉测量

在第 4.2 节中介绍的斐索干涉仪和泰曼格林干涉仪，其测试均需要利用一个标准的光学参考面。在多数情况下，这些标准参考面的口径要求大于被检波面的口径。当仪器的工作口径大于一定的数值，例如 200 mm 以上，干涉仪的制造将变得十分困难和昂贵。自 20 世纪 40 年代起，就有人开始研究一种不需标准参考面的波面剪切（也称波面错位）干涉技术，并出现了各种剪切方式的干涉仪。本节介绍波面剪切干涉的基本原理、横向剪切干涉的基本原理和横向剪切干涉仪及其应用。

4.3.1 剪切干涉的基本原理

所谓波面剪切干涉技术，就是通过某种剪切元件，将一个空间相干的波面分裂为两个完全相同或相似的波面，使两者彼此间产生一个小的空间位移，因为波面上各点是相干的，在两个波面的重叠区形成一组干涉条纹，通过分析和处理该干涉图形，可以获得原始波面的信息。

1. 实现波面剪切的方式

波面剪切的方式很多，图 4-22 所示分别为横向、径向、旋转和翻转剪切的示意图。图中 $ABCD$ 为原始波面，$A'B'C'D'$ 为剪切波面，原始波面和剪切波面的重叠区即为干涉区。

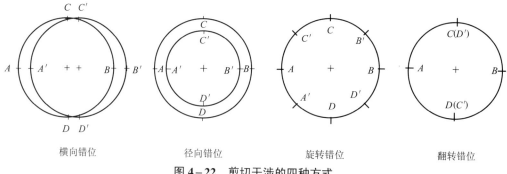

横向错位　　　径向错位　　　旋转错位　　　翻转错位

图 4-22 剪切干涉的四种方式

2. 实现剪切干涉的方法

（1）基于几何光学原理

利用光在剪切元件上的反射和折射实现波面的剪切。这种方法既可用于平行光路中，又

可用于会聚光路中。在目前已实现的剪切干涉装置中，绝大多数是属于这一类的。在这类方法中，最简单的装置当属用于平行光路中的单个平行玻璃平板。

如图 4-23 所示，一束准直的待测光束以入射角 i 射向平行玻璃平板，一部分光线在前表面反射形成原始波面，另一部分光线进入玻璃平板，经后表面反射并经前表面折射而形成剪切波面。两个波面的剪切量 S 的大小与玻璃平板的厚度 t 和折射率 n 以及光线的入射角 i 有关，关系式为

$$S = t\sin 2i(n^2 - \sin^2 i)^{-1/2} \tag{4-31}$$

一块玻璃平板做好后，t、n 都已确定，要改变剪切量，只有改变入射角 i。图 4-24 是在 $\lambda = 632.8$ nm、$n = 1.5147$（K9 玻璃）的情况下，S/t 与入射角 i 之间的关系曲线。在入射角 $i = 50°$ 附近，剪切量 S 最大，此时 $S \approx 0.76t$。

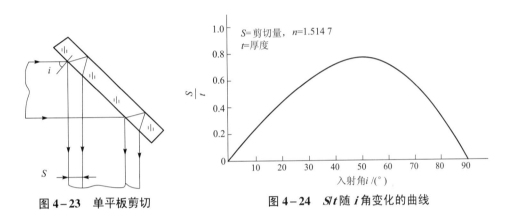

图 4-23　单平板剪切　　　　图 4-24　S/t 随 i 角变化的曲线

（2）基于衍射原理

用衍射原理也能实现波面剪切。其基本思想是将一个衍射光栅置于被测波面的聚焦点附近，利用光栅的衍射产生若干级次的彼此剪切的波面。由于高次衍射波束的强度减弱，实际用零级衍射和一级衍射的波面。

如一束会聚光入射在一个周期为 d 的透射式光栅上，其中心光线垂直于光栅，聚焦点与光栅面重合，会聚光束的锥顶角为 2α，由衍射光栅公式得一级衍射角

$$\theta = \arcsin(\lambda/d) \tag{4-32}$$

适当选择 d 值，使零级光束和 ±1 级光束皆有部分重叠而 ±1 级光束彼此分开。这个条件为 $\theta \geqslant \alpha$，即

$$d \leqslant 2\lambda F \tag{4-33}$$

上式表明，光栅周期的选择是由被测系统的 F 数和波长 λ 决定的。如 $F = 5$，$\lambda = 0.5$ μm，则 d 值为 5 μm，须用每毫米 200 条线的光栅。图 4-25 所示的是光栅栅距恰好使两个一级光束相切，并通过零级光束的中心的光栅干涉图。

用单个光栅不可能得到小的、不混杂的横向剪切量。改用双频光栅可获得任意小的剪切量。如图 4-26 所示，所选的较低频率光栅使零级衍射光束和一级衍射光束分开，选较高频率的一级衍射光束和较低频率的一级衍射光束产生剪切，而且剪切量决定于两个频率之差。如用两个完全相同彼此垂直的双频光栅，可在子午和弧矢方向同时获得剪切的干涉图，

如图 4-27 所示。

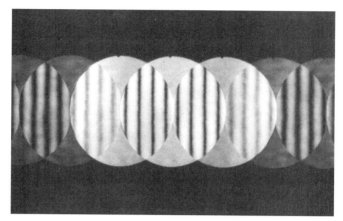

图 4-25 一种典型的光栅干涉图

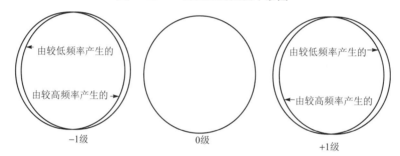

图 4-26 双频光栅两个一级光束剪切

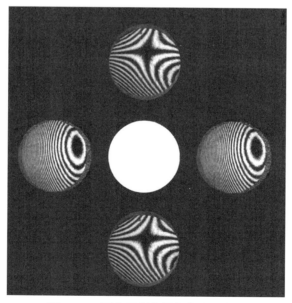

图 4-27 两个双频光栅的典型干涉图

（3）基于偏振原理

当一束光入射到双折射材料上时，会产生两束振动方向互相垂直的偏振光。利用这个偏振现象可以实现相干波面的剪切干涉。在这类方法中,利用晶体单平板实现波面剪切是比较简单实用的一种方法。

如图 4-28 所示,单轴晶体单平板的光轴与入射面垂直,用一束偏振方向与入射面成 45°的偏振平行光入射。由晶体的性质可知,出射光束将分裂为两束互相错开的平行光束,一束偏振方向平行于入射面,另一束偏振方向垂直于入射面。设晶体的寻常光折射率为 n_o,异常光折射率为 n_e,平板的厚度为 t,入射角为 i,可导出两束光之间的横向剪切量

$$S = \frac{t}{2}\sin 2i \left(\frac{1}{\sqrt{n_o^2 - \sin^2 i}} - \frac{1}{\sqrt{n_e^2 - \sin^2 i}} \right) \quad (4-34)$$

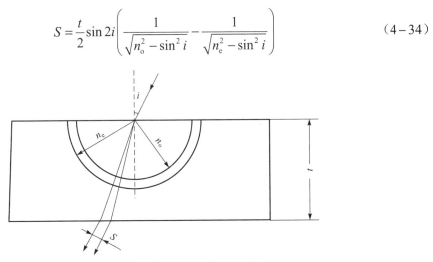

图 4-28 由晶体单平板产生剪切干涉

由上式可见,只要绕光轴转动晶体平板,就可达到剪切量连续可调的目的。

4.3.2 横向剪切干涉的测量原理

1. 横向剪切干涉的产生

图 4-29 所示是由默蒂(Murty)于 1964 年设计的一种单平板剪切干涉仪。激光器出射的光束经扩束与聚焦系统会聚于被测透镜的带有针孔的焦点处,形成一束准直的被测光束,射向平行平面玻璃板。一部分在前表面反射后形成原始波面,另一部分透过玻璃平板经其后表面反射,再经其前表面折射形成剪切波面,这两个波面在重叠区产生干涉。

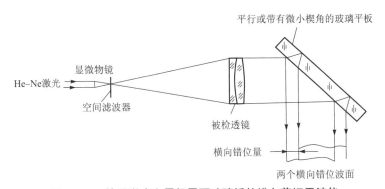

图 4-29 使用激光和平行平面玻璃板的横向剪切干涉仪

玻璃板是一个关键的剪切干涉元件。如式（4-31）指出的，剪切量的大小与玻璃板的厚度 t、折射率 n 和入射角 i 有关。玻璃板的两表面面形和光学材料的均匀性都应优良。在玻璃板的前后表面镀上反射膜可以增加条纹的强度，但会使二次以上的反射光叠加在原剪切的干涉图上，这是有害的。因此，玻璃板一般不镀膜。如玻璃板稍带楔形，则会在准直的剪切波面中引入一个固定不变的线性光程差；当在准直光束中旋转平板，只会改变条纹方向，但不会引起条纹疏密的变化。在光学实验中，常用此法准直扩束后的激光光束。

由于剪切用的玻璃板有一定的厚度，因此两个剪切的波面不是等光程的。用诸如高压汞灯等准单色光源不能产生良好的干涉图形，而必须用时间相干性良好的激光源。

图 4-29 中加入小针孔作为空间滤波器，是为了滤去非零频的衍射噪声，减小激光散斑效应的干扰。如在靠近小针孔的前方加入电机带动旋转的毛玻璃屏，还会更有效地改善激光干涉图形的质量。

2. 横向剪切干涉图的数学处理

剪切干涉的优点是不需要参考波面，但随之而来的缺点是干涉图与被测波面的关系不像普通干涉图那样简单、直观，这也是波面剪切干涉未能广泛使用的原因。因此，对剪切干涉图的分析处理变得格外重要。

图 4-30 所示为两个剪切波面，其原始波面记为 $W(x,y)$，(x,y) 是波面 P 点处的平面坐标，其剪切波面记为 $W(x-S_x,y)$，沿 x 方向的剪切量为 S_x。在波面的重叠区内，按光程差 $\Delta W(x,y)$ 为波长的整数倍，得干涉亮条纹的方程式为

$$\Delta W(x,y) = W(x,y) - W(x-S_x,y) = N_x \lambda \quad (4-35)$$

当 S_x 足够小的情形，可写为

$$\frac{\partial W}{\partial x} S_x = N_x \lambda \quad (4-36)$$

式中，N_x 为沿 x 方向错位 S_x 的干涉条纹序号，λ 为光波波长。

为提高处理原始波面的精度，需要采集另一幅正交方向剪切的干涉图。这是因为 x 方向剪切干涉图不反映 y 方向的波面变化，而且对接近剪切量 S_x 整数倍的波面谐波成分也变得不灵敏。如记另一方向的剪切量为 S_y，同理，这幅干涉图的亮纹方程式为

$$\frac{\partial W}{\partial y} S_y = N_y \lambda \quad (4-37)$$

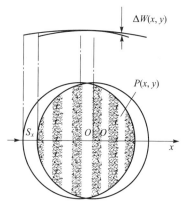

图 4-30　横向剪切波面

通过数值求解式（4-36）和式（4-37），获得原始波面 $W(x,y)$。以下介绍一种较好的算法。

用泽尼克（Zernike）多项式表示原始波面和两个剪切波面

$$W(x,y) = \sum_K A_K Z_K(x,y) \quad (4-38)$$

$$N_x \lambda / S_x = \sum_K B_K Z_K(x,y) \quad (4-39)$$

$$N_y \lambda / S_y = \sum_K C_K Z_K(x,y) \quad (4-40)$$

式中，$Z_K(x,y)$ 的表达式及其性质可参见 *Optical shop testing*。

如图 4-31 所示，在两幅正交的剪切干涉图上以 S_x 和 S_y 为间距作矩形网格，采集公共干涉域内网格点上的干涉条纹级次，代入式（4-39）和式（4-40），按 Schmidit-Gram 正交化法及其协方差法分别拟合出 B_K 和 C_K。比较式（4-38）和式（4-39）、式（4-40）的关系，可导出 A_K、B_K 和 C_K 的关系式，进而求得 A_K。

一个用以上算法处理剪切干涉图所得的被测波面的结果如图 4-32 所示。

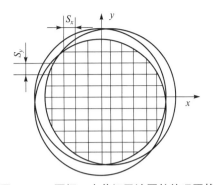

图 4-31　两幅正交剪切干涉图的处理网格

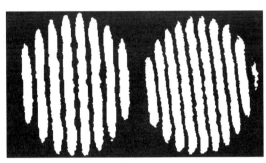

(a)

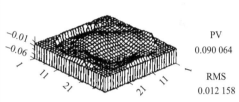

(b)

0.000 00	0.000 00	0.000 00	0.019 63	-0.039 26	0.020 66
0.014 69	-0.009 45	0.006 54	-0.013 77	-0.020 94	-0.013 09
0.000 00	0.020 19	-0.023 93	0.003 27	0.013 09	-0.010 33
0.002 95	0.008 26	0.006 54	0.000 00	0.007 00	0.033 23
0.001 96	-0.019 63	0.031 40	0.026 17	0.000 00	-0.002 95
-0.001 122	0.026 46	0.000 00	-0.003 06	-0.011 63	0.007 85

(c)

图 4-32　一个数值处理的例子

(a) x 方向剪切和 y 方向剪切干涉图；(b) 原始波面三维图；(c) 原始波面的泽尼克多项式系数 A_K

3. 典型初级像差所对应的横向剪切干涉图

剪切干涉图样不够直观、识别较复杂是剪切干涉仪的主要弱点。了解几种典型的初级像差的横向剪切干涉图样的特征，有助于判断被检波面存在哪些主要缺陷，这对实际工作是很有意义的。

波面用前述的式（4-18）表示，根据式（4-36）和式（4-37），讨论各种典型像差波面对应的剪切干涉图的特征。

（1）离焦

$$W(x,y) = D(x^2 + y^2)$$

其剪切干涉图样公式

$$2DxS = N\lambda$$

表示一组等间距的平行直条纹，条纹方向与剪切方向垂直，条纹密度正比于离焦量 D 的大小。当 $D=0$ 时，干涉条纹消失，呈现均匀一片的干涉场。图 4-33 所示为 D 小于、等于或大于零时一组横向剪切干涉图。根据上述干涉图的特征，可以将横向剪切干涉法方便地用于准确校正平行光管的视差。

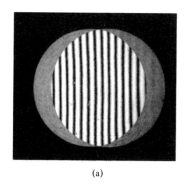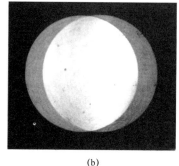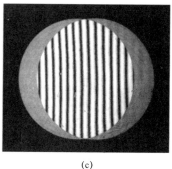

(a)　　　　　　　　　　　(b)　　　　　　　　　　　(c)

图 4-33　仅有离焦的横向剪切干涉图

(a) 焦前；(b) 焦点；(c) 焦后

（2）初级球差

$$W(x,y) = A(x^2 + y^2)^2$$

其剪切干涉图样公式

$$4A(x^2 + y^2)xS = N\lambda$$

表示一组 x 的三次曲线形状的干涉条纹。除球差外还同时存在离焦时，其剪切干涉图样公式为

$$4A(x^2 + y^2)xS + 2DxS = N\lambda$$

它们的横向剪切干涉图样如图 4-34 所示。

（3）初级彗差

$$W(x,y) = B(x^2 + y^2)y$$

因彗差是非旋转对称像差，故其横向剪切干涉条纹的形状随剪切方向的不同而不同。当在 x 方向剪切时，其剪切干涉图样公式

$$2BxyS = N\lambda$$

表示的是一组以 x 轴和 y 轴为渐近线的等轴双曲线型条纹，如图 4-35（a）所示。当在 y 方向剪切时，其剪切干涉图样公式

$$B(x^2 + 3y^2)S = N\lambda$$

表示的是一组椭圆形条纹，其长短轴之比为 $\sqrt{3}$，方向与 x 轴和 y 轴一致，如图 4-35（b）所示。

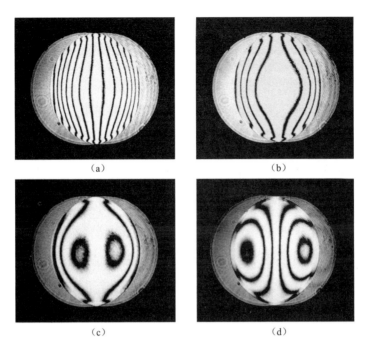

图 4-34 有初级球差与离焦的横向剪切干涉图
(a) 焦前；(b) 焦点；(c) 焦后；(d) 焦后

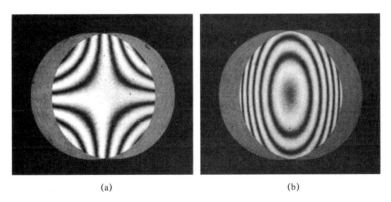

图 4-35 仅有初级彗差的横向剪切干涉图
(a) 焦点，弧矢方向剪切；(b) 焦点，子午方向剪切

(4) 初级像散

$$W(x,y) = C(x^2 + 3y^2)$$

当剪切方向与 x 轴或 y 轴一致时，它们的剪切干涉图样公式为

$$2CxS = N\lambda, \quad 6CyS = N\lambda$$

分别表示不同密度的直干涉条纹，如图 4-36 (a)、(b) 所示。当像散波面同时存在离焦时，剪切干涉图样公式为

$$2(C+D)xS = N\lambda, \quad 2(3C+D)yS = N\lambda$$

可见，当 $D = -C$ 或 $D = -3C$ 时，干涉场中将分别出现无条纹现象，对应的两个像面位置分

别是弧矢和子午焦点位置。如果剪切方向是子午、弧矢方向之间的某个方向，剪切量 $p=\sqrt{s^2+t^2}$，s、t 分别为弧矢、子午方向的剪切量，则剪切干涉图样公式为

$$2(C+D)xs + 2(3C+D)yt = N\lambda$$

它表示斜率为 $[(3C+D)t]/[(C+D)s]$ 的一组直条纹。当 $C=-D$ 时条纹垂直于 y 轴；当 $3C=-D$ 时条纹垂直于 x 轴。可见，从弧矢焦点到子午焦点连续离焦时，会产生干涉条纹旋转的现象。条纹从垂直于 y 轴转到垂直于 x 轴的离焦距离就等于像散值。

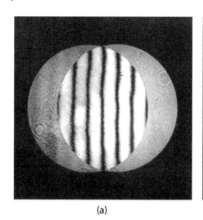 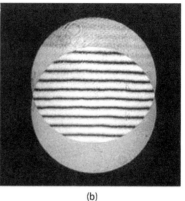

图 4-36　仅有初级像散的横向剪切干涉图
（a）近轴焦点，弧矢方向剪切；（b）近轴焦点，子午方向剪切

4.3.3　横向剪切干涉仪及其应用

如上所述，横向剪切干涉的实用装置简单，只是对剪切干涉图的判读与数值处理比普通干涉图要复杂。随着计算机及数字图像处理技术和激光器的发展，剪切干涉技术以其成本低、共光路等特点得到更加广泛的应用。下面介绍几种横向剪切干涉仪及其应用。

1. 平板型横向剪切干涉仪及其应用

哈瑞哈兰（Hariharan）于 1975 年曾提出一种改型的平板剪切干涉仪。其原理如图 4-37 所示，采用两块玻璃平板，由前一块平板 P_1 的后表面与另一块平板 P_2 的前表面之间的"空气隙"构成一个剪切元件。一个被测波面 W 被两块平板的后、前表面反射后，形成两剪切的波面 W_1 和 W_2。平板 P_2 沿入射光束的光轴前后移动，改变了两平板间的空气隙，或刚性转动两平板与光轴的夹角，均可以改变剪切量；平板 P_2 绕垂直于纸面的轴线偏摆时，可引入变化的倾斜量，以实现对干涉条纹疏密与方向的调整。

一个实用的双平板剪切干涉实验装置的光路如图 4-38 所示。它由激光聚焦系统、剪切部件、图像采集与处理系统、准直透镜等四部分组成。激光聚焦系统包括 He-Ne 激光器、显微扩束系统和空间滤波器。剪切部件包括两玻璃板及平移与偏摆后板的微调机构。前板的前表面镀增透膜，后板背面为毛面，使这两个面尽量减少光反射。前板材料的均匀性和面形、后板的前表面面形的缺陷均会直接带入被检波面中，应保证其高质量。剪切后的干涉光束经摄像和微机处理系统处理后，由显示器和打印机输出被测波面的信息。这种干涉装置有如下特点：

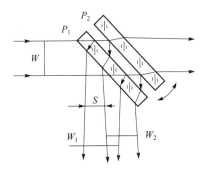

图 4-37 双平板剪切干涉原理

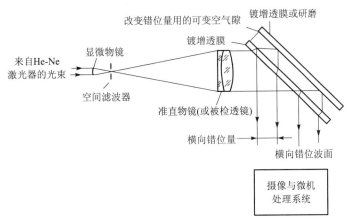

图 4-38 双平板剪切干涉装置

① 单光路工作方式,对环境及防震的要求不高,有利于生产和科学实验现场使用。

② 两支光程只相差一层薄的空气隙,对光源的单色性要求不是很高,可用一般的 He-Ne 激光器或固体激光器。

③ 用空气隙作剪切元件,其剪切量和倾斜量均可调,有利于改善对干涉图的处理精度。

下面介绍单平板和双平板剪切干涉仪的若干应用。

(1) 激光束波面质量的检测

波面质量的检测只关注波面的形状,即相位变化,而不关心波面的强度分布。设激光经单平板剪切元件前表面反射的波面为

$$W_1(x, y) = D(x^2 + y^2) \qquad (4-41)$$

经后表面反射的波面为

$$W_2(x, y) = D[(x - S_x)^2 + y^2] + b_1 + b_2 x \qquad (4-42)$$

式中,D 为波面的离焦系数,$D = 1/(2R_z)$,其中 R_z 为该处的波面曲率半径。以下,由剪切干涉图导出该波面的曲率半径公式,并判断波面的会聚与发散。

将以上两式代入式(4-35),有

$$(2DS_x - b_2)x - DS_x^2 - b_1 = N_x \lambda$$

其相邻条纹的方程式为

$$(2DS_x - b_2)(x + b_x) - DS_x^2 - b_1 = (N_x + 1)\lambda$$

两式相减后，得

$$b_x = \frac{\lambda}{2DS_x - b_2}$$

或

$$R_z = \frac{S_x b_x}{\lambda + b_2 b_x} \quad (4-43)$$

式中，b_x 为沿 x 方向剪切的干涉条纹的间距；b_2 为剪切元件等效空气隙的夹角的两倍，即 $b_2 = 2n\beta$，n 为玻璃板的折射率。

当采用双平板干涉仪时，可以方便地用激光点光源法调节空气隙严格平行。这时，检测 R_z 变得更为方便，公式简化为

$$R_z = \frac{S_x b_x}{\lambda} \quad (4-44)$$

为判断激光束是会聚还是发散，只需将剪切部件移近一个位置，观察干涉图的条纹间距如何变化。如条纹间距变宽，这说明曲率半径 R_z 变大，则判断激光束是会聚的。如相反情形，则可以判断其激光束是发散的。如果激光束不仅有会聚与发散，还常有其他的波面变形特征，则需进一步由干涉仪的干涉图处理系统获得激光束波面面形的完整评价。

类似以上的分析方法，可以用双平板两表面之间严格平行的空气隙作剪切元件，调校准直物镜的针孔准确位于焦面上，这时对应干涉域上的条纹完全消失。如果改用一楔形平板，可以进一步提高准直的准确度。操作的步骤是，先使楔板垂直于准直物镜的出射光束，由两支反射光束产生的等厚干涉条纹指示出光楔方向。旋转楔板直至条纹呈水平方向。然后，转动楔板与入射光束成 45° 角，观察剪切干涉图的条纹方向。轴向移动准直物镜，直至条纹又处于水平方向，就可断定针孔严格位于焦面上。

（2）检测激光晶体材料的光学均匀性

如图 4-39 所示的装置中，在未放入试样前调出便于观察的等间距平行直条纹。然后，将圆形激光晶体棒料放入（棒料的两端面已严格磨平抛光）。这时，比较穿过棒料形成的剪切干涉条纹与原背景条纹的差异，灵敏地显示出被检棒料的光学均匀程度。图 4-40（a）中，工件的条纹与背景条纹比较一致，表明该工件的均匀性好；图 4-40（b）中，工件的条纹

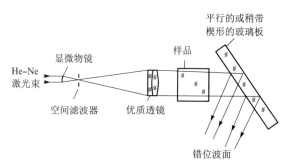

图 4-39 检测激光晶体的均匀性

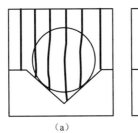
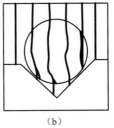

图 4-40 激光晶体均匀性的剪切干涉图

明显变形且疏密不一，表明该工件均匀性不好。通过干涉图处理系统还可以输出表征均匀性的定量指标。与一些工厂所使用的泰曼格林干涉仪检测激光晶体材料均匀性的情况相比，可以大大降低仪器成本，并有利于对激光棒在工作状态下作实时检测。

2. 棱镜式横向剪切干涉仪及其应用

上述单平板和双平板剪切干涉仪主要用于准直光路，适用于检测接近平面的波面。如果被检的是有一定孔径角的会聚波面，单平板和双平板剪切元件会因剪切的光程差过大而变得无能为力。会聚波面接近一个球面，在其曲率中心附近放置适于会聚光的横向剪切元件，显然剪切元件的尺寸可以做得很小。图 4-41 所示是由两个带有一定楔角的球台形光学零件胶合而成的剪切元件，在其胶合面上镀有分束膜，在上下平面上镀有反射膜。当两反射面与分束面的夹角皆为 θ 时，两个出射波面的横向剪切角

$$\alpha = 4\theta \tag{4-45}$$

这种形式的横向剪切干涉仪适用于会聚光路中工作。由于剪切元件的入射面和出射面都是球面，所以能通过大孔径角的会聚光束；两剪切波面间严格等光程，因此甚至能在白光光源下工作。

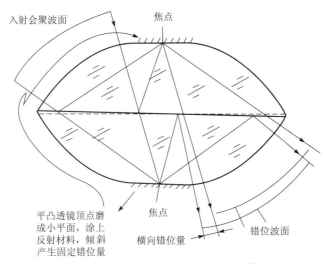

图 4-41 球台形棱镜横向剪切元件

图 4-42 是另一种会聚光剪切干涉组件。它由分束棱镜 2 和两块平面反射镜 3 与 3′组成。被测系统的后焦点 F' 应与反射镜 3 与 3′重合。当反射镜 3′绕点 F' 转动一个小角度，便得到横向剪切干涉图；而当反射镜 3′沿其法线方向移动，由于两反射镜距分束棱镜 2 的出射面距离

不等，可得到径向剪切干涉图。能获得两种剪切波面（径向、横向），并且剪切量皆可改变，是这种干涉仪的突出优点。

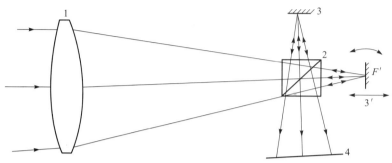

图 4-42 由分束棱镜和两块反射镜组成的剪切干涉组件
1—被测物镜；2—分束棱镜；3，3′—平面反射镜；4—投影屏

这种剪切干涉仪的一个重要应用是可检验大型天文望远镜的补偿器波前的形状。补偿器需要有与被检验的反射镜面的理论形状一致的波前，其波像差不超过 $\lambda/30$。图 4-43 是检验口径为 160 mm 的三透镜补偿器波前用的装置原理图。该补偿器曾用于检验直径为 6 m 的抛物面反射镜的面形（参见《光学系统的研究与检验》[M]，徐德衍，等译，1983）。为了检验补偿器出射的波前，可以根据补偿器的设计参数由计算机生成理论剪切干涉图形，与实验获得的干涉图形相比较，以指导补偿器的修磨。

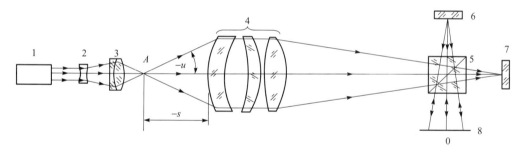

图 4-43 检验补偿器用的剪切干涉装置
1—激光器；2—负透镜；3—显微物镜；4—被检补偿器；5—分束棱镜；6，7—平面反射镜；8—投影屏

3. 偏振移相式横向剪切微分干涉仪

下面再介绍一种采用偏振移相及横向剪切技术的微分干涉仪，采用共光路布局，不需要标准参考反射镜和机械扫描机构，对振动等外界干扰不敏感，在不采取隔振和恒温等环境控制措施的一般环境条件下即可达到 0.1 nm 的垂直分辨力。

如图 4-44 所示，由光源发出的光经扩束、准直后再由起偏器变成线偏振光，经分束棱镜射向渥拉斯顿偏振分光棱镜，该棱镜将其分成两束传播方向具有微小夹角且振动方向互相垂直的线偏振光，通过显微物镜后，产生剪切（错位）量为 Δx 的平行光入射到被测表面。从被测表面返回的两束正交偏振光再经显微物镜原路返回，由渥拉斯顿棱镜重新共线，然后通过 $\lambda/4$ 波片和检偏器后产生干涉，被 CCD 接收。

设渥拉斯顿棱镜的剪切方向为 x，则干涉场上的光强分布为

$$I(x,\theta) = I_1 + I_2 \sin(2\theta + \phi(x)) \tag{4-46}$$

式中，I_1 和 I_2 分别为直流背景光强和交流背景光强；θ 为检偏器方位与晶体光轴的夹角；$\phi(x)$ 为被测相位，它与被测表面轮廓有关。

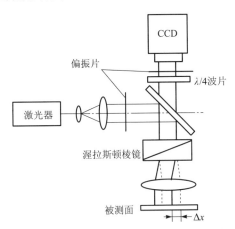

图 4-44 偏振移相式横向剪切微分干涉仪

从式（4-46）可见，微分干涉图像中的光强分布不仅与被测相位 $\phi(x)$ 有关，而且还与检偏器方位角 θ 有关。因此，可通过旋转检偏器对微分干涉图像进行调制，采用移相干涉技术直接测量被测相位的分布。与压电晶体移相干涉方法相比，这种旋转检偏器移相的方法不存在非线性、滞后和漂移等问题，具有很高的测量准确度。

被测表面的轮廓 $H(x)$ 满足下面方程

$$\frac{dH(x)}{dx} = \frac{\lambda}{4\pi} \frac{\phi(x)}{\Delta x} \tag{4-47}$$

由数字 CCD 相机和计算机组成的数字图像采集系统，将采集的离散数字图像数据按如下的数值积分法算出表面轮廓

$$H(x_i) = \frac{\lambda}{8\pi} \frac{\Delta l}{\Delta x} \sum_{k=1}^{i} [\phi(x_{k-1}) + \phi(x_k)] \tag{4-48}$$

4.4 移相干涉测量

传统的干涉测量方法都是通过直接判读干涉条纹或其序号来获取有用信息的。在多种因素的制约下，特别是条纹判读准确度的限制，传统的干涉测量不确定度只能做到 $\lambda/10 \sim \lambda/20$（峰谷值偏差）。20 世纪 70 年代以来，出现了一种高精度的移相干涉测量技术，它采用精密的移相器件，综合应用激光、电子和计算机技术，实时、快速地测得多幅相位变化了的干涉图，从中处理出被测波面的相位分布，如不计标准参考面的基准误差，其测量不确定度不大于 $\lambda/50$。本节介绍移相干涉测量的基本技术和测量仪器。

4.4.1 移相干涉测量原理

如图 4-45 所示的双光束泰曼格林干涉仪，若在其参考镜上装上压电陶瓷移相器（PZT），由驱动电路驱动参考镜产生几分之一波长量级的光程变化，也就是在参考光路中引入一个随

时间变化的相位调制，从而使干涉场产生变化的干涉图形。干涉场的光强分布可表示为

$$I(x,y,t) = I_d(x,y) + I_a(x,y)\cos(\phi(x,y) - \delta(t)) \tag{4-49}$$

式中，$I_d(x,y)$ 为干涉场的直流光强分布；$I_a(x,y)$ 为干涉场的交流光强分布；$\phi(x,y)$ 为被测波面与参考波面的相位差分布，有时不加区别地称为被测波面相位；$\delta(t)$ 为两支干涉光路中由移相器引入的可变相位。

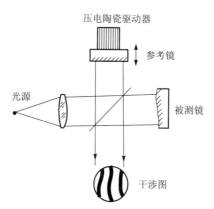

图 4-45 装有一种移相器件的泰曼格林干涉装置

传统的干涉测量方法是，固定 $\delta(t) = \delta_0$，直接判读一幅干涉图中的条纹序号 $N(x,y)$，由此获得被测波面的相位信息 $\phi(x,y) = 2\pi N(x,y)$。由于干涉域的各种噪声、探测与判读的灵敏度限制及其不一致性等因素的影响，其条纹序号的测量不确定度一般只能做到 0.1，相应的被测波面的面形不确定度在 $0.1\lambda \sim 0.05\lambda$ 的水平。

为进一步减小干涉测量的不确定度，现引入一个可变的调制量 $\delta(t)$，采集多幅干涉图的光强分布 $I(x,y,t)$，用优良的数值算法解出 $\phi(x,y)$。对于干涉场中的某点 (x,y)，式（4-49）中 I_d、I_a 和 ϕ 均为未知，理论上至少需 $\delta(t_1)$、$\delta(t_2)$ 和 $\delta(t_3)$ 三幅干涉图才能求解出 $\phi(x,y)$。

一般地，不妨取

$$\delta_i = \delta(t_i), \ i = 1,2,\cdots,N \qquad (N \geq 3)$$

于是可改写式（4-49）为

$$\begin{aligned} I(x,y,\delta_i) = I_i(x,y) &= I_d(x,y) + I_a(x,y)\cos(\varphi(x,y) + \delta_i) \\ &= a_0(x,y) + a_1(x,y)\cos\delta_i + a_2(x,y)\sin\delta_i \end{aligned} \tag{4-50}$$

式中

$$a_0(x,y) = I_d(x,y)$$
$$a_1(x,y) = I_a(x,y)\cos(\phi(x,y))$$
$$a_2(x,y) = -I_a(x,y)\sin(\phi(x,y))$$

按如下的最小二乘原理

$$\sum_{i=1}^{N}[I_i(x,y) - a_0(x,y) - a_1(x,y)\cos\delta_i - a_2(x,y)\sin\delta_i]^2 = \min$$

得

$$\begin{bmatrix} a_0(x,y) \\ a_1(x,y) \\ a_2(x,y) \end{bmatrix} = \boldsymbol{A}^{-1}(\delta_i)\boldsymbol{B}(x,y,\delta_i) \tag{4-51}$$

式中

$$\boldsymbol{A}(\delta_i) = \begin{bmatrix} N & \sum \cos \delta_i & \sum \sin \delta_i \\ \sum \cos \delta_i & \sum \cos^2 \delta_i & \sum \cos \delta_i \sin \delta_i \\ \sum \sin \delta_i & \sum \cos \delta_i \sin \delta_i & \sum \sin^2 \delta_i \end{bmatrix}$$

$$\boldsymbol{B}(x,y,\delta_i) = \begin{bmatrix} \sum I_i(x,y) \\ \sum I_i(x,y)\cos \delta_i \\ \sum I_i(x,y)\sin \delta_i \end{bmatrix}$$

最后，被测相位 $\phi(x,y)$ 可通过 $a_2(x,y)$ 与 $a_1(x,y)$ 的比值求得

$$\phi(x,y) = \arctan\left(\frac{a_2(x,y)}{a_1(x,y)}\right) \tag{4-52}$$

特殊地，取四步移相，即 $N=4$，且将

$$\delta_1 = 0, \ \delta_2 = \frac{\pi}{2}, \ \delta_3 = \pi, \ \delta_4 = \frac{3}{2}\pi$$

代入式（4-51）和式（4-50）得

$$\phi(x,y) = \arctan\left(\frac{I_4(x,y) - I_2(x,y)}{I_1(x,y) - I_3(x,y)}\right) \tag{4-53}$$

如果考虑干涉场中有固定噪声 $n(x,y)$、面阵探测器的灵敏度分布 $s(x,y)$，即式（4-49）可改为

$$I(x,y,t) = s(x,y)[I_0(x,y) + I_1(x,y)\cos(\phi(x,y) + \delta(t))] + n(x,y)$$

由于式（4-53）中含有减法和除法运算，上述干涉场中的固定噪声和面阵探测器的不一致性影响均自动消除。这是移相干涉技术的一大优点。

图4-46记录的是每步移相90°的五幅干涉图。在实时干涉图显示屏上，可以见到一条

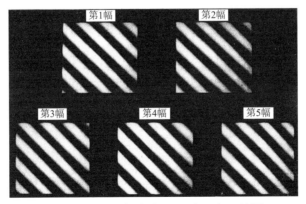

图4-46 记录每步移相90°的五幅干涉图

条的干涉条纹平行移动而移出干涉域边界。每移动一步，对应相位移动 90°。第 1 幅和第 5 幅的干涉图恰好对应移相 360°，条纹又完全复原。每读取一帧干涉图的光强信号，需要准确移相并等待相位变化停稳后进行。如有随机噪声，则会影响测值结果。为抑制随机噪声，可采取在每步移相变化的过程中，做积分平均，即

$$I_i(x,y) = \frac{1}{\Delta}\int_{\delta_i-\Delta/2}^{\delta_i+\Delta/2} I(x,y,\delta_i)\,\mathrm{d}\delta \quad (4-54)$$

式中，δ_i 为积分域中心处相位移动量，Δ 为积分域。

将式（4-50）代入上式得

$$I_i(x,y) = I_d(x,y) + I_a(x,y)\operatorname{sinc}\left(\frac{\Delta}{2}\right)\cos(\phi(x,y)+\delta_i) \quad (4-55)$$

式中

$$\operatorname{sinc}(\Delta/2) = \frac{\sin(\Delta/2)}{\Delta/2} \quad (4-56)$$

可见，积分移相对接收到的干涉图的光电信号的唯一影响是，降低了条纹的对比度，但随之带来的好处是抑制了随机噪声。其中，$\phi(x,y)$ 的测量误差减少至原来的 $1/\sqrt{NP}$，N 是移相步数，P 是积分求和点数。

激光移相干涉测量技术无须像分析静态干涉图那样寻找干涉条纹的中心或边界，甚至无条纹的干涉图形（整个视场被一条很宽的条纹覆盖）也能得到正确分析。通常，视场中的干涉条纹数量越少，可获得的测量精度就越高。激光移相干涉测量技术的另一个优点是，能有效消除干涉测量系统中固定的系统误差，可适当放宽对干涉仪光学元件制造精度的要求。

4.4.2 常见的移相方法

1. 压电晶体移相

当具有压电性的电介质置于外电场中，由于电场的作用，引起介质内部正负电荷中心产生相对位移，而这个位移又导致了介质的伸长变形。压电陶瓷材料是一种铁电多晶体，它由许多微小的晶粒无规则地"镶嵌"而成。在进行人工极化之前，它是各向同性的，显示不出压电性。在人工极化后，它就具有压电性，沿极化方向有一根旋转对称轴。常见的压电陶瓷材料有钛酸钡（$BaTiO_3$）、锆钛酸铅（$PbZrO_3-PbTiO_3$）、铌镁锆钛酸铅（PCW）等。其中，改进型的锆钛酸铅材料制成的压电陶瓷片（PZT），其伸长变形方向与电场方向平行，其微位移的线性好、转换效率大、性能稳定。在这种模式中，位移方程

$$\Delta h = DV$$

式中，Δh 为伸长量（μm），D 为压电陶瓷的压电系数（μm/V），V 为施加在压电陶瓷片上的电压。压电系数在电压变化过程中有微小的变化，即伸长量随电压的变化有一定的非线性，这是在使用中需要加以注意的。此外，伸长量的变化还具有一定的滞后性。

由于 PZT 具有非线性，因此必须进行非线性校正。校正的过程大致是，给 PZT 施加一个非线性电压

$$V_i = (A + Bi + Ci^2)\beta \quad i = 1, 2, \cdots, N$$

式中，A 为偏置电压，B 为线性系数，C 为二次项系数，β 为放大系数，i 为步进数。先给 PZT 一个初始电压，测出其位移变化，再与预置的相位变化比较，以决定修正系数 B、C，逐次逼近，直到非线性满足要求为止。

PZT 的主要性能指标有灵敏度、非线性、重复性和最大伸长量等。例如，一种适合光学移相干涉用的 PZT 产品，其灵敏度为 $0.01\,\mu m$，校正非线性达 1%，重复性为 1%，滞后误差 $\leqslant 6\%$，最大位移为 $5.55\,\mu m$，抗压强为 $1\,000 \sim 2\,000\,N/cm^2$，加电压为 $0 \sim 500\,V$。

2. 偏振移相

偏振移相法的基本思想是将一个被检的二维相位分布 $\phi(x, y)$ 转化为一个二维的线偏振编码场。这种编码场有两个特点：其一是振幅分布均匀；其二是各点的偏振角正比于该点的相位。

为检测这个编码场，需要一个检偏器。若检偏器的角度为 θ，它与线偏振光方向的夹角为 $[\phi(x,y)/2 - \theta]$，按马吕斯定律，检测到的光强如下式

$$I(x, y, \theta) = \cos^2\left(\frac{\phi(x, y)}{2} - \theta\right) = \frac{1}{2}[1 + \cos(\phi(x, y) - 2\theta)]$$

这也是干涉条纹形式，它有一个与检偏角有关的移相因子 2θ。只要改变检偏角 θ，即产生干涉条纹的移动，故又称为偏振条纹扫描干涉。

偏振移相法有两个优点，其一是检偏器的转角可以精密控制，故移相准确度高；其二是特别适用于干涉系统难以改变干涉臂光程的场合。此法的缺点是难以制作大口径高质量的偏振元件（如线偏振器、波片等）。

3. 光栅衍射移相

光栅衍射移相又称多通道的移相干涉测量技术。其方法是，用一光栅的各级衍射光（如 0 级和 ± 1 级）先拍摄一张全息图，然后让光栅在其平面内沿垂直于刻线方向移动一个距离 x，其结果又在 0 级与 ± 1 级的衍射光中引入了分别为 0、$\pm \delta$ 的相位变化。其中 $\delta = 2\pi x/d$，d 为光栅常数。用这种方法，一次即可得到三幅移相的干涉图像，故操作更为简便。但是，由于要使三级衍射光分开，故检测的数据取自探测器的不同部位，可能会引起一些误差。

4.4.3 典型移相干涉测量仪器

美国 ZYGO 公司的激光数字移相干涉仪是一种经典的、商品化的、功能齐全的精密干涉测量仪器，其中 GPI 系列干涉仪被我国引进甚多。近年来，又在原有数字移相干涉术的基础上，开发出了抗振动、空气扰动的相关技术，并采用高分辨、高帧率数字 CCD 相机实现了中频（空间频率）波前误差测量。图 4-47 是 Zygo DynaFiz 型动态激光干涉仪全貌，主机是通光口径为 4 英寸或 6 英寸①的卧式激光斐索干涉仪，与一般激光斐索干涉仪所不同的是多了一个移相机构。移相机构的内部装有压电陶瓷堆移相器件，配有专用的控制与驱动电路，由此产生多幅移相干涉图。主机内 CCD 相机分辨率为 $1\,200 \times 1\,200$，帧率为 $50\,Hz$，保证了快速、高密度的数据采集，由监视器实时显示对准状态和变焦放大的干涉图形。该型干涉仪在高干扰动态测量模式下的波前测量 RMS 重复性为 $\lambda/600(2\sigma)$，在常见的干扰环境下用普通测量模式，其波前测量 RMS 重复性可达 $\lambda/2\,500(2\sigma)$。

注：① 1 英寸 = 2.54 厘米。

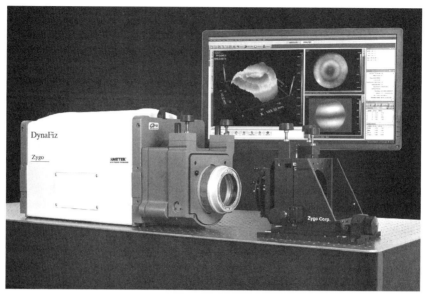

图 4-47　Zygo DynaFiz 型动态激光干涉仪外观

Zygo DynaFiz 型动态激光干涉仪除了主体部分外,它的计算机及其辅助设备均放在一张终端桌上。仪器配有功能强大的数据处理软件（Mx™分析软件），测量分析结果包括峰谷值 PV、均方根值 RMS、Zernike 系数、斜率、功率谱密度 PSD、点扩展函数 PSF、调制传递函数 MTF 等,以及二维和三维波面图形等。图 4-48 所示为该干涉仪测量某镜面输出的干涉图、波面图。

该干涉仪的光源采用 3 mW 的 He-Ne 高稳激光器,波长 $\lambda = 632.8$ nm,相干长度大于 100 m。为拓展和增强干涉仪的功能,还配备有干涉仪附件,包括：平面标准镜（精度 $\lambda/20$ PV）、球面标准镜（精度 $\lambda/10 \sim \lambda/20$ PV）、调整架、曲率半径测量附件等。

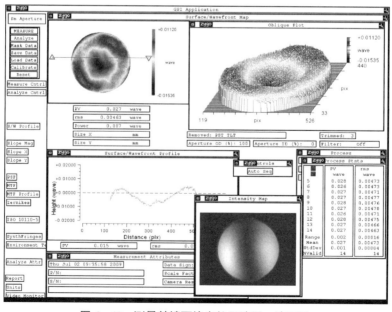

图 4-48　测量某镜面输出的干涉图、波面图

为更有效地实现对中频波前特征的测量和分析,另一款 Zygo Verifire™ HDX 型干涉仪配置的图像传感器分辨率达到 3.4k×3.4k(1 160 万像素)、帧率达 96 Hz,借助计算机分析软件可实现全面的数据分析。

瑞士 FISBA 的 FST10 型激光干涉仪则是另一种泰曼格林型的移相干涉仪,图 4-49(a)和图 4-49(b)分别是该仪器的测量光路原理图和外形图。其主机体积小巧,特别适合测量小试样的面形。图 4-50 是其测量结果的输出界面。

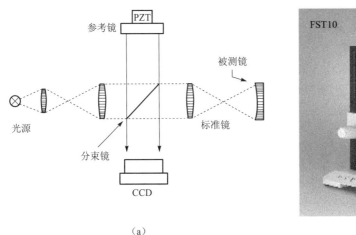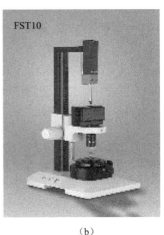

(a) (b)

图 4-49 瑞士 FISBA 激光移相泰曼格林型干涉仪外形与光路
(a) 泰曼格林型移相测量光路原理图;(b) FST10 型干涉仪外形

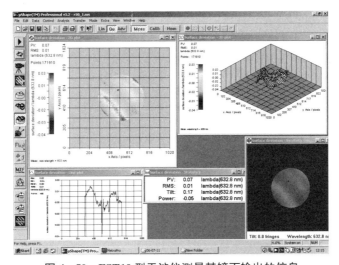

图 4-50 FST10 型干涉仪测量某镜面输出的信息

4.5 干涉测量典型光路

在对光学元件进行面形检测时,经常使用零位检验法来检验平面镜、球面镜以及非球面镜。所谓的零位检验就是当获得理想波前时,产生无条纹干涉场的检验,在干涉图上表现为"均匀一片色"的零条纹。如果在待检波前与参考波前之间加上一个倾角,并且二者的近轴曲率一样，就可以得到相互平行的直条纹。在这些条件下，任何与直条纹的偏离就是波前变形的表现。因为理想波前产生的干涉图形很容易识别，因此这是一种很理想的面形测量方法，而且可以用很高的精度测量它。

4.5.1 测量平面面形

以斐索干涉仪为例，平面镜的面检测光路如图4-51所示，检测时把被检平面放在基准平面后方，并且尽量把空气间隙的厚度调到最小。在成像透镜位置可以看到由两个面反射光形成的两个针孔像，调节被测面的倾斜可以观察到针孔像的移动，当这个针孔像与基准平面的针孔像重合时，停止调整被检平面，在平面P的位置就可以看见干涉条纹。图4-51所示光路与前述图4-18相似。

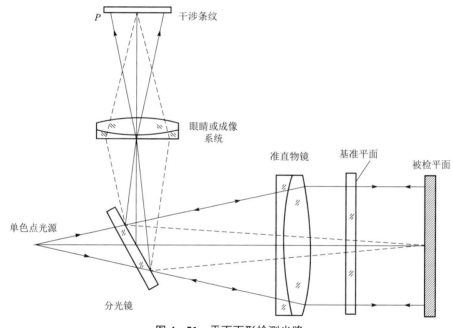

图4-51 平面面形检测光路

以基准平面样板的出射面作为参考面时，为减少平面样板另一面产生的反射，可以在平面样板的另一面镀增透膜，或者（更常用）将基准平面样板做成楔形（为10~20弧分）。

4.5.2 测量凹球面面形

使用斐索干涉仪对凹球面进行检测的光路图如图4-52所示。可以采用基准平面或凹基准面来检测凹球面。图4-52（a）是采用凹基准面作为参考面来测量凹球面的示意图，调节出射光束焦点与被检凹球面的曲率中心重合，则光线由被检凹球面原路反射回；图4-52（b）中，干涉仪发出的准直光通过基准平面后用另一个经良好校正的透镜再聚焦，调节被检凹球面的曲率中心与透镜的焦点重合，则反射回来的波阵面仍是平面。回射的参考光与测量光的干涉，就可以获得干涉条纹。

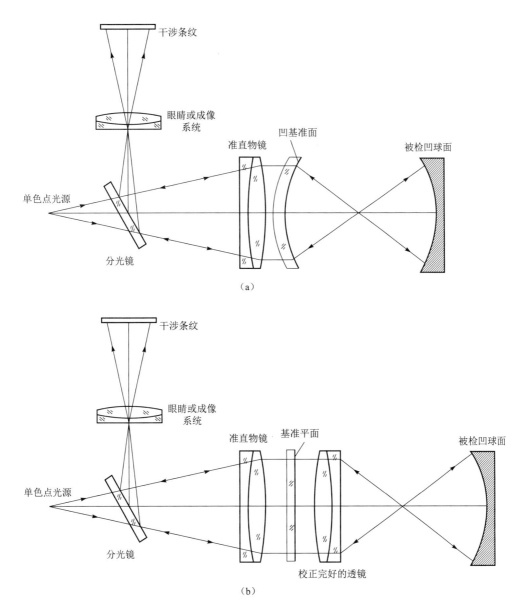

图 4-52 采用凹基准面或基准平面检测凹球面的光路简图

4.5.3 测量凸球面面形

凸球面测量光路与凹球面类似，也需调节被检球面的球心与光束的聚焦点重合，如图 4-53 所示。图 4-53（a）是用凹基准面来检测凸球面的示意图，图 4-53（b）是用基准平面和另一个经良好校正的透镜来检测凸球面。从图中可见，检测凸球面所用的基准面口径要比被检面大，当被检凸球面口径较大时用斐索干涉仪检测就会存在很多问题。

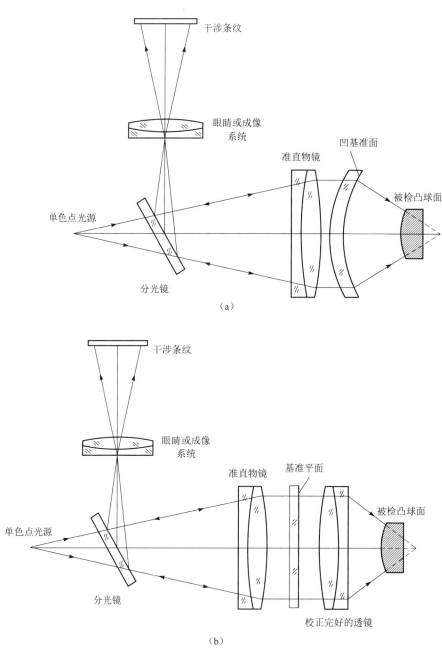

图 4-53 采用凹基准面或基准平面检测凸球面的光路简图

4.5.4 测量抛物面等二次曲面

非球面光学元件在光学系统中是非常重要的,在光学系统中使用非球面镜可以减小像差,同时也可以减少光学元件的数量。当以 z 轴为旋转轴时,旋转对称光学面的面形可由下面的关系式表示

$$z = \frac{cr^2}{1+[1-(1+k)c^2r^2]^{1/2}} + A_1r^4 + A_2r^6 + A_3r^8 + A_4r^{10} + \cdots \quad (4-57)$$

式中，$r^2 = x^2 + y^2$；c 为非球面顶点曲率，即 $c = 1/R$，R 为顶点曲率半径；A_1、A_2、A_3、A_4 是非球面形变系数；k 为二次曲面常数，是二次曲面偏心率的函数（$k = -e^2$）。如果式（4-57）中的 A_i 均为零，这个光学面就是二次回旋曲面。二次曲面的二次常数值如表 4-3 所示。

表 4-3 二次曲面的二次曲线常数值

二次曲面类型	二次曲面常数值
双曲面	$k < -1$
抛物面	$k = -1$
长的回旋椭球体（绕长轴旋转的椭球体，长轴沿光轴方向）	$-1 < k < 0$
球面	$k = 0$
扁平的回旋椭球体（绕短轴旋转的椭球体，短轴沿光轴方向）	$k > 0$

对于各种二次曲面的零位检验，通常利用各种二次曲面的无像差共轭点法进行检验。二次曲面的无像差点也就是焦点。无像差点检验的原理是将理想光源放在二次曲面的一个焦点处，光线入射到表面后被反射，反射光将会聚在二次曲面的另一个焦点处。如果在反射光路中放置一反射球面，使其球心与会聚焦点重合，那么光线经该球面反射后会沿原路返回，再次会聚在光源处。此时，若被检镜是理想的，则反射波前将是一个无像差的理想球面，易于用干涉仪进行测量。对于凹抛物面，只需一块基准平面镜作为辅助镜；对于双曲面，需要一个给定曲率半径的凹球面作为辅助镜；对于凹椭球面，甚至不需要任何辅助镜。由于用到的辅助镜至少与被测镜口径相同，例如对于凹抛物面，辅助平面镜至少与被测镜口径相同；对于双曲面，辅助镜的口径要比被测镜口径大数倍，因此这种检验方法不适合大口径二次曲面镜的检测。

（1）凹抛物面检测

如果抛物面镜不是特别大，可以采用与光学平面镜相结合的方法进行波前检验，常见的测试光路如图 4-54 所示。

（2）凹椭球面检测

椭球面有时也称为长球体表面，它是由椭圆绕长轴得到，可以利用共轭点对其进行检验，这对共轭点位于有限远处且距离不等，如图 4-55 所示。在泰曼格林干涉仪中，可以使用类似如图 4-56 所示的光路，这是由施瓦德（Schwider，1999）提出的。干涉仪两臂上必须使用完全一样的透镜，只有这样才能保证由两个透镜引入的像差是一样的。

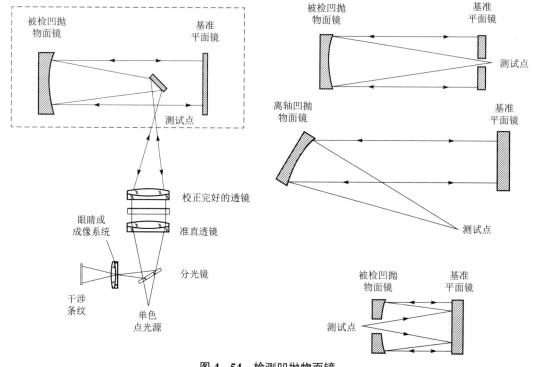

图 4-54 检测凹抛物面镜

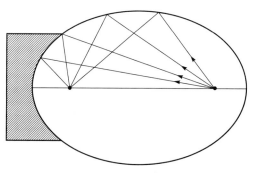

图 4-55 凹椭球面镜

（3）凸二次曲面检测

前面提到，可以使用零位检验法检验二次曲面，它需要将照明波前的曲率中心置于合适的焦点上；但是，由于有些光学元件的几何焦点是难以接近的，所以需要额外的光学元件。对于凸双曲面，可以使用海德（Hindle，1931）提出的方法来检验。海德的方法是用自动消像散光路，利用从球面逆向反射的波前来检验凸双曲面，其球面中心与双曲面难以接近的焦点重合，如图 4-57（a）所示。凹椭球面也可以用海德光路进行检验，如图 4-57（b）所示。小凹双曲面也可以用类似的方法进行检验（Silvertooth（赛文图斯），1940），如图 4-57（c）所示。

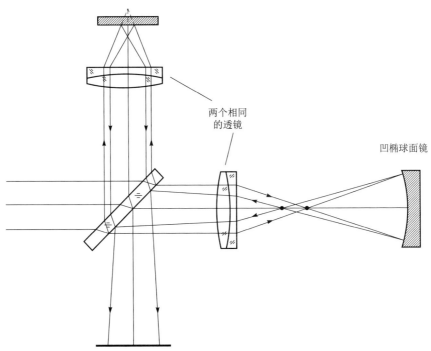

图 4-56 在泰曼格林干涉仪中检验凹椭球面

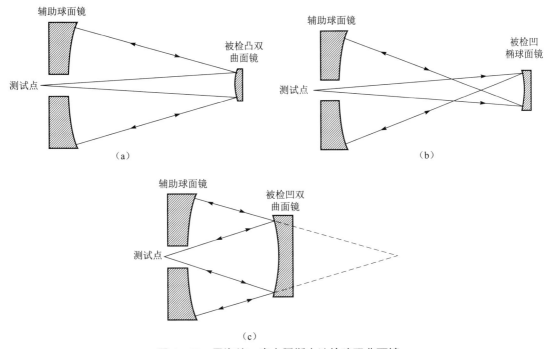

图 4-57 用海德、赛文图斯方法检验双曲面镜

(a) 用海德光路检验凸双曲面镜;(b) 用海德光路检验凹椭球面镜;(c) 用赛文图斯方法检验小凹双曲面镜

海德光路还可以用来检验凸抛物面和凸椭球面，如图 4-58 所示。除海德球面外，在检测凸抛物面时还需要一个像质良好的准直透镜，而在检测凸椭球面时则需要一个校正良好的透镜将光会聚于凸椭球面的一个焦点。

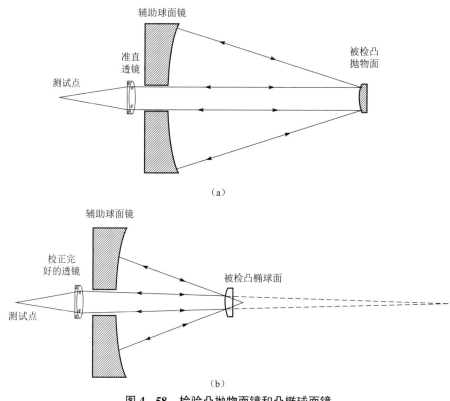

图 4-58　检验凸抛物面镜和凸椭球面镜
（a）检验凸抛物镜；（b）检验凸椭球面镜

4.5.5　测量非球面与自由曲面

对于非球面和自由曲面的零位检验，常采用零位补偿法。补偿法的基本思想是根据待测非球面的光学参数，设计并加工补偿器，将干涉仪发出的平面波前或者球面波前转化成与待测非球面匹配的非球面波前。

零位补偿法是指在检测系统中引入辅助光学元件，即零位补偿器，把干涉仪出射的平面波前或者球面波前转换成与待测非球面理论形状完全相同的非球面波前，使得测试光束到达待测非球面后能够原路返回。补偿器按照光学性质可分为折射、反射、衍射零位补偿器。

（1）折射零位补偿器

折射零位补偿器是利用折射光学元件来补偿待测非球面的像差。在三类不同光学性质补偿器中，折射零位补偿器发展比较成熟，本处介绍两种典型的折射零位补偿器，即多尔（Dall）补偿器与奥夫纳（Offner）补偿器。

多尔曾指出，由于透镜的球面像差是其共轭位置的函数，因此同一个平凸透镜可以用作多个抛物面镜的补偿器。如图 4-59 所示，采用单块平凸透镜，通过适当地选择补偿镜共轭距，对小口径抛物面镜的像差进行补偿。

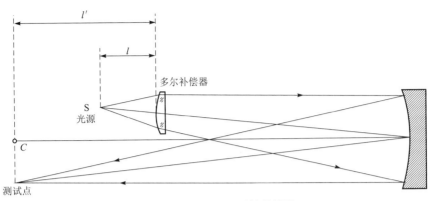

图 4-59　多尔平凸透镜补偿器

多尔补偿器属于单光路补偿，由于检测光路不对称，在检测过程中会导致彗差的引入；在多尔补偿器检测光路中，光线仅一次通过补偿器，因此，补偿器需要承担两倍于待测非球面的偏离量，仅适合于小口径、小非球面度的非球面检测。

奥夫纳补偿器由补偿镜和场镜组成，单独的补偿镜只能校正待测非球面的初级球差，在补偿镜后设置场镜，可将补偿镜成像至待测非球面处补偿非球面的高级球差。图 4-60 所示为一个通过场镜把补偿镜成像在待测非球面上的奥夫纳补偿光路。

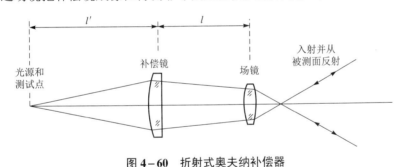

图 4-60　折射式奥夫纳补偿器

（2）反射零位补偿器

折射零位补偿器的缺点是受材料折射率不均匀的影响，各个补偿元件的折射率偏差难以达到预期的精度。在测试光线两次通过补偿镜的情况下，微小的折射率偏差会引起较大的光程差。随着待检非球面口径的增大，补偿元件的口径和厚度也随之增大，透镜折射率偏差对测量精度的影响也越大。为了解决这一问题，可以采用反射式光学元件补偿非球面像差。

以下将介绍两种典型的反射式奥夫纳补偿光路。单反射镜奥夫纳补偿器检测光路如图 4-61 所示，在检测系统中加入平板附件，以实现光路的自准直。

图 4-62 为带有场镜的双反射镜奥夫纳补偿器检测光路，图中采用了共轴光路的形式，以便精确地调整和得到自准直像。

采用双反射镜补偿器，由于补偿器上开有小孔，所以非球面镜的中心部分是观察不到的。在设计这类补偿器时，应保证在用这类补偿器检测时，非球面镜的中间遮光部分不能大于实际使用时的遮光部分。

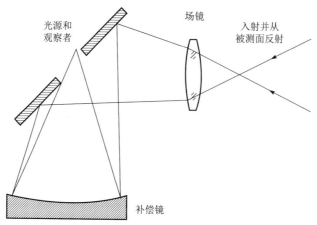

图 4-61 单反射镜奥夫纳补偿器

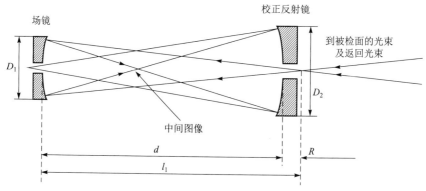

图 4-62 带有场镜的双反射镜奥夫纳补偿器

（3）衍射零位补偿器

衍射零位补偿器主要是指应用衍射光学元件——计算全息图（Computer Generated Hologram，CGH）作为非球面检测系统的补偿装置。计算全息是指通过数学计算的方法，根据待检非球面的数学模型，计算出与其匹配的非球面波前，并利用计算机生成能够产生该波前的全息图。计算全息检测非球面的常见光路结构有两种，即 CGH 分别位于观察空间和检测空间。

如图 4-63 所示为 CGH 位于观察空间的光路结构。参考光束与携带待检非球面面形误差信息的测试光束经过 CGH 均会发生衍射，通过倾斜参考镜，选择合适的衍射级次发生干涉，例如测试光束的 0 级衍射波前与参考光束的 +1 级衍射波前发生干涉，或者测试光束的 -1 级衍射波前与参考光束的 0 级衍射波前发生干涉。根据采集到的干涉条纹，即可解算出待测非球面的面形误差。在此光路结构中，参考光束和测试光束均同时通过 CGH，对全息图存储基底的均匀性要求较低。

图 4-64 为 CGH 位于检测空间的光路结构，在此光路中，参考光束不经过 CGH 而测试光束两次经过 CGH，因此对全息图存储基底的均匀性要求较高，增大了 CGH 的加工难度。

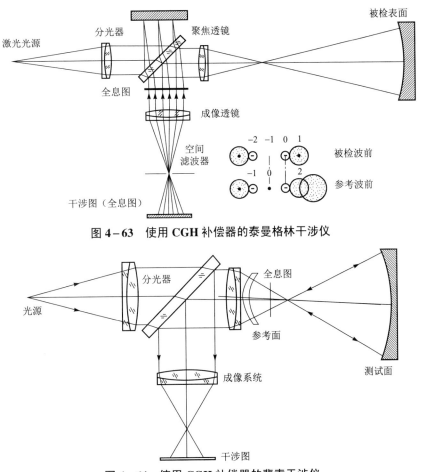

图 4-63 使用 CGH 补偿器的泰曼格林干涉仪

图 4-64 使用 CGH 补偿器的斐索干涉仪

4.5.6 测量光学系统波像差

对于一个理想光学系统，各种几何像差都等于零，由同一物点发出的全部光线均聚于理想像点。根据光线和波面的对应关系，光线是波面的法线，波面为与所有光线垂直的曲面。因此，在理想成像的情况下，对应的波面（理想波面）应该是一个以理想像点为中心的球面。但在实际的光学系统中，存在几何像差，因此对应的波面（实际波面）也不再是一个以理想像点为中心的球面。把实际波面和理想波面之间的光程差作为衡量该像点质量优劣的指标，并称作波像差。

利用泰曼格林干涉仪，可以对光学系统的波像差进行检测，检测无限共轭的无焦系统（例如望远系统）的光路如图 4-65 所示。

检测会聚透镜的波像差，可以采用图 4-66 中任意一种光路结构。使用一个曲率中心被调节到透镜焦点上的凸球面反射镜来检测长焦距的透镜（见图 4-66（a）），而凹球面反射镜则用来检测短焦距透镜（见图 4-66（b））。还可以在透镜焦点处放置一个很小的平面反射镜（见图 4-66（c）），由于平面反射镜上实际使用的那部分面积很小，所以它的表面面形不需要非常精确。

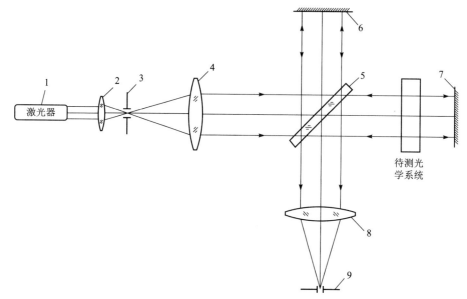

图 4-65 泰曼格林干涉仪光路

1—光源；2—聚光镜；3—可变光阑；4—准直物镜；5—分束镜；6，7—参考反射镜；
8—观察物镜；9—观察光阑

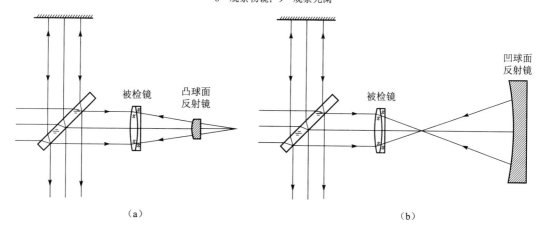

(a)　　　　　　　　　　　　　　(b)

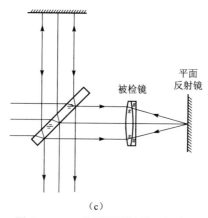

(c)

图 4-66 三种用于透镜检测的光路结构

4.5.7 测量球面半径、光学系统顶焦距等参数

利用干涉仪以及长度测量装置,可以测量球面的曲率半径,测量光路如图 4-67 所示。图中位置①为准直透镜焦点位置,位置②为球面反射镜球心与准直透镜焦点重合时球面反射镜的位置,当球面反射镜位于位置①和位置②时,所产生的干涉条纹为均匀一片色的零条纹,利用这一性质配合长度计量装置即可测得球面反射镜的曲率半径。此外,该光路结构还可用于测量光学系统的后焦距,即光学系统最后一个面到焦点的距离。

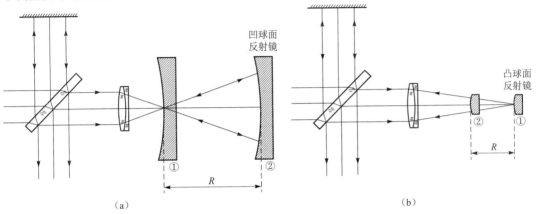

图 4-67 球面曲率半径测量光路
(a) 凹球面曲率半径测量光路;(b) 凸球面曲率半径测量光路

4.6 点衍射移相干涉技术

20 世纪 70 年代以来出现的移相干涉测量技术,通过采用精密的移相器件,综合应用激光、电子和计算机技术,快速处理多幅移相干涉图,在泰曼格林型和斐索型两类干涉仪中得到了成功应用。但是,它们受到实物参考光学面制造精度的限制,其球面面形 PV 值的测量不确定度只能做到 $\lambda/10 \sim \lambda/20$。即使改用不需标准参考面的波面剪切干涉技术,也存在提供高准确度剪切光学元件的困难。

正如平面面形计量中的液面基准,提高球面面形测量精度的关键在于寻找高精度的参考球面波。如图 4-68 所示,借助于小孔衍射产生近似理想的球面波前是一个可行的方法,但普通的小孔干涉仪由于结构上的限制,只能检测透过光学系统的会聚球面波前,无法检测光学元件的球面面形。近年来光纤技术的飞速发展为点衍射干涉测量技术提供了新的途径,当前单模光纤的芯径已经做到 2 μm,用柔性光纤纤芯的端面代替小孔可以设计出结构合理、测量准精度极高的光纤点衍射移相干涉球面面形测量系统。

4.6.1 小孔点衍射干涉测量

点衍射干涉仪(Point Diffraction Interferometers,PDI)是 Smartt 在 1972 年提出的,它是由调相检验技术的"相衬法"发展产生的。最初的点衍射干涉仪都是采用针孔衍射的方式。根据波动光学理论,如果微孔的直径是 4λ,那么远场衍射波前在数值孔径 $NA=0.1$ 时,对理

想球面的偏离小于 $\lambda/10\,000$。

其原理如图 4-68 所示。平面波前通过某一待检光学系统产生畸变波前，会聚后通过一个中间带有针孔或者不透明圆盘的吸收膜片。其中针孔（或不透明圆盘）的直径只有微米量级（小于无像差会聚波前的艾里斑直径），由此通过的光波就会发生衍射形成一个近似标准的球面波，作为参考波；而从针孔外通过吸收膜片的透射光波，改变的仅仅是波前辐射强度，不会影响透射之前所携带的畸变信息，它可作为测量波。这样，针孔衍射产生的参考波前就会与携带畸变信息的测量波前发生干涉，形成干涉条纹。通过对干涉图的分析，就能获得被测波前的畸变信息。为获得清晰的条纹对比度，应该使参考光和测量光的强度大致相当；通过横向和纵向移动针孔，可使参考波面产生相应的倾斜和离焦（若入射光束焦点沿光轴方向偏离点衍射板上的针孔，则会引入离焦量；若使针孔偏离光轴，则会引入倾斜量）。这样，点衍射干涉仪就可以产生与常用干涉仪相似的能直观反映被测波前相位分布的干涉图。

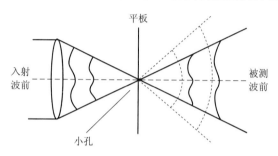

图 4-68 采用针孔膜片的点衍射干涉原理

Smartt 和 Steel 将该原理成功用于检测天文望远镜。1978 年，C. Koliopoulos 等人将其应用于红外波段检测激光焊接和高能激光系统，其针孔是通过腐蚀沉积在硅晶片上的金属膜实现的。1986 年，A. K. Aggarwal 等人将其应用于研究分析透明物体由折射率微扰所引起的波前畸变。1996 年，Mercer 提出了液晶点衍射移相干涉仪，采用微小的玻璃球植入液晶板作为衍射源，取得了与平板点衍射相同的功能，并用于温度测量。2003 年，亚利桑那大学的 Neal 报道了采用电光调制器和偏振元件实现移相的偏振移相点衍射干涉。这种点衍射干涉的显著优点是：

① 由于参考光波与测量光波是共光路的，所以大气扰动或者系统本身的振动均不会影响干涉图样，也就是说受机械振动和温度变化影响很小。

② 系统结构简单，对光源没有特殊要求，可以用白光照明。

③ 在点衍射干涉仪中，不需要标准镜，因此测量结果不受标准镜头加工精度的限制。

尽管具备以上的优点，但是这种点衍射干涉仪难将参考光和检测光分开以引入移相装置，要实现高准确度检测尚有困难。另外，平板和圆孔难以制作，只能检测透射的会聚波前。

4.6.2 光纤点衍射移相干涉测量原理

近年来，光纤制造工艺以及光耦合技术的快速发展，使得点衍射可以用柔性光纤纤芯的端面实现，从而设计出结构合理而且测量准确度极高的光纤点衍射移相干涉球面面形测量系统。

如图 4-69 所示是将芯径为几倍波长量级的细光纤端面当作点衍射器件，类似于针孔也可产生点衍射干涉。

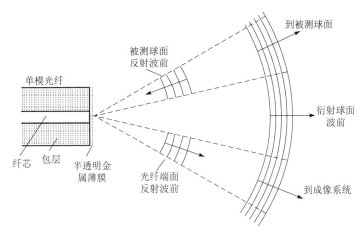

图 4-69 由光纤端面产生的点衍射干涉原理

由光纤产生衍射球面波的质量主要取决于光纤的直径，光纤直径的大小决定了衍射光的数值孔径和偏离球面波的误差。对纤芯分别取 λ、2λ、3λ 和 4λ 等的单模光纤端面上的出射衍射波前球面的计算表明，其衍射波前球面偏差远小于通常干涉仪标准球面镜产生的参考球面偏差。光纤芯径越小，衍射波前球面偏差越小，数值孔径越大。可见，采用波长量级芯径的光纤点衍射干涉法将有望大大提高球面面形的测量准确度。

1996 年，美国劳伦斯利弗莫尔（Lawrence Livermore）国家实验室提出光纤点衍射移相干涉测量技术方案，2002 年研制出工作波长为 532 nm 的实验装置，并用于极紫外光刻、激光核聚变装置中的球面和非球面面形测量，新近报道表明其测量不确定度已经达到 89 pm。

光纤点衍射移相干涉测量原理如图 4-70 所示，光纤衍射端面位于被测球面的球心处。从短相干光源出射的线偏振光通过 $\lambda/2$ 波片调整偏振方向后入射到偏振分束镜，被分解成偏振方向互相垂直的两束线偏振光，一束透射，一束反射。当这两束线偏光分别被再次反射到

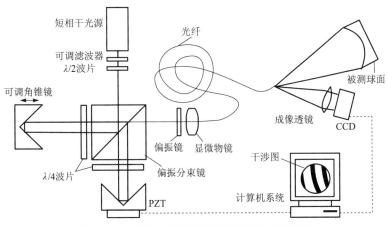

图 4-70 光纤点衍射移相干涉测量球面原理

偏振分束镜时都两次经过 $\lambda/4$ 波片，其偏振方向各自改变 90°，先前的透射光束将反射，而先前的反射光束将透射。从偏振分束镜出射的两束正交偏振光通过偏振片后耦合到同一根光纤。其中参考光束通过移动直角反射镜加以延迟，延迟的长度等于被测球面到光纤出射端面的往返长度。测量光束经被测球面反射，又原路会聚到光纤端面。由于光纤出射端面镀半反半透膜，携带被测球面信息的测量波前在光纤端面再次反射，并与延迟到达的参考波面干涉。可见该方案实际上是一种等光程干涉，最终的干涉发生在两个近似重合点光源的重合波面处，移相干涉条纹被 CCD 摄像机接收，通过对干涉图样进行分析处理就可以得到被测球面的面形误差。

图 4-70 中，在光束进入光纤以前，虽然要经过一系列光学元件，但是这些元件的面形误差均不会影响最终输出波前的质量。这是因为所采用的光纤纤芯只有几微米，它相当于一个空间低通滤波器，使得这些元件面形误差引起的杂光进不了光纤。而且光纤的引入减少了空气扰动对光路的影响，提高了信噪比。

从光能利用率来看，若忽略该过程中各光学元件的吸收损耗，当偏振镜透振方向与两束线偏光偏振方向各成 45°角时，其最大光能利用率接近 50%。由于是偏振光的干涉，测量光束和参考光束的光强匹配可以通过调整 $\lambda/2$ 波片和偏振片完成。

光纤点衍射移相干涉技术同样可以用于测量光学系统的波像差，图 4-71 通过使用两根光纤可以实现光学系统透射波像差的高精度测量。

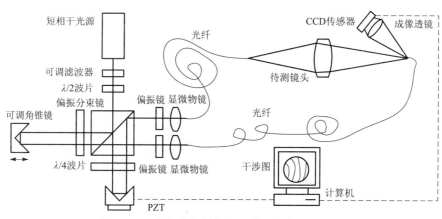

图 4-71 光纤点衍射移相干涉测量波像差原理

由光纤产生衍射球面波的质量主要取决于光纤的芯径，光纤芯径的大小决定了衍射光的数值孔径和偏离理想球面波的误差。通常光纤芯径越小，衍射光的数值孔径越大，检测范围也就越大。当前因受光纤芯径的限制，用此方法解决大数值孔径光学元件的测量尚有困难。

4.7 思考与练习题

1. 什么是光学干涉仪的干涉条纹对比度？影响条纹对比度的主要因素有哪些？
2. 用激光斐索平面干涉仪测量光学平板平行度，已知通光口径为 40 mm，在此范围内测得条纹数为 10，平板折射率为 1.516 3。试计算该平板的平行度，并说明如何判断楔角的薄端。

3. 平面干涉仪是不是一定要用激光作光源？若使用其他单色光源（例如汞灯、钠灯），则测量时应附加什么条件？

4. 干涉仪对基准平面样板有什么要求？

5. 如何用干涉法测量凸球面的大曲率半径？试说明其原理。

6. 激光移相干涉测试技术的最主要特点是什么？

7. 试比较分析移相干涉、剪切干涉和点衍射干涉的各自特点和用途。

8. 试用最小二乘法建立一维或二维的离焦干涉图的波像差计算模型。

第 5 章
光学偏振测量技术

人眼和绝大多数光电探测元件都无法敏锐地感知光的偏振，需要借助偏振元件来实现偏振测量。由普通光学元件、偏振光学元件、光电探测元件等可构成各种类型的偏振测量仪器，实现光的偏振信息测量。偏振光学测量通常包括两方面研究内容，其一是对光波偏振态进行测量，为光测量；其二是通过对光波偏振态的测量来确定被测样品对光波偏振态的作用，从而测量样品的某些特性参数（如内应力、薄膜折射率和厚度、波像差等），为样品测量。

偏振特性的变化往往反映了光与物质发生相互作用的性质。偏振测量的主要特点是通过对光波偏振特性的分析及测量，来实现一些常规测量方法难以实现的物理特性测量。利用光的偏振特性，可设计新的测量方法或简化、改进已有测量方法。

偏振测量技术所涉及的应用领域非常广泛，如地球和天体的遥感、材料科学、生物医学科学、矿物研究、理化分析等领域，具体到偏振成像、光谱偏振测量、偏振光学系统（如液晶显示器和投影仪）的装调、偏振元件的校准、薄膜厚度和折射率的测量（椭偏测量术）、应力双折射测量、偏振移相干涉、偏振外差干涉等技术。

本章主要介绍偏振测量技术、仪器的基本原理及几个典型例子，更多的内容及应用可查阅相关参考文献。

5.1 偏振测量仪及基本原理

偏振测量仪是测量光束和样品偏振特性的光学仪器，分为测光、测样品两大类。光测量偏振测量仪测量光束的偏振态及其偏振特性，包括测量斯托克斯参量、线偏振光的电场矢量振荡方向、圆偏振光的螺旋性、椭圆偏振光的椭圆参数，以及偏振度等。样品测量偏振测量仪测量一个样品上的入射和出射偏振态之间的关系，并根据测量数据推断样品的物理特性。

5.1.1 光测量偏振测量仪

光测量偏振测量仪利用置于光电探测器前面的一些偏振元件对光束进行测量，获得一组光强测量值，依据这些光强测量值及特定的数据处理方法来确定光束的偏振态。在测量中，表征光束的偏振态通常用斯托克斯参量，它包含四个量值（S_0、S_1、S_2、S_3），且这四个量值都是光强量，便于测量。斯托克斯参量表征法适用于非偏振光、部分偏振光和完全偏振光的偏振态表征，也适用于相干光束和非相干光束、单色光和多色光的偏振态表征。因此，这种测量光束偏振态的技术通常称为斯托克斯偏振测量术。

斯托克斯参量的定义如下

$$\boldsymbol{S} = \begin{bmatrix} S_0 \\ S_1 \\ S_2 \\ S_3 \end{bmatrix} = \begin{bmatrix} I_H + I_V \\ I_H - I_V \\ I_{45} - I_{135} \\ I_R - I_L \end{bmatrix} \quad (5-1)$$

四个斯托克斯参量（S_0、S_1、S_2、S_3）通常写成矢量（列向量）形式 $\boldsymbol{S}$，称为斯托克斯矢量。其中 I_H、I_V、I_{45}、I_{135} 分别为水平（0°）线偏振分量的光强、垂直（90°）线偏振分量的光强、45°线偏振分量的光强、135°线偏振分量的光强，I_R、I_L 分别为右旋、左旋圆偏振分量的光强。显然，S_0 是光束的总光强，S_1、S_2、S_3 则表征了光束的偏振特性。

图 5-1 为两种光测量偏振测量仪的示意图，它们均为通过旋转探测器前面的偏振元件来测量斯托克斯参量。图 5-1（a）为旋转线偏振器；图 5-1（b）中旋转的延迟器通常是 $\lambda/4$ 波片，线偏振器则是固定不动的。

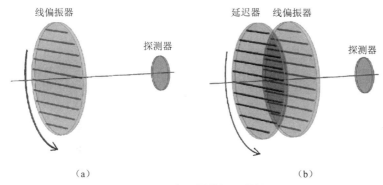

图 5-1 光测量偏振测量仪

假设待测入射光束的偏振态为 $\boldsymbol{S}_i = [S_0 \ S_1 \ S_2 \ S_3]^T$，其中上标"T"表示转置为列向量。对于图 5-1（a），依据斯托克斯矢量和米勒矩阵运算法则不难得出，探测器接收到的光强信号为

$$I(\theta) = \frac{1}{2}(S_0 + S_1 \cos 2\theta + S_2 \sin 2\theta) \quad (5-2)$$

式中，θ 为某一时刻线偏振器透光方向的方位角，若线偏振器的旋转角速度为 ω，则可设 $\theta = \omega t$。于是上式可改写为

$$I(t) = a_0 + a_2 \cos(2\omega t) + b_2 \sin(2\omega t) \quad (5-3)$$

其中，

$$S_0 = 2a_0, S_1 = 2a_2, S_2 = 2b_2 \quad (5-4)$$

式（5-3）中，a_0 为直流分量，a_2、b_2 为二次谐波分量的幅值，可通过傅里叶分析法测得 a_0、a_2、b_2，进而得到 S_0、S_1、S_2。

类似地，对于图 5-1（b），若旋转延迟器为 $\lambda/4$ 波片，其转角 $\theta = \omega t$，固定线偏振器的透光轴方向为 0°，则探测器接收到的光强信号为

$$I(t) = \frac{1}{2}S_0 + \frac{1}{4}S_1 - \frac{S_3}{2}\sin(2\omega t) + \frac{S_1}{4}\cos(4\omega t) + \frac{S_2}{4}\sin(4\omega t) \quad (5-5)$$
$$= a_0 + b_2\sin(2\omega t) + a_4\cos(4\omega t) + b_4\sin(4\omega t)$$

式中，
$$S_0 = 2(a_0 - a_4), \ S_1 = 4a_4, \ S_2 = 4b_4, \ S_3 = -2b_2 \quad (5-6)$$

a_0 为直流分量，b_2 为二次谐波分量的幅值，a_4、b_4 为四次谐波分量的幅值，因此可通过傅里叶分析法测得 a_0、b_2、a_4、b_4，进而得到 S_0、S_1、S_2、S_3。

比较图 5–1（a）、图 5–1（b）的两种测量方法可见，前者只能测量 S_0、S_1、S_2 三个参量，无法测得 S_3，因此是一种不完全的斯托克斯测量方法；后者能够测得全部四个斯托克斯参量，是一种完全的测量方法。图 5–1（b）所示旋转延迟器测量法的另一个优点是，探测器仅感应固定的线偏振态，因此探测器的任何偏振敏感性都不会影响偏振测量的精度。

5.1.2 样品测量偏振测量仪

样品测量偏振测量仪是用来测量样品特性的，因为光与物质相互作用往往会引起光波偏振特性的变化，因此只需确定样品上入射和出射偏振态之间的关系，就能依据物理模型推算出样品的特性。在不同的测量中，出射光束可以是透射、反射、衍射、散射或其他光束。"样品"也是一个广义的包容性术语，用于描述一般的光–物质相互作用或此类相互作用的序列，并适用于任何物品。一些典型的样品包括表面、表面上的薄膜、偏振元件、光学元件、光学系统、自然场景、生物样品或工业样品等。

用于测量样品的偏振测量仪通常由两个主要部件构成，一个是偏振发生器，另一个是偏振分析器。偏振发生器用来产生已知偏振态的光束，该光束入射到被测样品上，随后得到的出射光束由偏振分析器进行分析处理，确定入射和出射光束在样品作用下的偏振态变化，从而解算出被测样品的某些特性参数。偏振分析器一般由偏振元件、光学元件和探测器组成，用于对光束的特定偏振分量或偏振特性进行测量。图 5–2 为一种典型的偏振发生器和偏振分析器的原理示意图。

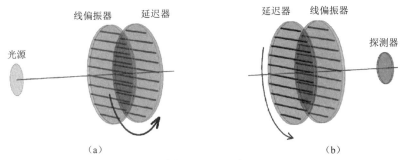

图 5–2 偏振发生器与偏振分析器

（a）偏振发生器（由光源、固定的线偏振器和旋转的延迟器组成，能产生一组校准的偏振态）；
（b）偏振分析器（由旋转延迟器、固定线偏振器和探测器组成，用于测量偏振光成分）

图 5–3 为通用型样品测量偏振测量仪的系统构成，它由光源、偏振发生器（PSG）、样品、偏振分析器（PSA）和探测器组成。这种通用型偏振测量仪可用于测量二向衰减、延迟

和退偏等多种偏振特性。光学延迟是许多样品的一个重要偏振特性，例如偏振元件的双折射延迟、玻璃材料的应力双折射延迟等，可应用样品测量偏振测量仪进行分析和测量。针对光学延迟测量的特定问题，可将图 5-3 所示的偏振测量仪做进一步简化，从而得到一些简易的偏光测量仪器，主要包括平面偏光仪、单 $\lambda/4$ 波片偏光仪、双 $\lambda/4$ 波片偏光仪三种。

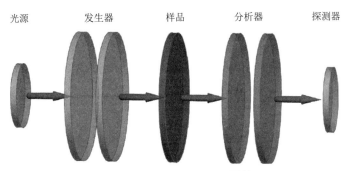

图 5-3 样品测量偏振测量仪

1. 平面偏光仪

平面偏光仪（Plane Polarimeter）是最简单的偏振光分析仪器，也称线偏光镜（Linear Polariscope），它由偏振方向呈特定角度的两个线偏振器（起偏器、检偏器）组成，被测样品（试样）置于二者中间，如图 5-4 所示。平面偏光仪中，起偏器即为偏振发生器，检偏器为偏振分析器。若起偏器和检偏器的透振方向相互正交，则在不放入样品的情况下，透过检偏器看到的将是暗视场，这种布局称为暗视场平面偏光仪。反之，若起偏器和检偏器的透振方向相互平行，则称为亮视场平面偏光仪。

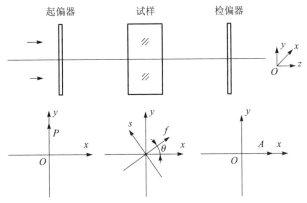

图 5-4 暗视场平面偏光仪

假设被测样品的光学延迟是空间不均匀的，用双折射相位差 φ 和快轴方向 θ 来表征光学延迟，它们均是关于空间坐标 (x,y) 的连续变化函数[①]。如图 5-4 所示，起偏器 P 主方向与参考坐标系 x 轴的夹角为 $90°$，检偏器 A 主方向与 x 轴的夹角为 $0°$，试样上某被测点的主方向

---

① 对于理想波片，其双折射相位差和快轴方向是常数，不随空间坐标变化；但对于一般的试样，例如后面要介绍的光学玻璃应力双折射，其双折射相位差和主方向通常是随空间坐标点的改变而变化的。

（快轴方向）f 与 x 轴的夹角为 θ。设通过起偏器的线偏振光的琼斯矢量为 $\begin{bmatrix} 0 \\ 1 \end{bmatrix}$，即线偏振光振动方向平行于 y 轴且光强为单位值 1，该线偏振光沿 z 方向通过相位差为 $\varphi(x,y)$ 的被测试样，试样的琼斯矩阵为①

$$\begin{bmatrix} \cos^2\theta e^{i\varphi} + \sin^2\theta & \sin\theta\cos\theta(e^{i\varphi} - 1) \\ \sin\theta\cos\theta(e^{i\varphi} - 1) & \sin^2\theta e^{i\varphi} + \cos^2\theta \end{bmatrix}$$

检偏器的琼斯矩阵为②

$$\begin{bmatrix} 1 & 0 \\ 0 & 0 \end{bmatrix}$$

于是，根据琼斯矢量与琼斯矩阵运算规则，检偏器出射光波可表示为

$$\begin{bmatrix} E'_x \\ E'_y \end{bmatrix} = \begin{bmatrix} 1 & 0 \\ 0 & 0 \end{bmatrix} \begin{bmatrix} \cos^2\theta e^{i\varphi} + \sin^2\theta & \sin\theta\cos\theta(e^{i\varphi} - 1) \\ \sin\theta\cos\theta(e^{i\varphi} - 1) & \sin^2\theta e^{i\varphi} + \cos^2\theta \end{bmatrix} \begin{bmatrix} 0 \\ 1 \end{bmatrix} = \frac{1}{2}\begin{bmatrix} \sin(2\theta)(e^{i\varphi} - 1) \\ 0 \end{bmatrix}$$

因此检偏器的出射光强为

$$I = |E'_x|^2 + |E'_y|^2 = \sin^2(2\theta)\sin^2\frac{\varphi}{2} \tag{5-7}$$

由式（5-7）可以看出，当 $\theta(x,y) = 0°$ 或 $90°$ 时，也就是试样上某一点的主方向与线偏振器偏振方向平行或垂直时，将出现消光现象。这些点通常位于连续的曲线上并形成暗条纹，这种暗条纹称为等倾线。等倾线与波长和相位差无关。

从式（5-7）还可看出，当 $\varphi(x,y) = 2n\pi$，n 为零或任意正整数时，也将出现消光现象。因此试样上所有双折射光程差为波长整数倍的点也将形成暗条纹，这些暗条纹称为等色线。通常试样上被测点的双折射相位差是随空间坐标连续变化的，因此等色线是连续光滑的曲线。由于双折射相位差 φ 与波长相关，如果使用白光光源，将有可能看到不同颜色的等色条纹。

平面偏光仪会同时产生等倾条纹和等色条纹两种性质的条纹，等倾条纹反映了主方向分布信息，等色条纹反映了双折射相位差大小分布信息，在分析中往往需要对它们进行分离并分别加以测量。如果使用的是白光，则比较容易区分出这两种条纹，因为等倾条纹是暗条纹，而等色条纹除了零级条纹以外都是彩色条纹。然而如果使用单色光，这两种条纹则难以区分。

平面偏光仪的主要应用是筛查样品的延迟或应力双折射。由于两个正交线偏振器产生一个暗场（暗背景），放置在正交偏振器之间的样品引起的任何偏振变化都会导致漏光，这在暗场中很容易观察到。使用平面偏光仪，观测者通过目视就可以检测到非常小的延迟，或者很容易估计样品中的双折射分布。

2. 单 $\lambda/4$ 波片偏光仪

单 $\lambda/4$ 波片法也称塞纳蒙特（Senarmont）法，最早是由塞纳蒙特于 1840 年提出的。单 $\lambda/4$ 波片偏光仪结构较为简单，它在平面偏光仪的基础上加入了一块 $\lambda/4$ 波片，并且该 $\lambda/4$ 波片协同检偏器一起工作，试样则置于起偏器与 $\lambda/4$ 波片之间，如图 5-5 所示。

---

① 参见本章思考题 1。

② 参见本章思考题 2。

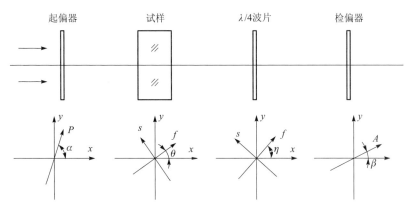

图 5-5 单 $\lambda/4$ 波片法偏光仪

设单 $\lambda/4$ 波片偏光仪中，起偏器 P 主方向与参考坐标系 x 轴的夹角为 α，检偏器 A 主方向与 x 轴的夹角为 β，被测试样快轴方向与 x 轴夹角为 θ，$\lambda/4$ 波片快轴与 x 轴夹角为 η。这便构成一般情况的单 $\lambda/4$ 波片偏光仪。下面考虑取特殊角度时的简单情况，即当 $\alpha = \pi/2$、$\eta = \beta = 0$ 时，采用琼斯矢量分析法不难得到检偏器的出射光强为

$$I = I_0 \sin^2(2\theta) \sin^2\left(\frac{\varphi}{2}\right) \quad (5-8)$$

式中，I_0 为起偏器出射线偏振光的光强。由式（5-8）可以看出，单 $\lambda/4$ 波片偏光仪的输出光强也满足两种消光条件（即当 $\theta(x,y) = 0$ 或 $\pi/2$，$\varphi(x,y) = 2k\pi$，$k = 0,1,2\cdots$ 时），所以同时存在等倾条纹和等色条纹。

若保持 $\alpha = \pi/2$、$\eta = 0$，且事先调节试样使试样上某被测点 $\theta = 45°$，检偏器角度 β 可自由调节，则检偏器的出射光强为

$$I = \frac{I_0}{2}[1 - \cos(2\beta - \varphi)] \quad (5-9)$$

由式（5-9）可以看出，只需转动检偏器使得 $\beta = \varphi/2$，便能产生消光现象。此种情况下，因入射于试样上的线偏振光振动方向与试样快轴方向成 45° 角，经过试样后变为椭圆偏振光，该椭圆偏振光再通过 $\lambda/4$ 波片，若椭圆的长短轴分别与波片的快慢方向平行，则从波片出射的将是线偏振光，且其振动方向与原线偏振光振动方向之间的夹角必与被测试样双折射相位差成简单的线性关系。这便是单 $\lambda/4$ 波片法测量试样双折射相位差的基本原理，将在后面的第 5.2.3 小节中对单 $\lambda/4$ 波片法做进一步介绍。

3. 双 $\lambda/4$ 波片偏光仪

双 $\lambda/4$ 波片偏光仪实际上就是圆偏光仪，或称圆偏光镜（Circular Polariscope），其原理方法称为双 $\lambda/4$ 波片法，也称塔迪（Tardy）法。如图 5-6 所示，在平面偏光仪的两块偏振器之间，插入两块 $\lambda/4$ 波片，并使得两块 $\lambda/4$ 波片的快慢轴都与偏振器的偏振轴成 45° 角，这样起偏器产生的线偏振光通过第一块 $\lambda/4$ 波片后成为圆偏振光（即入射在试样上的是圆偏振光），因此称为圆偏光仪。其中两块偏振器的偏振轴可以相互平行或正交，两块 $\lambda/4$ 波片的快慢轴也可以相互平行或正交。

若起偏器和检偏器的偏振轴相互垂直，构成的圆偏光仪称为正交圆偏光仪。此时如果前后两块 $\lambda/4$ 波片的快慢轴相互垂直，则在不放入试样的情况下，从检偏器一侧可观察到消光

现象，呈现暗视场；若前后两块$\lambda/4$波片的快慢轴相互平行，便可观察到亮视场。

若起偏器和检偏器的偏振轴相互平行，构成的圆偏光仪称为平行圆偏光仪。此时如果前后两块$\lambda/4$波片的快慢轴相互平行，则在不放入试样的情况下，从检偏器一侧可观察到消光现象，呈现暗视场；若前后两块$\lambda/4$波片的快慢轴相互垂直，便可观察到亮视场。

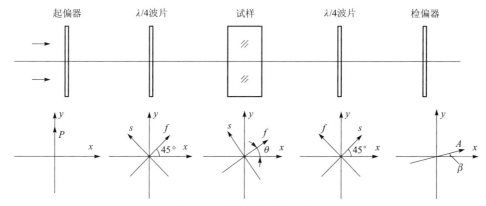

图 5-6　双$\lambda/4$波片偏光仪

如图 5-6 所示，设起偏器 P 偏振方向与参考坐标系 x 轴的夹角为 $90°$，第一块$\lambda/4$波片 Q_1 的快轴与 x 轴夹角为 $45°$，试样快轴方向与 x 轴之间的角度为 $\theta=0°$，第二块$\lambda/4$波片 Q_2 的快轴与 x 轴夹角为 $135°$，检偏器 A 偏振方向与 x 轴成 β 角。则检偏器出射光强为

$$I = \frac{I_0}{2}[1-\cos(2\beta-\varphi)] \quad (5-10)$$

其中，I_0 为起偏器出射线偏振光的光强，φ 为试样待测双折射相位差。不难看出，若转动检偏器使得 $\beta=\varphi/2$，则出现消光现象，此时检偏器的角度与试样的双折射相位差成简单线性关系，据此可作为试样双折射相位差测量依据。此外还能看出，检偏器出射光强表达式中除了检偏角 β 外只有消光变量 φ，不再存在消光变量 θ，因此从检偏器观察到的图样中只存在等色线，不存在等倾线。

5.2　光学玻璃应力双折射测量

光学玻璃毛坯的内应力通常是指从退火温度冷却的过程中，毛坯中心和边缘部分不可避免地存在温度差而产生的应力。这种退火后永久留下来的应力称为退火应力，又称残余应力（以下简称应力）。应力使光学玻璃由各向同性体变为各向异性体，光学上产生双折射现象，最终会影响光学系统的波前和点扩展函数。因此，应力双折射通常是不想要的，它以复杂模式改变波前像差和偏振像差，导致光学系统的性能降低。可通过测量应力双折射（用单位厚度试样产生的双折射光程差表征）来衡量玻璃中应力的大小，同时也可以衡量玻璃退火的质量。

5.2.1　应力双折射

1816 年，苏格兰物理学家大卫·布儒斯特在各向同性物质中发现了应力导致的双折射，这种现象也称为机械双折射、光弹性或应力双折射。许多光学各向同性的非晶体透明材料，当受到方向性的外界作用，例如施加定向的外力或电磁场时，就会使其微观结构出现方向性，从而呈现出各向异性，使其光学性质变为空间变化的弱单轴性或双轴性，这就是人工双折射现象。应力双折射是人工双折射现象中的一种。受均匀单向力作用的玻璃，其光学性质如同一块弱单轴晶体，光轴方向就是作用力的方向。非常光（e 光）的振动方向在主截面（入射光线与光轴构成的平面）内，寻常光（o 光）的振动方向垂直于主截面。

通常情况下，玻璃受单向拉应力时，其光学性质如单轴正晶体，即 $n_o < n_e$；受单向压应力时，则如单轴负晶体，$n_o > n_e$。正、负晶体的快慢方向及 e 光振动方向示于图 5-7 中。

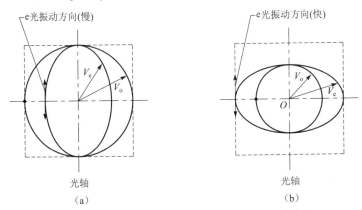

图 5-7 正、负晶体的快慢方向及 e 光的振动方向

（a）正单轴晶体；（b）负单轴晶体

平行光垂直于光轴通过晶片时，产生的双折射光程差 δ 最大（$\delta = d(n_e - n_o)$，d 为晶片厚度），此光束方向对应于最大双折射率 $(n_e - n_o)_{max}$ 方向。对玻璃应力双折射来说，垂直于光轴就是垂直于玻璃的主应力方向。规定以垂直于主应力方向测得的双折射光程差 δ 值来表征主应力的大小。

光学玻璃的应力与双折射之间的关系，是由应力光学定律确定的。

5.2.2 应力光学定律

应力光学定律描述了材料主折射率和主应力之间的关系，它是由麦克斯韦于 1852 年建立的。设 n_x、n_y、n_z 分别为振动方向平行于主应力 p_x、p_y、p_z 的光波的主折射率，则

$$n_x - n_y = C(p_x - p_y)$$
$$n_x - n_z = C(p_x - p_z)$$
$$n_y - n_z = C(p_y - p_z)$$

式中，比例系数 C 称为应力光学系数，又称光弹系数。上式就是应力光学定律，折射率椭球的主轴和主应力轴重合，如图 5-8 所示。

假设从有应力的玻璃中取一立方体单元，一般情况下该单元受三个方向的主应力 p_x、p_y、p_z。若光线沿 z 轴方向通过立方体单元，产生的单位厚度应力

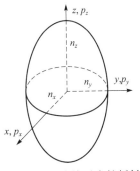

图 5-8 应力光学定律对应的折射率椭球

双折射光程差 δ_n（$\delta_n = \delta/d$，δ 为总光程差，d 为厚度）与两个应力 p_x、p_y 之差成正比

$$\delta_n = C(p_x - p_y) \quad (5-11)$$

若取 p 的单位为 10^5 Pa，δ_n 的单位为 nm/cm，则 C 的单位为"布"（Brewster），1布 $= 10^{-12}$ Pa^{-1}。应力光学系数的大小与玻璃材料有关：对于冕牌玻璃，$C = 2.5 \sim 3.7$ 布；重火石玻璃，$C = 0.7 \sim 2.0$ 布；其他牌号玻璃的 C 值大多介于上述二者之间。

若在垂直于光束的方向上，玻璃只有一个主应力 $p_x = p$，则有

$$\delta_n = Cp \quad (5-12)$$

式（5-12）表达了应力双折射与应力的比例关系。所以应选择玻璃上只有一个主应力的点进行应力双折射的测量，并且光束入射方向应与主应力垂直。

根据国家标准 GB/T 903—2019，玻璃的应力双折射标准分玻璃中部和玻璃边缘两种。前者以玻璃块最长边中部的单位长度上光程差表示；后者以距玻璃边缘5%的直径或边长处各点中最大的单位厚度上的光程差表示。

平板玻璃退火后，中部和边缘一般都只有一个主应力，并且主应力方向平行于玻璃表面。因此要求测量光束垂直玻璃表面入射。圆盘状平板玻璃的中部和边缘测量点与光束入射方向如图 5-9 中的 A、B 点和 I、II 方向。退火后的玻璃毛坯在测量应力之前只允许表面研磨或抛光，不允许切割，因为切割后应力分布规律和大小都将改变。

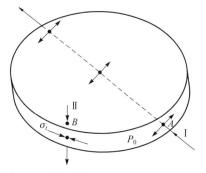

图 5-9 圆盘中应力的方向与测量方向

I—测中部应力的光束方向；
II—测边缘应力的光束方向

5.2.3 双折射光程差测量

通常用偏振测量仪测量玻璃的双折射光程差。最简单的方式是采用正交平面偏光仪，将有应力的圆玻璃板置于两个偏振器之间，并且使通过起偏器的线偏振光束垂直于玻璃的大面通过。玻璃应力产生的亮暗条纹如图 5-10 所示。其中有一个中心与圆盘中心重合的暗十字条纹即为等倾线（若绕中心旋转试样，该暗十字条纹不动，而若试样不动，起偏器、检偏器一起转动，则该暗十字条纹同步转动）；应力较大时还有一至数个同心亮暗相间的条纹，若采用白光，亮暗条纹将会变成彩色条纹，这些条纹便是等色线。等倾线是由玻璃上主应力方向与 P_1 方向平行或垂直的那些点组成的；等色线则是由双折射光程差 δ 相同的那些点组成的。

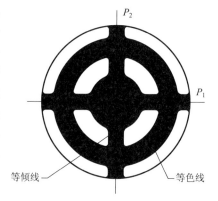

图 5-10 圆玻璃板大面上的亮暗条纹

相邻两同色或等亮度的等色线之间的光程差为 λ，相位差为 2π。在知道 $\delta = 0$ 的等色线的位置后，即可根据等色线的分布情况估计出玻璃双折射光程差的分布情况。下面介绍两种比较典型的定量测量双折射光程差的方法。

1. 数字移相全场测量法

数字移相全场测量法是现代光测弹性学中进行应力自动化测量的一类重要方法。它的特点是能够使用计算机自动控制移相过程，采用数字图像处理技术实现试样全测量口径范围内的应力分析，测量精度和效率较高。这里以最简单的平面偏光仪为例介绍数字移相测量法。

如图 5-11 所示，起偏器 P、检偏器 A、试样上某被测点主应力 σ_1 的方向（即快轴方向）分别与参考坐标系 x 轴方向成 α、β、θ 角。设试样由于受到内应力作用，在主应力 σ_1 方向多引入了双折射相位差 φ。对于应力双折射，θ、φ 一般是随空间变化的，是关于空间坐标 (x,y) 的函数。取 $\alpha = \pi/2$，$\beta = \pi/2$、0、$\pi/4$，可以得到如下三个光强计算式

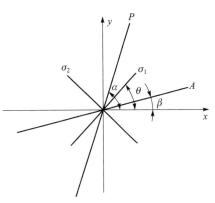

图 5-11 移相法中的平面偏光仪光学元件布局图

$$\alpha = \pi/2, \quad \beta = \pi/2: \quad I_1 = I_0\left[1 - \sin^2\left(\frac{\varphi}{2}\right)\sin^2(2\theta)\right]$$

$$\alpha = \pi/2, \quad \beta = 0: \quad I_2 = I_0 \sin^2\left(\frac{\varphi}{2}\right)\sin^2(2\theta)$$

$$\alpha = \pi/2, \quad \beta = \pi/4: \quad I_3 = \frac{1}{2}I_0\left[1 - \sin^2\left(\frac{\varphi}{2}\right)\sin(4\theta)\right]$$

式中，I_0 是起偏器产生的线偏振光的光强。求解上述方程组，可以得到

$$\theta = \frac{1}{2}\arctan\left(\frac{2I_2}{I_1 + I_2 - 2I_3}\right), \quad 要求 \sin^2\left(\frac{\varphi}{2}\right) \neq 0 \tag{5-13}$$

$$\varphi = \arccos\left(\frac{A - A^2 - B^2}{1 - A}\right) \tag{5-14}$$

其中，$A = \dfrac{I_1 - I_2}{I_1 + I_2}$，$B = \dfrac{I_1 + I_2 - 2I_3}{I_1 + I_2}$。

这是一种非常简单的三步移相算法。实际测量中，还需要考虑由于起偏器、检偏器并不理想（消光比不等于零）以及环境杂散光等造成的背景光强的影响。此外，从式（5-13）可以看出，当双折射相位差 $\varphi = 2k\pi$（$k = 0,1,2\cdots$）时，不能简单地求出等倾角参数 θ；从式（5-14）则看出，双折射相位差 φ 的测量范围仅为 $0 \sim \pi$。为扩大双折射相位差的测量范围，一般可采用相位解包裹算法。

平面偏光仪移相算法还有多种。此外，还有基于单 $\lambda/4$ 波片偏光仪和双 $\lambda/4$ 波片偏光仪的移相算法，例如 Kihara 八步移相法、Patterson-Wang 六步移相法、Sandro 移相法等，这里不再详细介绍，有兴趣的读者可以查阅参考文献 [4] 和 [5]。

2. 单 $\lambda/4$ 波片逐点测量法

单 $\lambda/4$ 波片法是一种定量测量双折射光程差常用的方法，由该方法设计的偏振测量仪即

为单 $\lambda/4$ 波片偏光仪,如 5.1.2 小节所述。此方法可以采用全场数字移相测量方式,也可以采用逐点测量方式。这里介绍单 $\lambda/4$ 波片逐点测量法,该方法设备简单,测量可靠并且精度较高,双折射光程差测量范围一般为 $\delta<\lambda/2$。单 $\lambda/4$ 波片法的光学系统原理如图 5-12 所示,起偏器 P 与检偏器 A 透振方向正交。

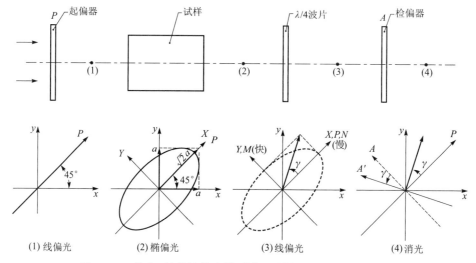

图 5-12 单 $\lambda/4$ 波片法的光学系统及透射光束偏振态变化情况

单色自然光经起偏器成为单色线偏振光,通过试样后成为椭圆偏振光。只要试样的快慢轴 x、y 方向与起偏器偏振方向 P 成 $45°$ 角,经试样后的椭圆偏振光的长、短轴 X、Y 之一必与 P 平行。若 $\lambda/4$ 波片快慢轴 M、N 与椭圆偏振光长短轴平行,则通过 $\lambda/4$ 波片后,椭圆偏振光转变为线偏振光,其振动方向与 P 方向夹角为 $\gamma=\varphi/2$。上述过程已在图 5-12 的(1)~(3)中直观地表示出来,也不难用琼斯矢量的方法进行分析得到。由图 5-12 可看出,只需逆时针转动检偏器 A,至玻璃被测点产生消光现象时,检偏器转过的角度就等于 $\varphi/2$,这个结论在 5.1.2 节的分析中已阐述过。被测点总的双折射光程差 δ 由下式计算

$$\delta = \frac{\varphi}{2\pi}\lambda = \frac{\gamma}{\pi}\lambda \tag{5-15}$$

设试样通光方向的厚度为 l 厘米,则每厘米厚度的试样产生的双折射光程差 δ_n 为

$$\delta_n = \frac{\lambda\gamma}{\pi l} \tag{5-16}$$

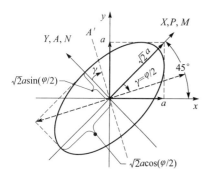

图 5-13 波片快方向 M 平行于 P 的偏振态变化情况

若 $\lambda/4$ 波片的快轴方向 M 与起偏器起偏方向 P 平行,或试样的慢轴方向为 x 方向,则经过 $\lambda/4$ 波片后仍可合成线偏振光,合成线偏振光的振动方向与 P 的夹角大小仍为 γ,但方位不同,如图 5-13 所示。这时检偏器 A 须顺时针旋转使试样被测点出现消光现象,转过的角度才是所需要测量的 γ 角。若逆时针旋转,会观察到被测点首先逐渐变亮,然后再变暗出现消光,消光时检偏器转角将是 $180°-\gamma$。

下面用图 5-14 表示 $0<\varphi<\pi/2$,$\pi/2<\varphi<\pi$,

$\pi<\varphi<3\pi/2$，$3\pi/2<\varphi<2\pi$ 四种情况的椭圆偏振光（$\varphi=\pi/2$ 和 $3\pi/2$ 时为圆偏振光；$\varphi=0$ 和 π 时为线偏光）长轴的方位、旋向以及经 $\lambda/4$ 波片后成为线偏振光的方位、γ 角的测量方向等。图中 $\lambda/4$ 波片的 M 轴代表快轴方向，N 轴代表慢轴方向。当

$0<\varphi<\pi/2$ 时：$\tan(\varphi/2)<1$ 左旋椭圆偏振光[①]，X 半轴为长半轴，Y 半轴为短半轴；

$\pi/2<\varphi<\pi$ 时：$\tan(\varphi/2)>1$ 左旋椭圆偏振光，X 半轴为短半轴，Y 半轴为长半轴；

$\pi<\varphi<3\pi/2$ 时：$|\tan(\varphi/2)|>1$ 右旋椭圆偏振光，X 半轴为短半轴，Y 半轴为长半轴；

$3\pi/2<\varphi<2\pi$ 时：$|\tan(\varphi/2)|<1$ 右旋椭圆偏振光，X 半轴为长半轴，Y 半轴为短半轴。

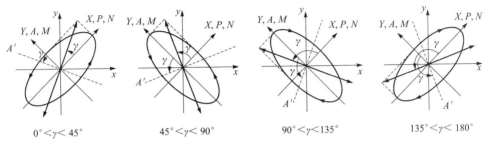

$0°<\gamma<45°$　　　　$45°<\gamma<90°$　　　　$90°<\gamma<135°$　　　　$135°<\gamma<180°$

图 5-14　四种椭圆偏振光及 γ 角的测角方向

当试样被测点的光程差大于 λ 时，首先应找到试样通光面上 $\delta=0$ 的点。这时可用白光代替单色光，则可看到不同颜色等色线，其中无颜色的暗点或暗纹即为 $\delta=0$ 的部位。为区别暗的等倾线，可使起偏器、$\lambda/4$ 波片、检偏器一起转动（试样不动），不动的即为 $\delta=0$ 的部位。测量时改用单色光数出从零点到被测点之间暗条纹的数目 N（整数），再用前述方法测出非整数部分对应的 γ 角，则被测点双折射光程差为

$$\delta = N\lambda + \frac{\lambda\gamma}{\pi} \qquad (5-17)$$

用单 $\lambda/4$ 波片法测量光学玻璃双折射光程差 δ 的步骤简述如下：

① 未放入试样和 $\lambda/4$ 波片前，转动检偏器或起偏器，使二者的偏振轴正交，视场最暗。

② 放入 $\lambda/4$ 波片并绕光轴转动它，使视场又恢复最暗，这时 $\lambda/4$ 波片的快慢方向分别与起、检偏器的偏振轴平行。

③ 放入试样，眼睛透过检偏器及 $\lambda/4$ 波片调焦于试样被测点上，绕光轴转动试样（或试样不转，起偏器、检偏器及 $\lambda/4$ 波片等器件一起转），到被测点最暗时，将试样（或其他器件）再转 45°，被测点变亮。

④ 单独转动检偏器，使视场又恢复最暗。这时检偏器转过的角度即是 γ，应用式（5-15）计算被测点的双折射光程差 δ。

⑤ 若 $\delta>\lambda$，则应数出零点到被测点间的暗纹数 N，用式（5-17）计算 δ。检偏器的转动方向可根据图 5-14 所示的状况及条件加以分析确定。对大多数光学玻璃来说，$\delta<\lambda/2$，这时检偏器的旋转方向以视场逐渐变暗为准；若视场变亮，则应反转检偏器。

---

① 这里采用大多数光学文献或技术资料中广泛使用的传统约定方式，即当观察者迎着光波传播方向观察时，若电场矢量端点逆时针旋转，则称为左旋偏振光，反之则称为右旋偏振光。现代物理学中的旋向约定方式与此相反。

5.3 光学薄膜厚度和折射率测量

椭偏光分析法是测量薄膜参数最常用的一种方法,在薄膜测量中常称椭偏术。20 世纪 70 年代中期,我国开始将椭偏术应用于测定和控制大规模集成电路元件的薄膜厚度和折射率。后来推广到测量光学玻璃表面所镀光学薄膜及玻璃表面侵蚀膜的厚度和折射率。80 年代末,又研制出了自动椭偏光谱仪,用于测量光学薄膜在不同波长下的折射率、膜层厚度、消光系数、介电常数等参数。21 世纪以来,进一步发展出了米勒矩阵光谱椭偏仪,能够测量出样品的米勒矩阵谱,从而可以依据更丰富的物理模型解算出更多的参数。

现代自动米勒矩阵光谱椭偏仪原理相对较为复杂,涉及米勒矩阵光谱测量原理、光与材料相互作用的数理模型、仪器校准及椭偏数据处理、参数提取等问题。本节主要讨论传统意义上的椭偏仪,其采用的测量方法有三种:消光法、调制消光法和光度法。由于消光法应用较多,故这里以消光法为例介绍其测量原理。

5.3.1 椭偏仪的测量原理

椭偏仪的光学系统如图 5-15 所示。激光经起偏器成为线偏振光,通过 $\lambda/4$ 波片后成为长短轴分别与 $\lambda/4$ 波片快慢轴重合的椭圆偏振光。$\lambda/4$ 波片快慢轴分别与光束入射面成固定的 45°角,光束经试样薄膜上下表面反射后可被分解为振动方向平行入射面和垂直入射面的 P、S 分量。这两个分量的相位差与薄膜的厚度及折射率有关,也与起偏器方位角有关。改变方位角,当两个分量的相位差等于 π 的整数倍时,椭偏光退化为线偏振光,转动检偏器,可出现"消光"现象。根据此时的起偏器方位角和检偏器方位角,即可求出薄膜的厚度和折射率。

设起偏器的偏振轴与光线对试样待测表面的入射面(即图 5-15 的纸面,或图 5-16 上过 OP 且垂直于纸面的面,光线经 O 点垂直于纸面指向读者传播)的夹角为 ξ,起偏器出射光的复振幅为 E,其相位为零。线偏振光通过 $\lambda/4$ 波片后,被分解成 o 光和 e 光,并有 $\pi/2$ 的

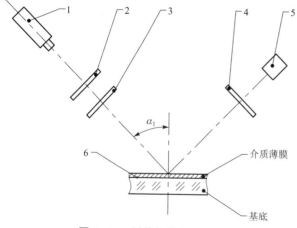

图 5-15 椭偏仪光学系统图

1—He-Ne 激光器;2—起偏器;3—$\lambda/4$ 波片;
4—检偏器;5—光电探测器;6—被测试样

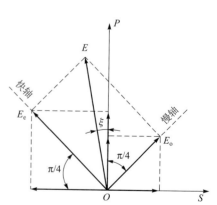

图 5-16 入射光经 $\lambda/4$ 波片并从薄膜
表面反射的电矢量分解情况

相位差，其振动方向与 OP 轴夹角为 $\pi/4$。电矢量的分解如图 5-16 所示。设快轴上的分量为 E_e，则 $\lambda/4$ 波片出射光的电矢量为

$$\begin{bmatrix} E_o \\ E_e \end{bmatrix} = E \begin{bmatrix} \cos\left(\dfrac{\pi}{4}+\xi\right) \\ j\cos\left(\dfrac{\pi}{4}-\xi\right) \end{bmatrix} = E \begin{bmatrix} \cos\left(\dfrac{\pi}{4}+\xi\right) \\ j\sin\left(\dfrac{\pi}{4}+\xi\right) \end{bmatrix} \tag{5-18}$$

上式表示为一束长短轴与 $\lambda/4$ 波片快慢轴重合的椭圆偏振光。为讨论方便，在到达样品之前将上述椭偏光再分解到 OP 和 OS 轴上，则有

$$\begin{bmatrix} E_P \\ E_S \end{bmatrix} = \begin{bmatrix} E_o \cos\dfrac{\pi}{4} + E_e \sin\dfrac{\pi}{4} \\ E_o \sin\dfrac{\pi}{4} - E_e \cos\dfrac{\pi}{4} \end{bmatrix} = \dfrac{\sqrt{2}}{2} E \begin{bmatrix} e^{j\left(\dfrac{\pi}{4}+\xi\right)} \\ e^{-j\left(\dfrac{\pi}{4}+\xi\right)} \end{bmatrix} = \dfrac{\sqrt{2}}{2} E e^{-j\left(\dfrac{\pi}{4}+\xi\right)} \begin{bmatrix} e^{j\left(\dfrac{\pi}{2}+2\xi\right)} \\ 1 \end{bmatrix} \tag{5-19}$$

上式表明，坐标旋转后，椭偏光分解到新坐标上的两分量的幅值发生变化，并引入一附加相位差 2ξ。

E_P 和 E_S 从介质膜的上下表面反射时，如图 5-17 所示，其反射的振幅比服从菲涅耳公式，对于上表面可写出

$$\begin{cases} r_{1P} = \dfrac{E_{1P}}{E_P} = \dfrac{n_2 \cos\alpha_1 - n_1 \cos\alpha_2}{n_2 \cos\alpha_1 + n_1 \cos\alpha_2} \\ r_{1S} = \dfrac{E_{1S}}{E_S} = \dfrac{n_1 \cos\alpha_1 - n_2 \cos\alpha_2}{n_1 \cos\alpha_1 + n_2 \cos\alpha_2} \end{cases} \tag{5-20}$$

同理，对下表面可写出 r_{2P} 和 r_{2S} 的表示式（略）。根据折射定律，还有

$$n_1 \sin\alpha_1 = n_2 \sin\alpha_2 = n_3 \sin\alpha_3$$

式中，E_P、E_S 为空气中平行于入射面和垂直于入射面的入射电矢量 [见式 (5-19)]；E_{1P} 和 E_{1S} 为薄膜上表面反射的两个电矢量；r_{1P}、r_{1S}、r_{2P}、r_{2S} 为电矢量在膜层上表面和下表面反射的振幅比；n_1、n_2、n_3 分别为空气、被测薄膜和基底材料的折射率；α_1 为光线在空气中的入射角，α_2、α_3 为光线进入薄膜和基底的折射角。

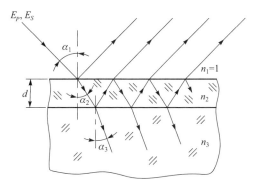

图 5-17　光束在薄膜上下表面多次反射及折射

考虑到在膜层上下表面间的多次反射产生多光束干涉，最后总反射振幅比为

$$R_P = \frac{E'_P}{E_P} = \frac{r_{1P} + r_{2P}e^{-j\delta}}{1 + r_{1P}r_{2P}e^{-j\delta}}$$
$$R_S = \frac{E'_S}{E_S} = \frac{r_{1S} + r_{2S}e^{-j\delta}}{1 + r_{1S}r_{2S}e^{-j\delta}}$$
(5-21)

式中，$\delta = (4\pi/\lambda)dn_2\cos\alpha_2$ 为相邻两束反射光的相位差，其中 d 为膜厚，λ 为光在真空中的波长。于是，从试样表面反射出来的椭偏光可表示为

$$\begin{bmatrix} E'_P \\ E'_S \end{bmatrix} = \begin{bmatrix} R_P \cdot E_P \\ R_S \cdot E_S \end{bmatrix} = R_S \cdot E_S \begin{bmatrix} \dfrac{R_P}{R_S} \cdot \dfrac{E_P}{E_S} \\ 1 \end{bmatrix} = E'_S \begin{bmatrix} \dfrac{R_P}{R_S} \cdot e^{j\left(\frac{\pi}{2}+2\xi\right)} \\ 1 \end{bmatrix}$$
(5-22)

设 P、S 分量在试样两表面反射时产生的相位差为 φ，其振幅相对比值为 $\tan\psi$，即用 ψ 和 φ 来描述此偏振态，则有

$$\frac{R_P}{R_S} = \tan\psi \cdot e^{j\varphi}$$
(5-23)

代入式（5-22），最后得

$$\begin{bmatrix} E'_P \\ E'_S \end{bmatrix} = E'_S \begin{bmatrix} \tan\psi \cdot e^{j\left(\frac{\pi}{2}+2\xi+\varphi\right)} \\ 1 \end{bmatrix}$$
(5-24)

式中，E'_P 与 E'_S 的相位差为 $(\pi/2+2\xi+\varphi)$，一般情况下，从试样表面反射的光为椭偏光。显然，在一定测试条件下，$(\pi/2+\varphi)$ 是定值，而相位差 2ξ 可以通过旋转起偏器来改变。当满足

$$\frac{\pi}{2} + 2\xi + \varphi = k\pi \quad (k = 1, 2, 3\cdots)$$
(5-25)

时，式（5-24）的椭偏光退化为线偏光，此时

$$\frac{E'_P}{E'_S} = \pm\tan\psi$$
(5-26)

式中，当式（5-25）中的 k 为偶数时取正号，k 为奇数时取负号。

式（5-26）中 ψ 角表示出射的线偏振光 E' 相对于 S 轴的方位角，如图 5-18 所示。转动检偏器，当其偏振轴与 P 轴的夹角 $\pm A = \pm\psi$ 时，从检偏器出射光强为零，即得到消光现象。因此，消光条件为

$$\begin{cases} \dfrac{\pi}{2} + 2\xi + \varphi = k\pi \\ \pm A = \pm\psi \end{cases}$$
(5-27)

式（5-27）中的相位差 2ξ 可看作 $(\pi/2+\varphi)$ 的补偿量，它的值由 φ，亦即由 n_2、d、λ、α_1 这四个参量决定。由此可以得出结论：

当 λ、α_1、n_2、d 一定时，调节起偏器、检偏器的方位角 ξ、A，可使最终出射光强为零。ξ、A 的值可通过消光条件式（5-27）由 φ、ψ 决定，φ 和 ψ 的值通过式（5-23）由试样上 P、S 分量的复反射振幅比 R_P、R_S 决定，R_P、R_S 又通过菲涅耳公式（5-20）、式（5-21）

等由 λ、α_1、n_2、d 这四个参量决定。当 λ、α_1 为已知量时，则可通过测定 ξ、A 值算出 n_2、d 值。可以看出，n_2、d 与 ξ、A 之间的关系相当复杂，一般通过计算机算出。或由计算机事先算出的数表或画出的关系曲线，由测得 ξ、A 值查表或曲线得出 n_2、d 值。

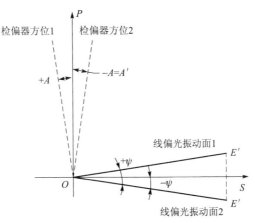

图 5-18 出射线偏光 E' 的两个方位和检偏器偏振轴的两个方位

由原理公式（5-18）发现，当取 $\xi = \xi' + 90°$ 代入时，E_o、E_e 的模值互相交换，并且可看出相位一个不变，一个倒相，这时符合条件 $\pi/2 + 2\xi + \varphi = (k+1)\pi$，出射光仍为线偏振光，故消光条件式（5-27）依然成立。这就是通常所说的第二次消光。但第一次消光时且式（5-27）中的 k 取偶数时，则在第二次消光时 k 取奇数。两对 ξ、A 值之间的关系为

$$\xi' - \xi = \pm\frac{\pi}{2}, \quad A' = -A$$

两种情况下，出射的线偏振光的振动面对 OS 轴对称，如图 5-18 所示。

5.3.2 测量步骤

这里以硅为衬底（$n_3 = 3.85$，吸收 $k_3 = 0.02$），主要测量步骤如下：

① 将试样放在承物台上，根据 n_1、n_2 的标称值选择光束入射角 α_1。此处取 $\alpha_1 = 70°$，光源用 He-Ne 激光，$\lambda = 0.6328\,\mu m$。

② 调节起偏器和检偏器的方位，找出两个消光位置。这里测得方位角 $\xi_1 = 94.5°$，$A_1 = 33.2°$，$\xi_2 = 4.5°$，$A_2 = 146.4°$。根据 $0° \leqslant A_1 \leqslant 90°$，$90° \leqslant A_2 \leqslant 180°$ 来区分 (ξ_1, A_1) 和 (ξ_2, A_2)。

③ 将 (ξ_2, A_2) 换算成 (ξ_2', A_2')：

$$A_2' = 180° - A_2$$

$$\xi_2' = \begin{cases} \xi_2 + 90° & (\xi_2 < 90°) \\ \xi_2 - 90° & (\xi_2 \geqslant 90°) \end{cases}$$

由上面给出的值可得 $A_2' = 180° - 146.4° = 33.6°$，$\xi_2' = 4.5° + 90° = 94.5°$。

④ 求平均值 $\bar{\xi} = (\xi_1 + \xi_2')/2 = 94.5°$，$\bar{A} = (A_1 + A_2')/2 = 33.4°$。

⑤ 由式（5-27）求出 $\varphi = 270° - 2\bar{\xi} = 81.0°$，$\psi = \bar{A} = 33.4°$。

⑥ 由计算机利用测得的 $\bar{\xi}$、$\bar{A}$ 算出 n_2、d。最后得 $n_2 = 1.46000$，$d = 197.996\,nm$。

必要时可改变入射角 α_1（本例可取 $\alpha_1 = 75°$），再测一组 n_2、d 值，取两组 n_2 和 d 的平均值。

5.4 偏振干涉测量

移相干涉术和外差干涉术是目前最常用的干涉测量方法。这两项技术从 20 世纪 70 年代开始发展至今，其测量光程差的灵敏度已达 $\lambda/1000(\lambda = 632.8 \text{ nm})$。目前，商品仪器中，多数采用压电陶瓷实现移相和采用布拉格盒（Bragg Cell）即声光调制器实现外差功能。压电材料的非线性、滞后等给精确移相带来困难，而且某些类型的干涉仪，如共光路干涉仪，不能采用这种移相方式。采用偏振移相方式可以克服上述缺点，并且偏光技术也能实现外差干涉测量。

5.4.1 偏振移相干涉术

实现偏振移相的一般方法是，使沿干涉仪两支光路传播的两束光皆是线偏振光，但振动方向互相垂直，两束光在干涉场叠加后合成一束线偏振光，并且干涉场上某一点的线偏振光的偏振角（振动方向与某坐标轴的夹角）与该点的相位差成正比。若加入检偏器将会看到干涉场上出现偏振干涉条纹，转动检偏器，干涉条纹就发生移动，这就实现了移相。下面用一典型的例子加以说明。

某移相干涉仪的光学系统如图 5-19 所示。He-Ne 激光器发出的线偏振光经 $\lambda/2$ 波片和扩束系统后进入偏振分束器 PBS，PBS 将光束分为振动方向相互垂直的两束线偏振光。一束反射光经 $\lambda/4$ 波片 C_1 射向参考反射镜 M_1，另一束透射光经 $\lambda/4$ 波片 C_2 后再透过被测系统射向测试反射镜 M_2。由于反射回来的两束光都两次通过快慢方向与入射光偏振方向成 45° 角放置的 $\lambda/4$ 波片，使返回光束的振动方向都偏转了 90°，因而分别经偏振分束器透射和反射后汇合在一起。这两束振动方向相互垂直的线偏振光经快慢方向与它们的振动方向成 45° 角放置的 $\lambda/4$ 波片 C_3 后，分别成为左、右旋圆偏振光，合成线偏振光，其方位角与两束光之间的相位差成正比。

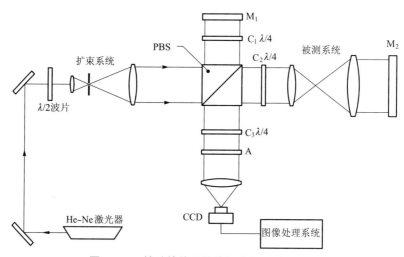

图 5-19 转动检偏器的偏振移相干涉仪系统

下面推导合成线偏振光的方位角与两束光相位差之间的关系。设进入$\lambda/4$波片C_3之前，经偏振分束器 PBS 反射的测试光和经 PBS 透射的参考光的琼斯矢量分别为

$$\begin{bmatrix} a \\ 0 \end{bmatrix} \exp[\mathrm{i}(\omega t + \varphi)], \quad \begin{bmatrix} 0 \\ b \end{bmatrix} \exp(\mathrm{i}\omega t)$$

式中，φ为测试光束和参考光束之间的相位差。设$\lambda/4$波片C_3的快轴方向与测试光、参考光的偏振方向夹角为$45°$，则C_3的琼斯矩阵为

$$\frac{\sqrt{2}}{2} \begin{bmatrix} 1 & \mathrm{i} \\ \mathrm{i} & 1 \end{bmatrix}$$

因此测试光经过C_3后变为

$$\begin{aligned}
\begin{bmatrix} E_{1x} \\ E_{1y} \end{bmatrix} &= \frac{\sqrt{2}}{2} \begin{bmatrix} 1 & \mathrm{i} \\ \mathrm{i} & 1 \end{bmatrix} \begin{bmatrix} a \\ 0 \end{bmatrix} \exp[\mathrm{i}(\omega t + \varphi)] \\
&= \frac{\sqrt{2}}{2} a \exp[\mathrm{i}(\omega t + \varphi)] \begin{bmatrix} 1 \\ \mathrm{i} \end{bmatrix}
\end{aligned} \tag{5-28}$$

参考光经过C_3后变为

$$\begin{aligned}
\begin{bmatrix} E_{2x} \\ E_{2y} \end{bmatrix} &= \frac{\sqrt{2}}{2} \begin{bmatrix} 1 & \mathrm{i} \\ \mathrm{i} & 1 \end{bmatrix} \begin{bmatrix} 0 \\ b \end{bmatrix} \exp(\mathrm{i}\omega t) \\
&= \frac{\sqrt{2}}{2} b \exp(\mathrm{i}\omega t) \begin{bmatrix} \mathrm{i} \\ 1 \end{bmatrix}
\end{aligned} \tag{5-29}$$

测试光和参考光会合后

$$\begin{bmatrix} E_x \\ E_y \end{bmatrix} = \frac{\sqrt{2}}{2} a \exp[\mathrm{i}(\omega t + \varphi)] \begin{bmatrix} 1 \\ \mathrm{i} \end{bmatrix} + \frac{\sqrt{2}}{2} b \exp(\mathrm{i}\omega t) \begin{bmatrix} \mathrm{i} \\ 1 \end{bmatrix}$$

旋转$\lambda/2$波片，使得参考光和测试光振幅相等，即$a=b$，则上式等于

$$\begin{aligned}
\begin{bmatrix} E_x \\ E_y \end{bmatrix} &= \frac{\sqrt{2}}{2} a \exp(\mathrm{i}\omega t) \begin{bmatrix} \exp(\mathrm{i}\varphi) + \mathrm{i} \\ \mathrm{i}\exp(\mathrm{i}\varphi) + 1 \end{bmatrix} \\
&= \sqrt{2} a \exp\left[\mathrm{i}\left(\omega t + \frac{\varphi}{2} + \frac{\pi}{4}\right)\right] \begin{bmatrix} \cos\left(\dfrac{\varphi}{2} - \dfrac{\pi}{4}\right) \\ -\sin\left(\dfrac{\varphi}{2} - \dfrac{\pi}{4}\right) \end{bmatrix}
\end{aligned} \tag{5-30}$$

可见测试光与参考光合成为线偏振光，其振动方向与x轴的夹角为$\varphi/2 - \pi/4$，即方位角与两束光之间的相位差线性相关。设检偏器的检偏方向与y轴成α角，显然当$\alpha = \varphi/2 - \pi/4$时消光，此时干涉场上凡是相位差$\varphi = 2k\pi + \pi/2 + 2\alpha$（$k=0,1,2\cdots$）的点都是消光的，这些点组成暗条纹。转动检偏器改变方位角α，原来的暗点会逐渐变亮，暗条纹产生移动现象。可以认为，转动检偏器相当于改变了相位差，即实现了移相。采用第4章介绍的移相干涉处理方法，即可获得被测波面的相位分布情况。

5.4.2 偏振外差干涉术

实现外差干涉的主要条件是两束相干光产生一频率差。采用偏振元件可以产生频移,将图 5-19 稍做改变即可成为偏振外差干涉仪。在图 5-19 中,若使检偏器 A 顺时针高速转动,设其角频率为 ω_0,则右旋圆偏振光通过检偏器后光频减小 ω_0,为 $\omega-\omega_0$;左旋圆偏振光通过检偏器,其光频变为 $\omega+\omega_0$。这样,二者间就有了频差 $2\omega_0$。频率不同、振动方向相同的两束光汇合后产生拍频,两束光的相位差不同,则拍频信号过零的时刻不同。为测出干涉场各点的过零时间差,必须在干涉场中选择一点(可任选)作为基准点。由此可得偏振外差干涉仪的光学系统如图 5-20 所示。

图 5-20 与图 5-19 不同的部分仅是用一根光纤采集基准点的拍频信号;另一根光纤在干涉场扫描,采集其他各点的拍频信号。两个信号分别由两个光电探测器接收并送入相位计,得到干涉场各点的过零时间差,从而求出各点对基准点的相位差。

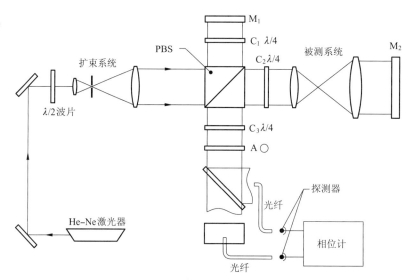

图 5-20 偏振外差干涉仪系统

下面求出有关的原理公式。

设检偏器以角速度 ω_0 逆时针旋转,某时刻 t 其偏振轴与 x 轴的夹角为 $\omega_0 t$,则检偏器的琼斯矩阵为

$$\begin{bmatrix} \cos^2(\omega_0 t) & \sin(\omega_0 t)\cos(\omega_0 t) \\ \sin(\omega_0 t)\cos(\omega_0 t) & \sin^2(\omega_0 t) \end{bmatrix}$$

对于通过检偏器的测试光,由式(5-28)可得

$$\begin{bmatrix} E'_{1x} \\ E'_{1y} \end{bmatrix} = \frac{\sqrt{2}}{2} a \exp[\mathrm{i}(\omega t + \varphi)] \begin{bmatrix} \cos^2(\omega_0 t) & \sin(\omega_0 t)\cos(\omega_0 t) \\ \sin(\omega_0 t)\cos(\omega_0 t) & \sin^2(\omega_0 t) \end{bmatrix} \begin{bmatrix} 1 \\ \mathrm{i} \end{bmatrix}$$

$$= \frac{\sqrt{2}}{2} a \exp[\mathrm{i}(\omega t + \omega_0 t + \varphi)] \begin{bmatrix} \cos(\omega_0 t) \\ \sin(\omega_0 t) \end{bmatrix}$$

对于通过检偏器的参考光,由式(5-29)可得

$$\begin{bmatrix} E'_{2x} \\ E'_{2y} \end{bmatrix} = \frac{\sqrt{2}}{2} b \exp(\mathrm{i}\omega t) \begin{bmatrix} \cos^2(\omega_0 t) & \sin(\omega_0 t)\cos(\omega_0 t) \\ \sin(\omega_0 t)\cos(\omega_0 t) & \sin^2(\omega_0 t) \end{bmatrix} \begin{bmatrix} \mathrm{i} \\ 1 \end{bmatrix}$$

$$= \frac{\sqrt{2}}{2} b \exp\left[\mathrm{i}\left(\omega t - \omega_0 t + \frac{\pi}{2}\right)\right] \begin{bmatrix} \cos(\omega_0 t) \\ \sin(\omega_0 t) \end{bmatrix}$$

转动 $\lambda/2$ 波片使 $a = b$。显然,通过检偏器的两束光是同方向振动的线偏光,两束光进行振幅叠加后得

$$\begin{bmatrix} E'_x \\ E'_y \end{bmatrix} = \frac{\sqrt{2}}{2} a \begin{bmatrix} \cos(\omega_0 t) \\ \sin(\omega_0 t) \end{bmatrix} \exp(\mathrm{i}\omega t) \left\{ \exp\left[\mathrm{i}\left(-\omega_0 t + \frac{\pi}{2}\right)\right] + \exp[\mathrm{i}(\omega_0 t + \varphi)] \right\}$$

$$= \sqrt{2} a \begin{bmatrix} \cos(\omega_0 t) \\ \sin(\omega_0 t) \end{bmatrix} \cos\left(\omega_0 t + \frac{\varphi}{2} - \frac{\pi}{4}\right) \exp\left[\mathrm{i}\left(\omega t + \frac{\pi}{4} + \frac{\varphi}{2}\right)\right]$$

不难得到,合振动的光强为

$$A^2 = |E'_x|^2 + |E'_y|^2 = a^2[1 + \sin(2\omega_0 t + \varphi)]$$

可见,光强按正弦规律变化,变化频率为检偏器转动频率 ω_0 的两倍。在干涉图中,由于两束相干光的频差 $2\omega_0$ 而引起条纹移动,图 5-21(a)表示时间由 t_0 到 t_1 时,干涉条纹由实线移至虚线处。干涉场中基准点 (x_0, y_0) 处用一根光纤采集其光强信号;另一根光纤进行扫描采集待测点 (x_i, y_i) 的光强信号。待测点与基准点的相位差 $\varphi(x_i, y_i) - \varphi(x_0, y_0)$ 可通过两个光电探测器输出与光强成正比的信号,再输入相位计得到两信号的过零时间差 Δt_i 而求出。测试信号与基准信号随时间变化的曲线如图 5-21(b)所示。信号的变化周期为 $T = 2\pi/(2\omega_0)$,因而得

$$\varphi(x_i, y_i) - \varphi(x_0, y_0) = 2\omega_0 \Delta t_i = 2\pi \frac{\Delta t_i}{T} \qquad (5-31)$$

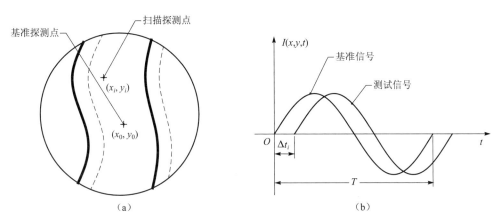

图 5-21 外差干涉图与光电探测信号

(a) 由于频差引起干涉条纹移动;(b) 测试信号与基准信号随时间变化的曲线

5.5 思考与练习题

1. 设晶片的快轴方向与参考坐标系 x 轴平行，并且晶片引入的双折射相位延迟量为 φ，求该晶片的琼斯矩阵。若晶片的快轴方向与 x 轴成 θ 角，试证明此时晶片的琼斯矩阵为

$$\begin{bmatrix} \cos^2\theta e^{i\varphi} + \sin^2\theta & \sin\theta\cos\theta(e^{i\varphi}-1) \\ \sin\theta\cos\theta(e^{i\varphi}-1) & \sin^2\theta e^{i\varphi} + \cos^2\theta \end{bmatrix}$$

2. 设理想线偏振器（即起偏、检偏器）的主方向与参考坐标系 x 轴成 θ 角，试证明其琼斯矩阵为

$$\begin{bmatrix} \cos^2\theta & \sin\theta\cos\theta \\ \sin\theta\cos\theta & \sin^2\theta \end{bmatrix}$$

3. 图 5-5 所示单 $\lambda/4$ 波片法中，若 $\alpha=\pi/2$、$\theta=\pi/4$、$\eta=0$，被测试样引入的双折射相位差为 φ，试证明光波通过 $\lambda/4$ 波片后成为线偏振光。

4. 试采用琼斯矢量分析法证明式（5-8），并说明当 $\lambda/4$ 波片快慢轴与参考坐标系轴平行时，该 $\lambda/4$ 波片对检偏器输出光强是否有影响？

5. 当用白光作为暗视场平面偏光仪的照明光源时，被测试样产生的等倾条纹和等色条纹各有什么样的特点？

6. 若要粗略测量玻璃平板折射率，可采用偏振测量法进行测量，请给出测量方法并说明测量原理。

7. 一束线偏振光，若其振动方向与半波片 $\left(\dfrac{\lambda}{2}波片\right)$ 快轴方向夹角为 α，求该线偏振光通过 $\dfrac{\lambda}{2}$ 波片后光束的偏振态。

8. 考虑偏振泰曼格林移相干涉仪（如图 5-22 所示），其中 PBS 为偏振分光棱镜，M_1、M_2 分别为参考反射镜和测试反射镜，三个 $\lambda/4$ 波片的快轴均与 x 轴方向成 45°角，参考光束

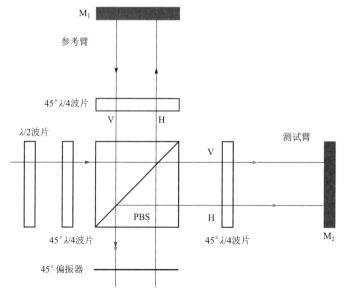

图 5-22 偏振泰曼格林移相干涉仪

和测试光束经 PBS 合并后通过一个 45°线偏振器（检偏器）。假定入射光束为水平线偏振光，$\lambda/2$ 波片的快轴方向与 x 轴夹角为 θ，测试光路相对参考光路引入相位差 $\varphi(x,y)$。试说明该偏振移相干涉测量原理，分析什么条件下将出现消光现象并得到暗干涉条纹？

9. 采用偏振元件可以产生频移。让一束角频率为 ω 的圆偏振光通过以角速度 ω_0 匀速转动的 $\frac{\lambda}{2}$ 波片（$\omega_0 \ll \omega$），若圆偏振光的旋向与 $\frac{\lambda}{2}$ 波片的旋向相同，则出射的圆偏振光旋向反向、转速减慢，角频率变为 $\omega - 2\omega_0$。试分析上述原理。

第 6 章
光学系统成像性能评测

在成像用的光学（或光电）系统的设计、制造和使用中，人们都十分关注系统的成像性能，即成像质量情况（简称像质）。如何有效地检测出系统的成像质量是评价一个成像光学系统性能优劣的前提。在可见光成像领域，常用的像质检测方法有星点法、分辨率法、光学传递函数法、傅科刀口法、朗契检验法、哈特曼法等。这些方法综合评价了光学系统的几何像差和衍射效应对成像质量的影响，到目前为止应用仍非常广泛。随着成像系统朝着红外和紫外波段延伸，多种新型光电成像器件的涌现，对成像系统的评测从纯光学系统向复杂光电系统方向发展，也对光学系统成像性能评测提出了新的课题。

围绕待研究的光学（或光电）系统成像性能评测的一系列问题，本章 6.1 节将概述有关的成像性能评测的基本理论，包括检测与评价方法概述，6.2～6.4 节在空间域内分别讨论星点检验、分辨率测量和畸变测量三个问题，6.5 节则转换到空间频谱域内讨论光学传递函数的测量及其像质评测问题。在第 7 章的后三节还将讨论透射比、杂光和像面均匀性三个成像光度性能的测试问题。有关反映像质的波像差测量问题，在第 4 章中 4.2、4.4 节的内容中已经涉及。限于教学计划，本教材不讨论色度性能及其检测问题。

6.1 成像性能评测的基本理论

6.1.1 光学像质的研究方法概述

如图 6-1 所示，对于某个光学（电）成像系统，诸如望远镜、显微镜、照相与摄影，以及制版、放大、扫描、投影等成像系统，均可以把该成像系统的功能描述为：输入物信息，然后将其转换为所需的或感兴趣的输出像信息。该输入物信息包括目标物的辐射度分布及频谱、色谱、散射特性，还包括背景和传输介质的相关特性。输出像信息既包括输入物的相似性或一致性的信息，也包括其他附加的或衍生的信息。

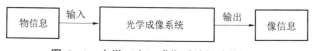

图 6-1 光学（电）成像系统的功能框图

如图 6-2 所示，类似于电学与通信系统中的方法（将在后面说明），一个光学（电）成像系统也可以描述为一种空间滤波器，而静态的常规光学成像系统通常可以描述为一个等效的空间低通滤波器。

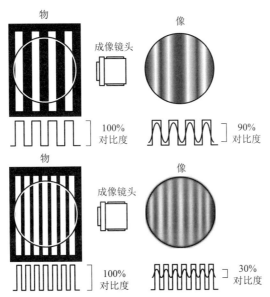

图 6-2 光学成像系统等效于一种空间低通滤波器

对于光学（电）成像系统，撇开时间响应特性后，最主要关心的是物与像的辐射（照）度分布一致性、光度或辐射度性能、色度性能这三个基本问题。

首先，简要说明物与像的辐射（照）度分布一致性问题。成像系统的基本功能就是要把物面的辐射度分布转换成像面上的辐照度分布。理想的情况是，除尺寸按比例缩放之外，像和物的辐照度分布完全一致。但实际上不可能做到完全一致，这就是成像系统的成像性能优劣的问题，即成像质量问题。这里，先要弄清一个基本问题，即物像辐照度分布一致的含义是什么？它可以包括几何轮廓形状的一致性、轮廓的陡峭度（锐度），以及成像的层次感等。这方面所涉及的像质判据有畸变、光学传递函数、分辨率、星点、波像差、灰阶和动态范围等，可统称为成像的失真度性能。

其次，说明光度或辐射度性能的问题。对某些光电成像系统，例如军用光学成像仪器，还特别关心其成像的作用距离、光信号和电信号的噪声大小。在这方面所涉及的像质指标有透射比、杂光、像面辐照度均匀性、信噪比等，这些可统称为光度或辐射度性能。

最后，说明色度性能的问题。在目视白光或复色光的条件下，仪器的成像作用还要求有良好的颜色还原性能。如照相物镜的色贡献指数、望远镜视野的色调，以及有显示或视频接口输出的数码摄影和电视摄像系统的颜色还原空间的色调、饱和度和明度等，这些统称为色度性能。

以上三个方面的成像性能，具体到实际的成像仪器各有其侧重点，所用的像质判据也会有差异。例如，天文观测或点目标跟踪的仪器更关心光学系统的中心点亮度和透射比，而不必关心光学调制传递函数 MTF，但中心点亮度的高低又与 MTF 曲面下的体积成正比。对于复杂的成像仪器而言，还应考虑影响整机成像性能的一些其他指标。例如，可卸照相物镜的定位截距，变焦镜头的像面位移，双目望远镜的光轴平行性、像倾斜（带分划板）等。

现代光学（电）成像系统往往是一个复杂的成像系统，尤其是应用了新型传像与探测器件的情况，除要考虑光学系统的性能参数外，还应研究诸如人眼、胶片、CCD 或 CMOS、液晶显示屏、荧光屏等信息转换部件的特性，及其与光学系统组合后的总体性能。

6.1.2 光学像质的基本成像理论

评价光学（光电）系统成像质量时，至少需要了解以下一些基本的成像理论和评测方法。

1. 光的衍射成像理论及其计算

光是一种电磁波，从麦克斯韦电磁场的标量理论出发，基尔霍夫最早以衍射积分形式描述了点像的复振幅分布式，将其自共轭后，即为垂直主光线像面上的点像辐照度分布，再将其归一化后称为点扩散函数 PSF。如用远场近似，并忽略倾斜因子和瞳面振幅分布不均匀性等因素，复振幅分布式可以简化为瞳函数的傅里叶变换式。对于一个实际成像光学系统，从其光学结构参数出发进行光线追迹计算，或者从瞳面上的波像差分布出发进行快速傅里叶变换计算，即可近似得到实际有像差和离焦的三维辐照度分布。

对于圆孔衍射受限光学系统，反映其三维光强分布的等强度线如图 6-3 所示，图中横坐标采用规化光轴单位，纵坐标采用规化焦平面单位。其中，光轴上的归一化光强分布为

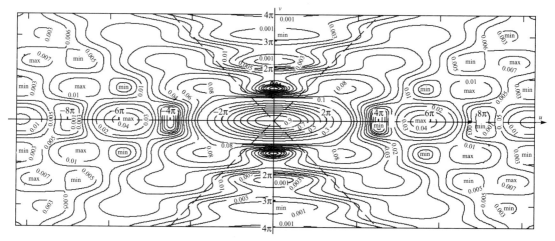

图 6-3 圆孔衍射会聚球面波子午面上焦点附近的等强度线

$$I(u) = \left[\frac{\sin(u/2)}{u/2}\right]^2 \qquad (6-1)$$

焦面上的归一化点像辐照度分布则是圆孔函数的傅里叶变换的模的平方，即艾里斑分布

$$\frac{I(0,v)}{I_0(0,v)} = \left[\frac{2J_1(v)}{v}\right]^2 \qquad (6-2)$$

上两式中，规化坐标为

$$u = \frac{2\pi}{\lambda}\left(\frac{D}{2f}\right)^2 R, \; v = \frac{2\pi}{\lambda}\left(\frac{D}{2f}\right)w \qquad (6-3)$$

式中，f 为成像系统的焦距，D 为成像系统的出瞳直径，R 为成像系统出瞳面到像面的距离，w 为考察点在像面上的位置。

在实际工作中，常用艾里斑分布公式估计理论像斑尺寸、分辨能力等。

2. 线性平移不变系统与空间卷积成像——空域的点扩散函数

（1）线性系统

光学成像系统的线性条件，是指其像平面上的辐照度分布 $i(u',v')$ 可以看成是物平面上每一物点 $o(u,v)$ 在像平面共轭像点 (u',v') 处形成的辐照度分布的线性叠加。对于非相干的成像光学系统，一般认为满足辐照度（或光强度）的线性叠加条件。

（2）空间平移不变性

空间平移不变性，是指当一个物点在光学系统的物平面上移动时，像平面上所对应像点会按一定比例平移，而像点在平移过程中的辐照度分布则没有发生变化。对于实际的光学系统来说，不同物面位置或不同视场位置的物点，在像平面上的辐照度分布总会有所差别。但对经过良好消像差处理的光学系统，通常能将其物空间分割为几个视场区域，在每个视场区域内，分别近似满足空间平移不变性条件。满足空间平移不变性条件的这些视场区域称为该光学系统的等晕区。

满足线性和空间平移不变性条件的非相干成像光学系统，分析其成像的基本原理相对较为容易。

（3）空间卷积成像

可将物方图样分解为无穷多个独立的、具有不同光强度的点基元。这些点基元可以理解为一个个无限小的点光源，故用单位脉冲 δ 函数来表示。这个过程可用如下数学关系式描述

$$o(u,v) = \iint_{-\infty}^{+\infty} o(u_1,v_1)\delta(u-u_1,v-v_1)du_1 dv_1 \qquad (6-4)$$

式中，$o(u,v)$ 为物方图样的光强度分布；u、v 为物面上某点的坐标。

在光学系统满足线性和空间平移不变性的条件下，像方图样的辐照度分布 $i(u',v')$ 可用如下的线性算子，即卷积形式来表示

$$i(u',v') = \iint_{-\infty}^{+\infty} o(u,v)h(u'-M_u u, v'-M_v v)du dv \qquad (6-5)$$

式中，u'、v' 为与物面坐标 (u,v) 共轭的像面坐标；M_u、M_v 为物像之间的横向放大率；$h(u'-M_u u, v'-M_v v)$ 为点物基元共轭像的辐照度分布，简称为点像分布，也称为单位脉冲响应函数。

式（6-5）表示了线性空间平移不变系统的成像过程。该式表明，将任意的物分布与该系统的点像分布作卷积就可得到像的辐照度分布，点物基元的像分布完全决定了系统的成像特性。只有当点物基元的像分布为 δ 函数时，才能严格保证物像之间的点对应点的关系。也就是，除了物像几何尺寸之间有个横向放大或缩小的关系外，仍然保持物像分布与形状的完全一致性。但是，对于一定通光口径的圆孔衍射的光学系统，每一个点物基元在像面上的归一化点像辐照度分布是服从 $[J_1(v)/v]^2$ 的艾里斑分布，而不是 δ 函数。加上残余像差和工艺疵病等的影响，其点像分布要比艾里斑分布还大，且可能不对称。因此，一个实际的光学系统，其像分布是物分布经点像分布的卷积，结果是对原物分布起了平滑作用，从而造成点物基元经系统成像后"失真"。如图 6-4 所示，对于一个简单的余弦状物分布情形，可以推导出其像分布仍是余弦分布，但其对比度有所下降，且当点像分布不对称时，像的余弦分布还可能发生相对位移。对于含有多个不同频率余弦成分的物分布，经点像分布的卷积成像，像分布

的对比度不仅会下降,而且可能会发生形状变化。

总之,物方图样与点像分布的卷积就可得到像方图样。这种从物空间点基元出发来描述光学系统的成像过程,本质上是一个"空间域的卷积成像"过程,该成像基元就是点像分布,即点扩散函数。如何通过实验手段获取一个实际成像系统的点物基元的像分布,是完整描述和评价该系统成像性能的关键所在,这正是本章6.2节要具体讨论的星点检验问题。

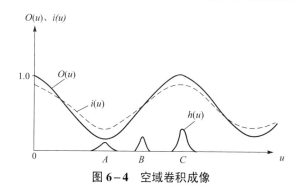

图6-4 空域卷积成像

（4）线性空间平移不变系统的测量保证

线性条件的测量保证:在不考虑强光非线性、光和物质相互作用等复杂情况下,对有一定尺寸的目标物采用良好的非相干照明,则光学成像系统可视为线性系统,此时像平面上满足辐照度的线性叠加条件。

对于空间平移不变性条件,在实际测量操作中则要格外小心。实际成像系统要在整个成像空间严格满足空间平移不变性一般是不可能的,但实际成像系统通常都经过消像差设计,总可将它的视场空间分割成若干个"等晕区",在每个"等晕区"内,点像分布大致是一致的。

具体可采用的技术措施有如下三条。

① 对有一定尺寸的目标物采用良好的非相干照明。办法是:适当增大目标物聚光系统的像方数值孔径,达到减小目标物上相邻点的相干度的目的。也可以在目标物面上加散射屏,如毛玻璃和乳白玻璃等,使屏上各点近似为初级的非相干发光物点。后者固然改善了非相干照明条件,但大大减弱了目标照明的光能量,对提高测量信噪比很不利。

② 测量仪器中使用的光电接收器件都有一个线性响应的工作范围,超过此范围则该器件会产生显著的非线性,往往是在过低和过高的输入信号区会出现这种情况。常用的做法是,对该器件进行实际的标定测试,保证其工作在良好的线性响应区内,或者对响应信号进行非线性修正。

③ 注意将测量仪器的目标物尺寸限制在等晕区内进行测量。

3. 低通滤波器与频域滤波成像——频域的光学传递函数

对于线性空间平移不变的成像系统,像面辐照度分布是考虑了物像放大比例关系后的物面辐照度分布与点像辐照度分布的空间域卷积。对于成像系统的整个像面,总可分为若干等晕区,在各个等晕区内,有各自的点像辐照度分布。空间域卷积计算比较麻烦,如果把它用傅里叶积分算子变换到频谱域内,式(6-5)则变为如下简单的乘积关系

$$I(r',s') = O(r,s) \cdot H(r',s') \tag{6-6}$$

式中，r、s 为物面 u、v 方向的空间频率；r'、s' 为像面 u'、v' 方向的空间频率。

为了方便引入零频归一的光学传递函数，往往先将点像分布 $h(u'-M_u u, v'-M_v v)$ 的积分值归一化为 1，并忽略 u',v' 和 u,v 的区别，简记为 $h(u,v)$。这时，称积分值归一化的点像分布为成像系统的**点扩散函数**，记为

$$PSF(u,v) = h(u,v) / \iint_{-\infty}^{\infty} h(u,v) \mathrm{d}u \mathrm{d}v \qquad (6-7)$$

它的傅里叶变换就是该成像系统的**光学传递函数**，记为

$$OTF(r,s) = \iint_{-\infty}^{\infty} PSF(u,v) \exp[-\mathrm{i}2\pi(ru+sv)] \mathrm{d}u \mathrm{d}v \qquad (6-8)$$

因此，式（6-6）可改写为

$$I(r',s') = O(r,s) \cdot OTF(r',s') \qquad (6-9)$$

式（6-9）表明，像方图样的频谱等于物方图样的频谱乘以该成像系统的光学传递函数的乘积。从式（6-7）和式（6-8）容易得到，光学传递函数在零频处的值为 1，其余频率处其模小于 1。

光学传递函数 $OTF(r,s)$ 是一个复值函数，其模 $MTF(r,s)$ 称为光学系统的**调制传递函数**，表示各种频率 (r,s) 余弦成分在成像过程中调制度的衰减大小，它会导致成像清晰度变差；其辐角 $PTF(r,s)$ 称为光学系统的**相位传递函数**，它表示各种频率 (r,s) 余弦成分在成像过程中空间位移不一致，它会导致成像变形。但 PTF 导致的这种图像变形在低频处往往很小，而在中、高频处像质更灵敏的反映是 MTF 明显下降，故目前一般均以 MTF 来评价光学系统的成像质量。

式（6-9）也表明，对于非相干成像的线性光学系统，成像的物理本质就是"频域滤波成像"。如图 6-5 所示，光学系统可以等效于一个"滤波系统"，而这个"滤波系统"是一个二维或三维空间的低通滤波器，滤波器就是光学传递函数。在空间频率域描述成像系统的物像关系时，不同空间频率成分的余弦辐照度物分布，通过该线性空间滤波器后，仍一一对应为各个空间频率成分的余弦辐照度像分布，但是各频率成分像分布的调制度有不同程度的衰减，直至某个空间频率后完全被截止。这也是被著名的阿贝成像理论和实验所证实的一个事实。

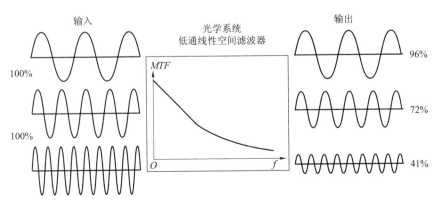

图 6-5 频域滤波成像

由于在数理基础上光学成像过程等效为低通滤波成像，不难理解如下几个成像的本质问题：

① 成像的几何轮廓形状是否清晰，对应的是像的低频成分调制度衰减的大小。

② 成像的轮廓是否陡峭，即锐度大小，对应的是像的高频成分调制度衰减的大小。

③ 成像的层次感是否丰富、清晰度是否高，对应的是像的低频、中频和高频成分调制度衰减的大小，即整个调制传递函数曲线（面）和光传感器阈值曲线（面）所合围的面（体）积所含的成像信息量。

④ 成像的形状是否失真（变形），对应的是该成像系统不同视场的放大率不一致引起的形状几何形变，又称为畸变。在频谱域中，畸变反映的是该成像系统不同视场的零频处相位传递函数斜率发生变化（不为零）。

4. 复合成像系统的成像关系

复杂成像仪器是由多个光学或光电系统或器件组合而成的，需要弄清楚它们之间在成像作用中的关系。有三种不同的耦合成像情形。以望远系统为例，并在物镜组与目镜组之间插入不同的光学介质。当物镜组与目镜组之间插入一块透明分划板时，一般可以把三者合为一个光学系统，按光线追迹和光波传播衍射理论出发，进行瞳函数的振幅连乘和波像差代数相加，这是一种完全相干耦合成像的关系。当物镜组与目镜组之间插入光纤面板、带荧光屏变像管或毛玻璃屏之类"接像"器件时，原物镜组和目镜组之间相干耦合成像关系被破坏，形成非相干耦合成像关系。此种情况，在频域内处理三者之间的成像关系最为方便，可以用三者的MTF连乘（要计入三者之间频率放大比例关系）。当物镜组与目镜组之间插入部分相干的成像器件，三者之间变为部分相干耦合成像关系，此情形下，成像的作用预计介于以上两种情况之间。严格地说，要用部分相干耦合成像理论进行计算分析。

对于光学成像系统，考虑成像性能的更完善方法是应计入目标物和接收器。也就是说，可以将它们分别视为整个成像系统的一个子系统。例如：景物的形状、漫反射系数、光学层次、光谱成分以及大气湍流等，接收器对光强响应的灵敏域特性、光谱响应特性、噪声、一致性及动态响应范围等。人眼作为像接收器，除要考虑生理特性外，还要考虑心理的主观评价特性，还要关注时间响应特性、弱光响应特性、输出信号与图像的处理等。

一般地，完全相干耦合成像情形，按光线追迹和光波传播衍射理论，满足瞳函数的振幅A_i连乘和波像差W_i代数叠加，即

$$P(x,y) = \prod_i A_i(x,y) \exp\left[j\sum_i \frac{2\pi}{\lambda} W_i(x,y)\right] \qquad (6-10)$$

式中的(x,y)要依次计入各传输像面的几何放大比例关系。

完全非相干耦合成像的情形，在频域内满足MTF_i连乘关系，即

$$MTF(r,s) = \prod_i MTF_i(r,s) \qquad (6-11)$$

式中的(r,s)要依次计入各传输像面的频率放大比例关系。

部分相干耦合成像情形，要用互强度函数进行计算分析。一种简化方法是粗略估计其成像介于以上两种情况之间。

6.1.3 光学像质评价方法概述

长期以来，用于表示成像质量的判据很多，究竟采用什么样的判据为好呢？大致从以下两个方面考虑：① 关于像质信息量的多寡与信息特征量的提取。以点物为目标的天文或跟踪制导望远镜常关心星点像PSF，其信息量丰富而直观，还可以从中抽取单一评价指标，对小像差系统用中心点亮度 $S.D.$，对其他系统也有用弥散斑直径、区域能量以及各阶矩来表示的。总之，要从较为完备的像质信息中去提取合理的信息特征量。② 像质判据的溯源。光学系统尽管成像判据众多，但可以归溯于三个基本源：瞳函数、星点像和光学传递函数。以下简单说明三者的内容含义及其联系。

1. 瞳域评价方法及其判据

瞳函数 $P(x,y)$ 是定义在通过成像光学系统出瞳中心的最佳参考球面上的复函数。它的模表示了出射光束密度分布的均匀性（包括渐晕），其幅角分布主要表示了包括离焦在内的波像差大小。瞳函数综合了所设计的光学系统的孔径、渐晕、残余像差以及加工制造等因素对成像波面的影响。光学加工残余的光圈和局部光圈主要会影响瞳函数的波像差，而光学元件的疵病、表面光洁度以及灰尘划痕等主要影响瞳函数的振幅均匀性。最后，它们都会造成像面上点像分布的弥散。波像差比星点像较容易定量，比MTF较直观，更容易判断病症。例如，应力会灵敏表现出不规则波像差；一个双分离望远物镜间隔尺寸由 0.31 mm 变为 0.33 mm，会引起总波像差PV值（峰谷值）由 0.39λ 变为 0.59λ；而光学元件面形光圈如由 0.05λ 变为 0.10λ，可能会引起波像差PV值（峰谷值）由 0.41λ 变为 0.53λ。可见，透镜间隔、光学面形的变化也会敏感表现为波像差的变化。一般地说，波像差RMS值达 $\lambda/4$ 时，可以认为像质优良。望远镜就是以 $\lambda/4$ 的瞳域面积比作为优良率指标的，像质好的望远镜轴上优良率可以做到 0.75。实测表明，照相物镜的轴上波像差在 $0.4\lambda\sim1.5\lambda$ 范围。为了完整描述成像系统的波像差特性及其大小，往往可将其展开为各次正交圆多项式系数，即泽尼克系数来表示。瞳函数相对波像差信息量更完整，可以进一步计算出PSF和MTF，但瞳函数不足的是，至今还只能按单一波长来评价成像性能。

2. 空域评价方法及其判据

星点像 $h(u,v)$ 是定义在空间域像面上的点像分布。它很直观而且对小像差十分灵敏，有经验的光学检测人员可以直接通过星点像来诊断镜头的病症和像质优劣，缺少经验的也可以借助计算机显示各种典型疵病的星点图形来帮助分析与诊断。最基本的做法是与理想衍射受限的各种离焦星点图相对比。过去，受限于光电探测和计算机技术，难以由星点像 $h(u,v)$ 转换出MTF，故对其定量分析主要局限于光学设计阶段，在光学测试领域基本上是定性处理。现今，随着新型高动态响应的光电探测技术及数字图像处理技术的发展，实现星点像定量测试的时代已经到来。

从二维的星点像分布数据中，常可提取弥散斑直径、区域能量、各阶矩以及分辨率等单值指标来表征成像系统的像质好坏。

3. 频域评价方法及其判据

调制传递函数 $MTF(r,s)$ 表征了各种频率成分的像调制度的衰减程度。大多数光学系统都可被视为线性低通滤波器,一般地说,高频细节的信息总是要丢失多一些。PTF 主要反映了成像的非对称成像传递特性,它在引起像的变形失真的同时也引起各频率成分对比度即 MTF 的下降,实际分析表明后者比前者更为突出。由 OTF 逆傅里叶变换可得点扩散函数,故在频域内可以做一些图像的改善与处理。OTF 与 PSF 的信息量等价,OTF 较 PSF 更易定量测试,也容易提取像质特征量。例如,MTF 曲线下面积值对应中心点亮度 $S.D.$,MTF 平方的积分值大致对应主观锐度(Acutance),综合了被评测对象的各种工作状态并包括景物、探测器特性在内的 MTFA 组合面积值,以及 SQF 值,均是从不同角度表征了成像系统的像质指标。又如,为了便于测量评价,经对各类产品的大量测试和统计分析,对望远镜采用像方角频率 $10(°)^{-1}$ 的 MTF 值,照相物镜采用像方线频率 $10\ \text{mm}^{-1}$ 和 $30\ \text{mm}^{-1}$ 的 MTF 值,分别作为主要的像质评价判据,这些空间频率称为评价用的特征频率。

总之,以上三个判据分别从瞳域 (x,y)、空域 (u,v) 和频域 (r,s) 的角度描述和评价了系统的成像性能,它们之间通常还可进行转化。

6.2 星点检验

由于光的衍射、几何像差、工艺疵病以及其他一些因素的影响,点光源通过光学系统成像后,在像面以及像面前后不同的截面上形成一定大小和形状的弥散像斑,称为星点像。根据星点像的大小和光能量分布情况,来评定光学系统成像质量的方法,就是星点检验法。星点检验法被认为是一种迅速、可靠而灵敏度又非常高的检验方法。其历史可以追溯至泰勒(Taylor,1891)的著作中,而后泰曼(Twyman,1942)和马丁(Martin,1961)做了更进一步的研究。目前的应用和研究水平是,可以通过对已知像差样品的星点图样的观察分析,并结合其干涉检验的波像差类型和数量级,能做到识别很多种像差下的星点像。另外,还可以采用高动态范围 CCD 检测星点像并反求波像差及光学传递函数。

6.2.1 检验原理

上一节描述了线性空间平移不变性系统的成像过程。满足线性和空间平移不变性条件的非相干成像光学系统,可以将物方图样分解为无穷多个独立的、具有不同发光强度的点基元。这些点物基元,可采用单位脉冲 δ 函数来表示。式(6-5)表明,将任意的物辐射度分布与该系统的点像分布做卷积就可得到像的辐照度分布,点物基元的像分布完全决定了系统的成像特性。当一个点物基元通过光学系统成像后,由于衍射、像差和工艺疵病的影响,点物基元共轭像的辐照度分布 $h(u,v)$,按积分值归一化后得到的点扩散函数 $PSF(u,v)$ 不再是单位脉冲 δ 函数。通过考察该光学系统的点扩散函数 $PSF(u,v)$,就可以了解和评定该光学系统对任意物分布的成像质量,这就是星点检验的基本原理。

6.2.2 衍射受限系统星点像光强分布

对一个圆形光瞳的无像差理想衍射受限系统来说,其星点像辐照度分布就是圆瞳函数的傅里叶变换的模的平方,即如式(6-2)表示的艾里斑分布,如图 6-6 所示。表 6-1 给出了艾里斑各极值点的数据。

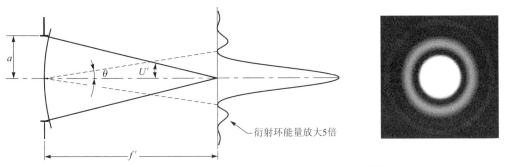

图 6-6 圆孔衍射的艾里斑分布图（图中 a 是光瞳半径）

图 6-7 给出了艾里斑的辐照度分布图及局部放大图，其中图 6-7（a）的辐照度进行了归一化处理，图 6-7（b）则是在相对辐照度为 0.03 处截断并放大的示意图。

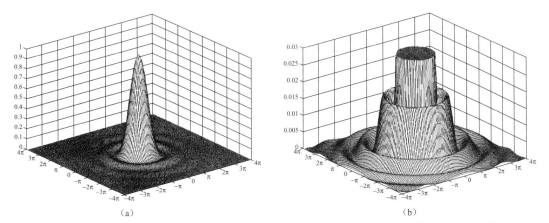

图 6-7 艾里斑的辐照度分布图及局部放大图（在相对辐照度为 0.03 处截断以突出细节）

表 6-1 艾里斑各极值点的数据

$v=(2\pi/\lambda)a\theta$	θ / rad	I/I_0	能量分配	备注
0	0	1	83.78%	中央亮斑
1.220π	0.610λ/a	0	0	第一暗环
1.635π	0.818λ/a	0.017 5	7.22%	第一亮环
2.233π	1.116λ/a	0	0	第二暗环
2.679π	1.339λ/a	0.004 2	2.77%	第二亮环
3.233π	1.619λ/a	0	0	第三暗环
3.699π	1.849λ/a	0.001 6	1.46%	第三亮环

6.1 节给出了圆光瞳理想衍射受限系统在子午面内焦点附近的光强分布等强度线。图 6-3 中过 v 轴且垂直于纸面的平面就是焦平面，u 轴是光轴。从中可以看出，光强分布在焦前、

焦后是关于焦平面对称的。并且在焦平面上的辐照度分布为服从一阶贝塞尔函数$[J_1(v)/v]^2$的艾里斑分布，而沿光轴方向的光强服从sinc^2函数分布。

如要从星点图来分析诊断一个成像系统的球差、色球差等像差的大小，单看某个像面上的星点衍射图像是难以确定的，往往需要通过前后若干离焦像面上的星点像来分析判断。因此，需要与理想衍射的离焦图形进行对比分析，通过计算和熟悉若干典型的正负球差、像散和彗差等的离焦星点图形分布规律，加上大量的实践检验，就能把握好通过星点检验来分析诊断成像系统的成像质量及疵病。

当光学系统的光瞳形状改变时，其理想星点像也会随之改变。例如，在光学仪器中偶尔遇到的矩形光瞳情况，这时焦平面内的理想星点像辐照度分布为

$$\frac{I}{I_0} = \left[\frac{\sin(\mu/2)}{\mu/2}\right]^2 \cdot \left[\frac{\sin(v/2)}{v/2}\right]^2 \qquad (6-12)$$

式中，$\mu = (2\pi/\lambda)a\theta_x$，$v = (2\pi/\lambda)b\theta_y$，$a$、$b$分别为矩形光瞳长、宽方向的尺寸，$\theta_x$、$\theta_y$的含义参考图6-6所示。图6-8所示为方形光瞳焦平面内理想星点像的辐照度分布图。

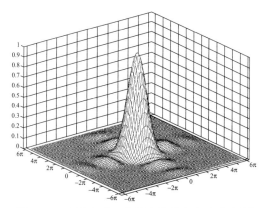

图6-8 方形光瞳理想星点像的辐照度分布图

6.2.3 检验条件

在光具座上做星点检验时，一般不需要特殊附件，但要注意两个重要问题，即平行光管焦面处的星孔光阑直径和显微物镜数值孔径的合理选择。

1. 星孔直径

图6-9是在光具座上进行照相物镜星点检验的光路原理图。为保证星点像具有足够的亮度和对比度，以便看清星点像的细节，除要求照明光源具有足够的亮度（例如采用汽车灯泡、超高压汞灯等）外，还需对星孔尺寸加以限制。因为当星孔有一定大小时，星孔上每一点发出的光在被检物镜焦平面上都会形成一个独立的衍射斑，观察到的星点像实际上是由无数个彼此错位的衍射斑叠加而成的。若星孔尺寸大于某个数值，各衍射斑的彼此错位量超出一定限度，星点像的衍射环细节将随之消失。根据衍射环宽度所做的理论估算和实验表明，星孔允许的最大角直径$\alpha_{\max}$应等于被检系统艾里斑第一暗环角半径θ_1的二分之一，如图6-10所示。

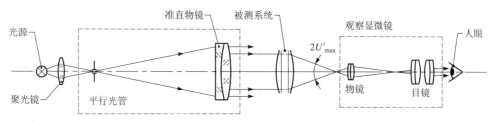

图 6-9 物镜星点检验光路原理图

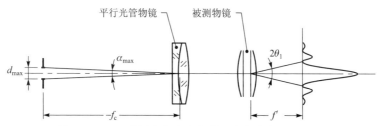

图 6-10 星孔最大角直径与艾里斑角半径 θ_1 的关系

$$\alpha_{max} = \frac{1}{2}\theta_1 \quad (6-13)$$

查表 6-1 可得

$$\theta_1 = \frac{0.61\lambda}{a} = \frac{1.22\lambda}{D} \quad (6-14)$$

因此

$$\alpha_{max} = 0.61\lambda/D \quad (6-15)$$

式中，D 为被检物镜的入瞳直径，λ 为照明光源的波长，如用白光则可取 $0.56\ \mu m$。根据平行光管物镜焦距 f'_c，可得允许的最大星孔直径

$$d_{max} = \alpha_{max} f'_c = (0.61\lambda/D) f'_c \quad (6-16)$$

例如，若平行光管 $f'_c = 1\,200\ mm$，通光口径为 $100\ mm$，被测物镜入瞳直径 $D = 70\ mm$，则星孔允许的最大直径为

$$d_{max} = (0.61\lambda/D) f'_c = \frac{0.61 \times 0.56 \times 10^{-3}}{70} \times 1\,200 = 5.8\,(\mu m)$$

2. 显微物镜的数值孔径和放大率

星点像非常细小，需借助显微镜（检验物镜时）或望远镜（检验望远系统时）放大后进行观察。在用显微镜观察时，除了需要确保观察显微镜具有良好的像质外，还应注意合理选择显微物镜的数值孔径和放大率。

为了保证被检物镜的出射光束能全部进入观察显微镜，显然应保证显微镜的物方最大孔径角 U_{max} 大于或等于被检物镜的像方孔径角 U'_{max}，如图 6-9 所示。否则由于显微物镜的入瞳切割部分光线，无形中减小了被检物镜的通光口径，因而得到的是不符合实际的检验结果，这一点在实际工作中常被人疏忽。为保证孔径要求，可根据被检物镜的相对孔径按表 6-2 选用显微物镜的数值孔径。

表 6-2 根据相对孔径 D/f' 选择数值孔径 NA

被检物镜的 D/f'	显微物镜的 NA
<1/5	0.1
1/5～1/2.5	0.25
1/2.5～1/1.4	0.40
1/1.4～1/0.8	0.65

显微镜放大率的选择以人眼观察时能够分开星点像的第一、第二衍射亮环为准。由表 6-1 可查得第一与第二衍射亮环的角间距为

$$\Delta\theta = (1.339 - 0.818)\lambda/a = \frac{1.042}{D}\lambda \qquad (6-17)$$

被检物镜焦面上对应的线间距为

$$\Delta R = \Delta\theta \cdot f' = 1.042\lambda f'/D \qquad (6-18)$$

设经显微镜放大后两衍射环的角间距为 δ_e 时人眼就能分辨，则有

$$\frac{1.042\lambda f'\beta}{Df'_e} \geqslant \delta_e \qquad (6-19)$$

式中，β 为显微物镜垂轴放大率，f'_e 为显微目镜焦距。又因为显微镜的总放大率为

$$\Gamma = \beta\frac{250}{f'_e}$$

故有

$$\Gamma \geqslant \frac{250D\delta_e}{1.042\lambda f'}$$

若取 $\lambda = 0.56\times10^{-3}$ mm，$\delta_e = 2' = 0.00058$ rad，则上式可简化为

$$\Gamma \geqslant 250\frac{D}{f'} \qquad (6-20)$$

3. 前置镜的入瞳直径和放大率

在光具座上对望远系统做星点检验时，需用前置镜（望远镜）代替显微镜进行放大观察，如图 6-11 所示。这时除对前置镜有像质要求外，还要求其入瞳直径大于等于被检望远镜的出瞳直径，放大率也应满足人眼能分辨星点像细节的要求。参照显微镜放大率的选择方法，可得出前置镜放大率的计算式为

$$\Gamma \geqslant \frac{D'}{1.042\lambda}\delta_e$$

当取 $\lambda = 0.56\times10^{-3}$ mm，δ_e 以分为单位，被检望远镜出瞳直径 D' 以 mm 为单位时，上式可改写为以下简单形式

$$\Gamma \geqslant \frac{D'}{2}\delta_e \qquad (6-21)$$

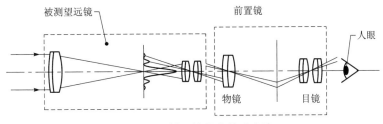

图 6-11 望远镜星点检验光路

此外，在星点检验时应注意被检系统的光轴与平行光管光轴间的相对角度关系。检验轴上星点像时，应保证两者轴线平行，否则会得出不准确的检验结果。为了发现和避免这种情况，检验时可使被检系统在夹持器内绕自身轴线旋转。若星点像的疵病方位也随之旋转，则表明疵病确实是被检系统本身固有的；若星点像疵病方位不变，则被检系统可能装夹倾斜，或检验装置本身有缺陷，应排除后才能使用。

星点检验是一种简单可靠而且灵敏度较高的像质检验方法。但实际光学系统的星点像往往是多种像差和衍射效应综合造成的结果，能反映出相当多的信息，星点像形式多样且很复杂，难于做出定量判断。要"诊断"光学系统存在的主要像差性质和疵病种类，以及造成这些缺陷的原因，不仅要熟练掌握星点检验的基本原理，还要有丰富的实践经验。所以有关星点像的分析和像差判断应在实践课中进一步学习。

6.3 分辨率测量

分辨率测量所获得的有关被测系统的像质信息量虽然不及星点检验多，发现像差的灵敏度也不如星点检验高，但分辨率测量能以确定的数值作为评价被测系统像质的综合性指标，并且不需要多少经验就能获得正确的分辨率数值。对于有较大像差的光学系统，分辨率会随像差变化呈现较明显变化，因而能用分辨率值区分较大像差系统间的像质差异，这是星点检验法所不如的。分辨率测量设备几乎和星点检验一样简单，因此分辨率测量始终是生产中检验一般成像光学系统质量的主要手段之一。近年来，由于采用了高性能 CCD 等光电成像阵列器件及数字图像处理技术，目视测量分辨率这种因人而异的主观性和人工操作方法的局限性也有所突破。特别是数字摄像机、数码相机和热像仪等光电成像系统的分辨率指标，可通过对视频接口输出的分辨率图像处理而获得其分辨率的客观评测。

本节主要介绍基于目视判读的分辨率测量的相关理论和方法，包括测量望远系统和照相系统典型的分辨率图案和测量装置。

6.3.1 衍射受限系统分辨率

理想衍射受限系统中，一个发光点通过光学系统成像后得到一个衍射光斑；两个独立的发光点通过光学系统成像得到两个衍射光斑。考察不同间距的两个发光点在像面上的两衍射光斑可否被分辨，就能定量反映该理想光学系统的成像质量，以此作为实际测量值的参照数据。首先来分析理想衍射受限系统能分辨的最小间距，即理想系统的理论分辨率数值。

根据光学系统非相干成像的线性叠加性质，两个衍射斑重叠部分的辐照度为两光斑辐照度之和。随着两衍射斑中心距的变化，可能出现图 6-12 所示的几种情况。当两个发光物点间距较大时,两个衍射斑的中心距也较大,中间有明显的暗区隔开,亮暗之间的辐照度对比度 $k \approx 1$,如图 6-12(a)所示。当两物点逐渐靠近时,两衍射斑之间产生较多重叠,但重叠部分中心的合成辐照度仍小于两侧的最大辐照度,即对比度 $0 < k < 1$,如图 6-12(b)所示。当两物点靠近到一定程度后,两衍射光斑之间的合光强将大于或等于单个衍射斑中心的最大光强,两衍射斑之间无明暗差别,对比度 $k = 0$,两衍射斑合二为一,如图 6-12(c)所示。

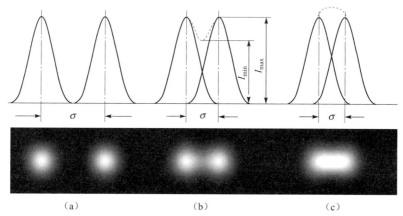

图 6-12 两衍射斑中心距不同时辐照度分布曲线和光斑合成图
(a) 中心距等于中央亮斑直径 d;(b) 中心距等于 $0.5d$;(c) 中心距等于 $0.39d$

人眼观察相邻两物点所成的像时,若想要判断出是两个像点而不是一个像点,则要求两衍射斑重叠区中间与两侧要有一定量的明暗差别,即对比度 $k > 0$。但 k 究竟取多大值时人眼恰能分辨出是两个像点而不是一个像点呢?这通常因人而异。历史上存在三个著名的判断准则:瑞利(Rayleigh)认为,当两衍射斑中心距正好等于第一暗环半径时,人眼刚能分辨开这两个像点,如图 6-13 所示。根据式(6-2)可求出此时两衍射斑中心距为

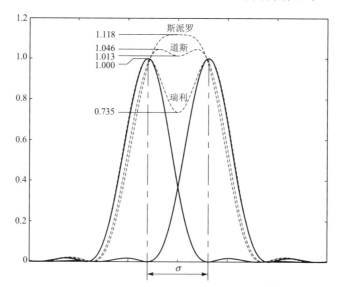

图 6-13 三种判据的合成辐照度分布曲线

$$\sigma_0 = 1.22\lambda \frac{f'}{D} = 1.22\lambda F \qquad (6-22)$$

这就是瑞利判据。按照瑞利判据，两衍射斑之间的最小光强为最大光强的 73.5%，人眼很易察觉，因此有人认为该判据过于严格，于是提出了另一个判据，即道斯（Dawes）判据。

道斯判据认为，人眼刚能分辨的两个衍射斑最小中心距为

$$\sigma_0 = 1.02\lambda F \qquad (6-23)$$

根据道斯判据，两衍射斑之间的合成辐照度最小值为 1.013，合成辐照度最大值为 1.046，如图 6-13 所示。还有人认为，当两个衍射斑之间的合成辐照度刚好不出现下凹时为刚可分辨的极限情况，这个判据称为斯派罗（Sparrow）判据。根据斯派罗判据，两衍射斑最小中心距为

$$\sigma_0 = 0.947\lambda F \qquad (6-24)$$

两衍射斑之间的合成辐照度为 1.118。图 6-14 给出了上述三种判据的合成辐照度分布。

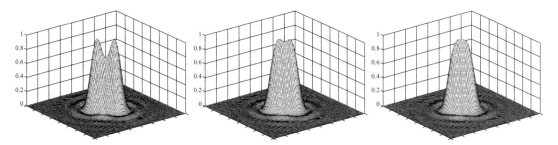

图 6-14 瑞利、道斯和斯派罗判据的合成辐照度分布图

实际工作中，由于光学系统的种类不同、用途不同，分辨率的具体表示形式也不同。例如望远系统，由于物体位于无限远，所以用角距离表示刚能分辨的两点间的最小距离，即以望远物镜后焦面上两衍射斑的中心距 σ_0 对物镜后主点的张角 α 表示分辨率，即

$$\alpha = \frac{\sigma_0}{f} \qquad (6-25)$$

照相系统以像面上刚能分辨开的两衍射斑中心距的倒数表示分辨率，即

$$N = \frac{1}{\sigma_0} \qquad (6-26)$$

显微系统中则直接以刚能分辨开的两物点间的距离表示分辨率，即

$$\varepsilon = \frac{\sigma_0}{\beta} \qquad (6-27)$$

式中，β 为显微物镜的垂轴放大率。

表 6-3 列出了不同类型的光学系统按不同判据的理论分辨率计算式。表中 D 为入瞳直径（mm），NA 为数值孔径，若用白光照明则可取 $\lambda = 0.56 \times 10^{-3}$ mm。

表 6-3 三类光学系统的理论分辨率

系统 \ 判据	瑞利	道斯	斯派罗
望远/rad	$\dfrac{1.22\lambda}{D}$	$\dfrac{1.02\lambda}{D}$	$\dfrac{0.947\lambda}{D}$
照相/mm^{-1}	$\dfrac{1}{1.22\lambda F}$	$\dfrac{1}{1.02\lambda F}$	$\dfrac{1}{0.947\lambda F}$
显微/mm	$\dfrac{0.61\lambda}{NA}$	$\dfrac{0.51\lambda}{NA}$	$\dfrac{0.47\lambda}{NA}$

以上讨论的各类光学系统的分辨率公式都只适用于视场中心的情况。对望远系统和显微系统而言，由于视场很小，因此只需考虑视场中心的分辨率。但对照相系统而言，由于视场通常较大，除考察视场中心的分辨率外还应考察中心视场以外的分辨率。

在斜光束成像情况下，理论分辨率的计算公式将与轴上分辨率公式有所不同。如图 6-15 所示，Ω_1 为斜光束成像时物镜出瞳处的子午波面，它在 OC' 方向上成一理想像点 C'。M' 为过 C' 点垂直于主光线 OC' 的线段上的一点，而且 $C'M'$ 就等于斜光束成

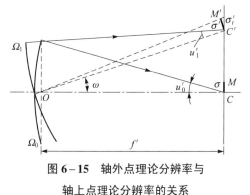

图 6-15 轴外点理论分辨率与轴上点理论分辨率的关系

像情况下中央亮斑的半径，即

$$C'M' = \sigma' = \frac{0.61\lambda}{\sin u_1'} \tag{6-28}$$

由图看出，这时的通光口径近似为 $D' = D\cos\omega$，波面曲率半径 $OC' = f'/\cos\omega$，所以

$$\sigma' = \frac{0.61\lambda}{\sin u_1'} = \frac{0.61\lambda}{\dfrac{D'}{2OC'}} = \frac{0.61\lambda}{\sin u_0'} \cdot \frac{1}{\cos^2\omega} = \frac{\sigma}{\cos^2\omega} \tag{6-29}$$

由图还可看出，σ' 在高斯像面上的投影尺寸为

$$\sigma_t' = \frac{\sigma'}{\cos\omega} = \frac{\sigma}{\cos^3\omega} \tag{6-30}$$

因此照相物镜轴外点子午方向的理论分辨率为

$$N_t = \frac{1}{\sigma_t'} = \frac{1}{\sigma}\cos^3\omega = N\cos^3\omega \tag{6-31}$$

对于分辨位于弧矢方向两点的情况，由于与轴上点成像有区别的仅有 $f'/\cos\omega$ 一个因素，故

$$\sigma_s' = \frac{0.61\lambda}{\sin u_0'} \cdot \frac{1}{\cos\omega} = \frac{\sigma}{\cos\omega} \tag{6-32}$$

由此得轴外点弧矢方向的理论分辨率为

$$N_s = \frac{1}{\sigma_s'} = \frac{1}{\sigma}\cos\omega = N\cos\omega \qquad (6-33)$$

由式（6-31）和式（6-33）可看出，理论分辨率随视场增大而下降，而且子午方向的分辨率比弧矢方向的分辨率下降得更快。

6.3.2 测量方法

1. 分辨率图案

要直接用人工方法获得两个非常靠近的非相干点光源作为检验光学系统分辨率的目标物是比较困难的。通常采用由不同粗细的黑白线条组成的人工特制图案或实物标本作为目标物来检验光学系统的分辨率。

由于各类光学系统的用途不同、工作条件不同、要求不同，所以设计制作的分辨率图案在形式上也很不一样。图 6-16 为两种较为典型的常用分辨率图案。

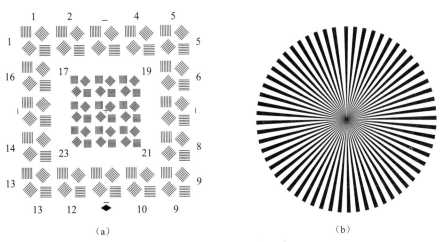

图 6-16　两种分辨率图案

(a) 国家专业标准分辨率图案；(b) 辐射式分辨率图案

下面以 JB/T 9328—1999 国家专业标准分辨率图案为例，介绍其设计、计算方法。该分辨率图案中的单元线条设计如图 6-17 所示。

(1) 线条宽度

黑（白）线条的宽度 P 按等比级数规律依次递减

$$P = P_0 q^{n-1} \qquad (6-34)$$

式中，$P_0 = 160\,\mu m$（A_1 号板第 1 单元线宽），$q = 1/\sqrt[12]{2}$，$n = 1 \sim 85$。实际图案上的线条宽度按式（6-34）计算后只保留三位有效数字。

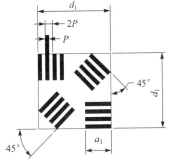

图 6-17　单元线条几何参数

(2) 分组

将 85 种不同宽度的分辨率线条分成七组，通常称为 1 号到 7 号板，即 $A_1 \sim A_7$ 分辨率板。每号分辨率板包含有 25 种不同宽度的分辨率线条,同一宽度的分辨率线条又按四个不同的方向排列构成一个"单元",如图 6-17 所示,25 个单元在分辨率板上的排列顺序如图 6-16(a)所示,每号板的中心都是第 25 号单元。对 $A_1\sim A_5$ 号板,每号板内的第 13~25 单元分别与下一号板内的第 1~13 单元相同,即相邻两号分辨率板之间有一半单元是彼此重复的,如图 6-18 所示。A_5 和 A_7 号板也有一半单元是重复的,A_6 号板与前后相邻的 A_5、A_7 板的关系略有不同。A_6 的 1~20 单元与 A_5 的 6~25 单元的线宽相同,A_6 的 8~25 单元与 A_7 的 1~18 单元的线宽相同。A_7 的 25 单元的线宽最小,为 1.25 μm。

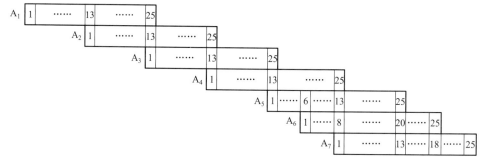

图 6-18 $A_1\sim A_7$ 分辨率图案单元重复关系示意图

(3)计算举例

试计算第 3 号(A_3)分辨率板中的第 13 单元的线条宽度 P、相邻两黑(或白)线条的中心距 σ 和每毫米线对数 N_0。

由分组规律可知,A_3 板第 13 单元就是总共 85 个单元中的第 37 单元,即 $n=37$。将此值代入式(6-34)得

$$P = P_0 q^{n-1} = 160 \times \left(2^{-\frac{1}{12}}\right)^{37-1} = 20 (\mu m)$$

$$\sigma = 2P = 40 (\mu m)$$

$$N_0 = \frac{1}{\sigma} = \frac{1}{40(\mu m)} = \frac{1}{0.040(mm)} = 25 (mm^{-1})$$

一般情况下可按表 6-4 查出不同号数、不同单元的分辨率线条宽度数据。

表 6-4 JB/T 9328—1999 国家专业标准分辨率图案线条参数

分辨率板号		A_1	A_2	A_3	A_4	A_5	A_6	A_7
单元号	单元中每组明暗线条总数	线条宽度/μm						
1	7	160	80.0	40.0	20.0	10.0	7.50	5.00
2	7	151	75.5	37.8	18.9	9.44	7.08	4.72
3	7	143	71.3	35.6	17.8	8.91	6.68	4.45
4	7	135	67.3	33.6	16.8	8.41	6.31	4.20
5	9	127	63.5	31.7	15.9	7.94	5.95	3.97

续表

分辨率板号		A_1	A_2	A_3	A_4	A_5	A_6	A_7
单元号	单元中每组明暗线条总数	线条宽度 /μm						
6	9	120	59.9	30.0	15.0	7.49	5.62	3.75
7	9	113	56.6	28.3	14.1	7.07	5.30	3.54
8	11	107	53.4	26.7	13.3	6.67	5.01	3.34
9	11	101	50.4	25.2	12.6	6.30	4.72	3.15
10	11	95.1	47.6	23.8	11.9	5.95	4.46	2.97
11	13	89.8	44.9	22.4	11.2	5.61	4.21	2.81
12	13	84.8	42.4	21.2	10.6	5.30	3.97	2.65
13	15	80.0	40.0	20.0	10.0	5.00	3.75	2.50
14	15	75.5	37.8	18.9	9.44	4.72	3.54	2.36
15	15	71.3	35.6	17.8	8.91	4.45	3.34	2.23
16	17	67.3	33.6	16.8	8.41	4.20	3.15	2.10
17	11	63.5	31.7	15.9	7.94	3.97	2.97	1.98
18	13	59.9	30.0	15.0	7.49	3.75	2.81	1.87
19	13	56.6	28.3	14.1	7.07	3.54	2.65	1.77
20	13	53.4	26.7	13.3	6.67	3.34	2.50	1.67
21	15	50.4	25.2	12.6	6.30	3.15	2.36	1.57
22	15	47.6	23.8	11.9	5.95	2.97	2.23	1.49
23	17	44.9	22.4	11.2	5.61	2.81	2.10	1.40
24	17	42.4	21.2	10.6	5.30	2.65	1.99	1.32
25	19	40.0	20.0	10.0	5.00	2.50	1.88	1.25
线条长度 /mm	1~16 单元	1.2	0.6	0.3	0.15	0.075	0.056 25	0.037 5
	17~25 单元	0.8	0.4	0.2	0.1	0.05	0.037 5	0.025

2. 望远系统分辨率的测量

在光具座上测量望远系统分辨率时的光路安排与星点检验类似，只是将星孔板换成分辨率板并增加一块毛玻璃即可，如图 6-19 所示。对前置镜的要求也与星点检验时相同。

测量时，从线条宽度大的单元向线条宽度小的单元顺序观察，找出四个方向的线条都能分辨开的所有单元中单元号最大的那个单元（简称刚能分辨的单元）。根据此单元号和分辨率板号，查表 6-4 得到该单元的线条宽度 P（mm），再根据平行光管焦距 f'_c（mm）由下式计算出被测望远系统的分辨率

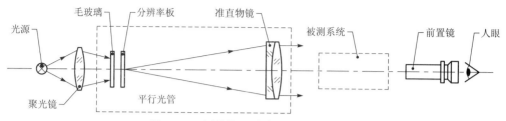

图 6-19 测量望远系统分辨率装置简图

$$\alpha = \frac{2P}{f_c'} \times 206\,265'' \tag{6-35}$$

由于望远系统的视场通常很小,一般只需测量视场中心的分辨率。测量时应注意将分辨率图案的像调整到视场中心。

3. 照相物镜目视分辨率测量

在光具座上测量照相物镜的分辨率时通常采用目视法。

图 6-20 所示为在光具座上测量照相物镜目视分辨率的光路图。当采用 JB/T 9328—1999 型分辨率板和测量轴上点的分辨率时,根据刚能分辨的单元号和板号由表 6-4 直接查出线条宽度 P 或算出每毫米的线对数 N_0($N_0 = 1/(2P)$),再根据下面简单关系式即可求出被测物镜像面上轴上点的目视分辨率

$$N = N_0 f_c' / f' \, (\mathrm{mm}^{-1}) \tag{6-36}$$

式中,f_c' 为平行光管焦距,f' 为被测物镜焦距。

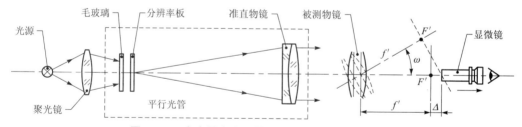

图 6-20 在光具座上测量照相物镜分辨率的光路图

在光具座上测量轴外点的目视分辨率时,通常将被测物镜的后节点调整在物镜夹持器的转轴上,旋转物镜夹持器即可获得不同视场角的斜光束入射,此时物镜位置如图 6-20 中虚线所示。为了保证轴上与轴外都在同一像面上进行测量,当物镜转过视场角 ω 时,观察显微镜必须相应地向后移动一段距离 Δ,由图 6-20 可见

$$\Delta = \left(\frac{1}{\cos\omega} - 1 \right) f' \tag{6-37}$$

在光具座上测量轴外点的目视分辨率时,如图 6-21 所示,由于分辨率板通过被测物镜后的成像面与其高斯像面之间有一倾角 ω,而且像的大小随视场的增大而增大,所以分辨率板上同一单元对轴上点和轴外点有不同的 N 值。由图 6-21 可看出,ω 视场角下子午面内的线对间距为

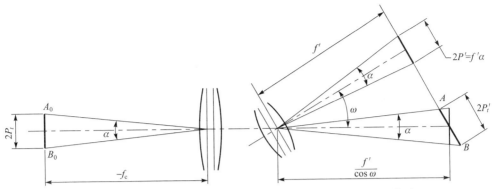

图 6-21 子午面内物面上的线宽 P_t 与像面上对应线宽 P_t' 的关系

$$2P_t' = \frac{f'}{\cos\omega} \cdot \alpha \cdot \frac{1}{\cos\omega} = 2P_t \frac{f'}{f_c'} \frac{1}{\cos^2\omega} \quad (6-38)$$

因此

$$N_t = \frac{1}{2P_t'} = N_0 \frac{f_c'}{f'} \cos^2\omega = N\cos^2\omega \quad (6-39)$$

在弧矢面内则有

$$2P_s' = \frac{f'}{\cos\omega} \cdot \alpha = 2P_s \frac{f'}{f_c'} \frac{1}{\cos\omega} \quad (6-40)$$

因此

$$N_s = \frac{1}{2P_s'} = N_0 \frac{f_c'}{f'}\cos\omega = N\cos\omega \quad (6-41)$$

照相物镜分辨率测量还涉及感光材料的分辨特性，有些情况下要采用照相方法来测量照相物镜分辨率，这里不再详细讨论。随着光学仪器的现代化，其光学系统不论是对成像质量要求，还是对其他性能要求都越来越高。对不同光学系统（如摄影镜头、微缩摄影系统、空间侦察系统等），各专业部门和国家技术监督局均颁布了不同的分辨率标准，并且随着对外科技交流的深入发展，这些标准也在不断修订和完善。因此，这里只是对分辨率测量做了初步介绍，在实践中要针对具体被测光学系统的要求严格遵照有关标准进行检测。

6.4 畸变测量

6.4.1 畸变的定义

畸变是光学成像系统像差的一种，理想成像系统不仅成像清晰，而且满足物像相似关系。当系统的畸变以外的像差为零时，该系统能够清晰成像，但并不能说明物像相似，物像的不相似程度就是用畸变来衡量的。我们把主光线和理想像面的交点作为实际像点，用它到理想像点的距离表示像的变形程度，称为畸变。组成光学系统的多镜片或镜组的光轴不可能完全共线而引起像的变形，称为切向畸变。系统畸变是由径向变形分量和切向变形分量共同构成的。以 $\delta y_z'$ 表示畸变，y_z' 表示实际像高，y_0' 表示理想像高，则径向畸变的计算公式如下所示

$$\delta y'_z = y'_z - y'_0 \qquad (6-42)$$

畸变除以理想像高的百分数表示相对畸变 q，如下所示

$$q = \frac{\delta y'_z}{y'_0} \times 100\% = \frac{\overline{\beta} - \beta}{\beta} \times 100\% \qquad (6-43)$$

式中，$\overline{\beta}$ 为某个视场的实际垂轴放大倍率，β 为光学系统的理想垂轴放大倍率。

畸变 $\delta y'_z$ 仅是视场的函数，不同视场的实际垂轴放大倍率不同，畸变也不同。通常衡量镜头或成像系统的畸变量都用相对畸变 q 表示。设一垂直于光轴的正方形平面物体，如图 6-22（a）所示，当系统具有正畸变 $y'_z > y'_0$ 时，其像如图 6-22（b）所示；当系统具有负畸变时，则其像如图 6-22（c）所示，图中的虚线表示理想像的图形。正畸变也称枕形畸变，负畸变也称桶形畸变。

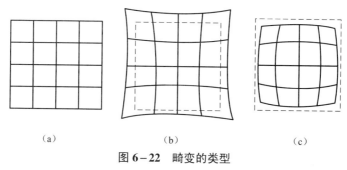

图 6-22 畸变的类型

(a) 物；(b) 枕形畸变；(c) 桶形畸变

6.4.2 测量方法

镜头的物面在近距离时测量畸变方法一般较为简单。实际使用更多的、在国防和某些工业部门中起更大作用的是物面位于无限远的消畸变物镜。这里仅介绍物距为无限大的摄影物镜的畸变测量方法。传统的测量镜头畸变量的方法主要有正向节点滑轨法、反向节点滑轨法、平行光管组法和精密测角法等。下面介绍正向节点滑轨法、精密测角法和全场数字图像测量法。

1. 正向节点滑轨法

这是一种传统的、较为简便的镜头畸变测量方法，它在光具座上进行，能满足一般物镜的畸变测量精度要求，应用比较广泛。正向节点滑轨法的测量原理如图 6-23 所示，其测量装置由一个平行光管、一个节点滑轨物镜夹持器和一个测量显微镜组成。将被测物镜仔细地装在夹持器的镜框上，使被测物镜光轴与平行光管光轴重合。镜框装在一根滑轨上，使被测物镜能沿自身光轴方向滑动。滑轨下面的垂直轴插在底座上，故物镜还可绕垂直轴转动以改变其光轴的方位，这个方位由底座上的水平度盘精确确定。当被测物镜光轴与平行光管光轴重合时，度盘读数应是 0°。这时移动测量显微镜找到平行光管分划刻线经被测物镜所成的像（显微镜的移动导轨应与平行光管光轴严格平行），并使它的中心与显微镜的十字线中心对准。将被测物镜沿滑轨滑动并绕垂直轴左右小量摆动，当显微镜中看不出刻线像中心有横向位移时，就可以认为被测物镜后节点已位于滑轨的垂直转轴上了。

设已知被测物镜的焦距为 f'，将物镜绕垂直轴准确地转 ω 角，同时显微镜向后移动 $f'(\sec\omega-1)$ 的量，以保证测量的是焦平面上的像。用测量显微镜测出刻线像中心相对于 $\omega=0°$ 时的刻线像中心位置的横向位移量 $\Delta y_{+\omega}$；再将物镜反向旋转 ω 角，显微镜后移量还是 $f'(\sec\omega-1)$，测出此时的位移量 $\Delta y_{-\omega}$。半视场角为 ω 的畸变 $\delta y'_z$ 由下式计算

$$\delta y'_z = \frac{\Delta y_{+\omega} + \Delta y_{-\omega}}{2}\sec\omega \tag{6-44}$$

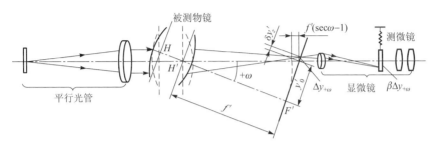

图 6-23　正向节点法测量畸变原理

2. 精密测角法

内方位元素是相机的主要内部参数，也是影响相机畸变的主要技术指标，它主要包括主距和主点。一般来说，相机做好之后，其主距、主点、畸变等技术指标都已经固定，但是在标定相机的过程中，通过对该系列参数进行优化计算，可以进一步优化相机的畸变。所以主距和主点不是实际意义上相机的焦距和焦点，确定它们的原则是使相机总的畸变最小。

将一块刻有正方形网格的分划板装在被测物镜像面上，用精密测角仪测出各分划线经被测物镜所成的像对中心分划线像的倾角 ω。如果对称于刻线中心的两根分划线的 ω 角不相等，即说明相机主点与网格板的刻线中心不重合。如图 6-24 所示，O_1 为网格板的刻线中心，O 为相机主点，$|OO_1|=p$，J' 为物镜像方节点，$J'O=f'_j$，f'_j 为镜箱焦距。测得距中心 O_1 为 y'_x 的一对刻线的视场角 ω_{xA} 与 ω_{xB}，OO_1 对 J' 点的张角为 $\Delta\omega$（称为误差角）。图中位置 A 和 B 处的畸变计算公式为

$$D_{xA} = y'_x - x_0 - f'_j \cdot \tan(\omega_{xA} - \Delta\omega) \tag{6-45}$$

$$D_{xB} = y'_x + x_0 - f'_j \cdot \tan(\omega_{xB} + \Delta\omega) \tag{6-46}$$

$\Delta\omega$ 是主点和像面中心偏差造成的角度，主点的偏移量很小，所以 $\Delta\omega$ 是一小量，因此 $\tan(\omega_{xA}-\Delta\omega)$ 和 $\tan(\omega_{xB}+\Delta\omega)$ 项可以用泰勒公式近似，即

$$\tan(\omega_{xA}-\Delta\omega) \approx \tan\omega_{xA} - \sec^2\omega_{xA}\cdot\frac{x_0}{f'_j} \tag{6-47}$$

$$\tan(\omega_{xB}+\Delta\omega) \approx \tan\omega_{xB} + \sec^2\omega_{xB}\cdot\frac{x_0}{f'_j} \tag{6-48}$$

将式（6-47）和式（6-48）分别代入式（6-45）和式（6-46）中，得到位置 A 和 B 处的畸变计算表达式

$$D_{xA} = y'_x - f'_j \cdot \tan\omega_{xA} + x_0 \cdot \tan^2\omega_{xA} \tag{6-49}$$

$$D_{xB} = y'_x - f'_j \cdot \tan\omega_{xB} - x_0 \cdot \tan^2\omega_{xB} \quad (6-50)$$

同样，可从另一个方向上，得到位置对称的两处的畸变计算表达式

$$D_{yA} = y'_y - f'_j \cdot \tan\omega_{yA} + y_0 \cdot \tan^2\omega_{yA} \quad (6-51)$$

$$D_{yB} = y'_y - f'_j \cdot \tan\omega_{yB} - y_0 \cdot \tan^2\omega_{yB} \quad (6-52)$$

从式（6-49）～式（6-52）可知，y'_x、ω_{xA}、ω_{xB} 以及 y'_y、ω_{yA}、ω_{yB} 由测量得到，而需要求解的未知数有 f'_j、x_0 和 y_0 三个。为了求解这三个未知量，需要测量像面上一系列的网格线交点，利用最小二乘法，使得畸变的平方和达到最小，求得主点坐标 x_0 和 y_0 以及镜箱焦距 f'_j。最后将得到的主点和镜箱焦距代入畸变表达式求解出相机的畸变值。

这种精密测角法测量畸变的精度很高，可达 0.005%。图 6-25 是测量航摄像机畸变的测量装置外形图。

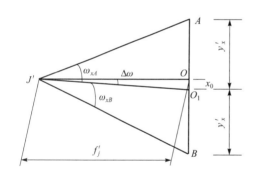

图 6-24 测量位置 A 和 B 处的畸变计算关系

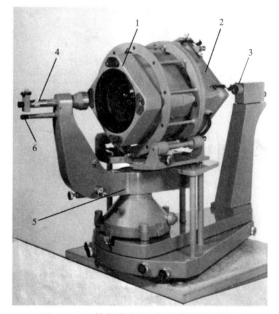

图 6-25 航摄像机畸变测量装置外形

1—航摄像机；2—网格板；3—平行光管；4—测微自准望远镜；
5—精密转台；6—角度读数目镜

3. 全场数字图像测量法

（1）畸变测量的模型

CCD 成像过程可分为两部分：理想成像过程和畸变过程。理想成像时不考虑镜头的畸变，采用针孔成像模型，或者称为近轴成像模型。畸变过程描述的是理想像点位置和实际像点位置的映射关系，畸变测量关键在于确定此映射关系，一般采用多项式模型。根据成像原理，距光轴越近畸变越小，所以中心视场很小一部分可以认为是理想成像，以此为多项式模型的初始值来确定多项式的系数，从而根据多项式模型及实际像点来确定理想像点的位置，达到恢复理想图像的目的。

理想像点位置是由投影关系或者说是由近轴成像关系得到的，对应的畸变像点的位置不能简单地由近轴成像公式得到。设理想像点位置 (x, y, z) 和实际畸变像点位置 (x_d, y_d, z_d) 之间

存在某种联系,用下式表达这种抽象的函数关系
$$(x,y,z) = f(x_d, y_d, z_d)$$
或者
$$(x_d, y_d, z_d) = \psi(x, y, z) \qquad (6-53)$$

若采用极坐标系描述理想像点位置与畸变像点位置之间关系的数学模型,极点设在光学中心处,用 (ρ, θ) 表示理想像点位置的极坐标,(ρ_d, θ_d) 表示畸变像点位置的极坐标,则多项式模型的数学表达式可表示为

$$\begin{cases} \rho_d = a\rho + b\rho^2 + c\rho^3 + d\rho^4 + e\rho^5 + \cdots \\ \theta_d = f\theta + g\theta^2 + h\theta^3 + i\theta^4 + j\theta^5 + \cdots \end{cases} \qquad (6-54)$$

式中,a、b、c、d、e $\cdots$ 为极半径畸变系数,f、g、h、i、j $\cdots$ 为极角畸变系数。由于光学中心处畸变为零,所以多项式中常数项为零。

当方程组(6-54)极角畸变系数和极半径畸变系数独立计算时,方程组中有 5 个未知数,只需取 5 个采样点就可以计算出各畸变系数。为了提高解算精度,通常取很多个采样点,得到一个超定线性方程组,用最小二乘法就可以快速简单地解算该方程组。

(2)实验装置与调整测试

实验装置如图 6-26 所示。其中的关键组件为五维和六维调整机构及高精度目标靶。如图 6-27 所示,综合测试靶结合考虑了点靶和行靶信息。其中灰色目标点为点标记对应的主要标定信息,黑白间带主要用于判别畸变图像中灰色目标点所在的行数,这样就解决了目标采样点与其像点位置难以一一对应的问题。

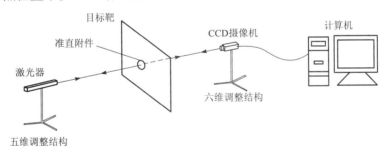

图 6-26 实验装置

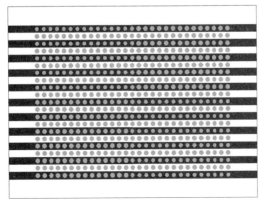

图 6-27 综合测试靶

畸变测量前,对于装置的安装与调整至关重要。在调试过程中,最重要的一点是要求 CCD 镜头光轴通过靶面中心,并且靶面垂直于光轴。采用激光自准直定位光学中心的方法可精确定位光学中心。

测量前先确定基准。首先固定点阵靶使其成为基准,然后调整五维调整机构上的毫瓦级激光发生器的激光束使其垂直于靶面。具体做法是:先使其对准靶面正中央的小孔 $\phi 10$ mm,然后在激光发生器上贴一带小孔 $\phi 2$ mm 的纸片作为接收屏,在靶的小孔处放置一个平行平板玻璃,激光通过接收屏上的小孔在该平行平板玻璃前后表面反射回的光束会在接收屏上产生衍射环,当同心圆衍射环的中心位于激光出射的小孔时,激光器和靶面垂直。然后调整 CCD 镜头光轴与激光束平行。具体做法是:将激光透过靶面中心小孔,射到 CCD 镜头镜面上,从 CCD 镜头各个光学面反射回来的光束投射到激光发生器接收屏上,调整 CCD 镜头使在激光发生器接收屏上的光斑同心,并与小孔中心重合,即 CCD 镜头的光轴与激光束中心重合,同时垂直于靶面且通过靶心。

例如,对一款镜头焦距为 2.6 mm 的 CCD 摄像机系统进行了畸变测量。CCD 摄像机采集到的畸变图像如图 6-28 所示。畸变校正后的图像如图 6-29 所示。该镜头视场角为 120°,相对畸变达 35%,校正后剩余的相对畸变为 0.15%。

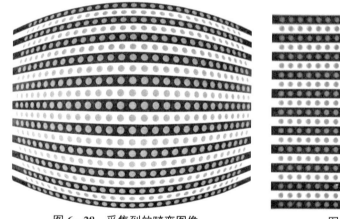 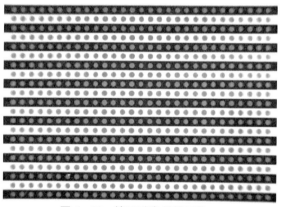

图 6-28　采集到的畸变图像　　　　　图 6-29　校正畸变后的图像

6.5　光学传递函数测量

用星点法、分辨率法评价光学系统成像质量存在一些不足。例如,目视星点检验虽然能很灵敏地反映出多种像质缺陷,但难以对星点像的辐照度分布进行定量分析和测定,通常只能根据经验进行主观定性判断,给不出明确的数值结果,并且对测试人员的专业技能和实践经验要求较高。分辨率测量虽然能给出明确的数值,测量方法也比较简单,但它只是反映光学系统在观察良好对比度目标条件下的极限分辨能力,并不知其在不同对比度目标条件下各种频率线条目标的分辨能力。因此,用分辨率来评价光学系统的成像质量有很大局限性,更何况它在很大程度上还受主观条件(如经验、注意力集中程度)和客观条件(如仪器的照明、工作环境的亮暗和稳定等)的影响。

自 20 世纪六七十年代,学者将傅里叶频谱分析工具引入成像光学测量领域后,光学传递函数得到了发展并成为一种客观定量评价光学系统成像清晰度性能的综合性指标,且它便于与光学系统优化设计指标相比较,在国际上获得了广泛认可和使用。

6.5.1 物理意义

自然界一切景物的光量分布都属物理量的空间分布,可视为空间信号。按照傅里叶分析理论,任何空间信号在数学上都可分解为一系列不同空间频率的正弦或余弦基元。例如,6.3节分辨率测量中所用的分辨率条纹,可用一维空间方波信号来表示,根据傅里叶分析理论,它可以分解为一系列不同空间频率的正弦或余弦基元,这就是它的频谱分布。

根据本章6.1节将线性光学系统视为低通空间滤波器的分析,如图6-5所示,不同空间频率的信号在通过光学系统成像后,信号的调制度(也即对比度)会降低。一般来说,空间频率越高,信号在通过光学系统时调制度的衰减就越大,调制度衰减系数与空间频率的关系可用调制传递函数 $MTF(r,s)$ 来表示。此外,如图6-30所示,不同空间频率的信号在通过不对称成像的光学系统后,信号的相位也会随空间频率不同而发生变化,可用相位传递函数 $PTF(r,s)$ 来表示。特别地,如图6-31所示的辐射式分辨率板,它的黑白条纹的细密度(即空间频率)由边缘至中心逐渐增大,图6-31(b)是图6-31(a)经光学系统所成的像,从图6-31(b)可见,随着空间频率的增大,出现了条纹黑白翻转(即条纹相位180°翻转)的现象,这便是相位传递函数所起的作用。

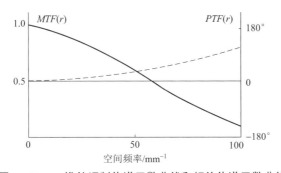

图6-30 一维的调制传递函数曲线和相位传递函数曲线

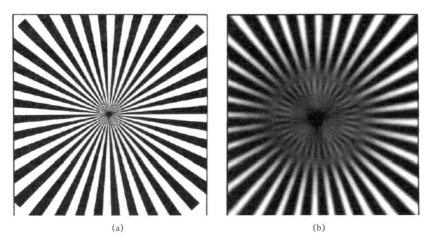

图6-31 成像过程中出现的相位反转现象

光学传递函数就是以调制传递函数作为模值、以相位传递函数作为相值组合而成的,它是空间频率域上的复值函数

$$OTF(r,s) = MTF(r,s) \cdot \exp[-jPTF(r,s)] \qquad (6-55)$$

式中,(r,s) 分别对应像面 (u,v) 方向的空间频率。

6.5.2 测量基础

1. 光学传递函数的定义方法

光学传递函数有三种重要的定义形式,即余弦基元定义法、点基元定义法和光瞳函数定义法,这几种方法从不同角度对光学传递函数做了定义,但在物理本质上是一致的。下面先简要介绍光学传递函数的这三种定义方法。

(1)余弦基元定义法

余弦基元定义法的基本思想是将任意物目标的辐射度分布用傅里叶频谱分析法分解成各种空间频率成分的余弦基元,并分析各个余弦基元在通过光学系统成像后的调制度、相位的变化情况,从而得到光学传递函数。实际工作中,常用各种不同频率的余弦光栅来进行分析。余弦光栅透过光的辐射度分布如图 6-32 中的实线所示,虚线则表示该余弦光栅通过光学系统成像后的像面辐照度分布。

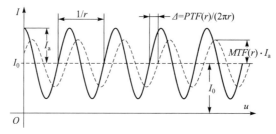

图 6-32 余弦光栅成像振幅相位变化特性

经理论分析可给出下面的结论:

① 余弦光栅所成的像仍是同频率余弦光栅。
② 余弦光栅像的调制度与物的调制度之比,就是该频率下的调制传递函数值。
③ 余弦光栅成像时将产生相移现象,相位变化量就是该频率下的相位传递函数值。

上述结论从图 6-32 可以比较直观地看出来。

(2)点基元定义法

根据星点检验的基本原理,满足线性和空间平移不变性条件的非相干成像光学系统,可以将物方图样分解为无穷多个独立的、具有不同发光强度的点基元。这些点基元,可理解为一个个无限小的点光源,经过光学系统成像后得到星点像的归一化辐照度分布,就是式(6-7)所描述的点扩散函数 $PSF(u,v)$。对其傅里叶变换,即可得光学传递函数

$$OTF(r,s) = \int_{-\infty}^{+\infty}\int_{-\infty}^{+\infty} PSF(u,v)\exp[-2\pi j(ru+sv)]\,du\,dv \qquad (6-56)$$

光学传递函数 $OTF(r,s)$ 通常是复函数,其模就是调制传递函数,其相位就是相位传递函数,即可写为

$$OTF(r,s) = MTF(r,s)\exp[-jPTF(r,s)] \tag{6-57}$$

用欧拉公式展开式（6-56），不难得到

$$\begin{cases} MTF(r,s) = \sqrt{H_c^2(r,s) + H_s^2(r,s)} \\ PTF(r,s) = \arctan[H_s(r,s)/H_c(r,s)] \end{cases} \tag{6-58}$$

$$\begin{cases} H_c(r,s) = \int_{-\infty}^{+\infty}\int_{-\infty}^{+\infty} PSF(u,v)\cos 2\pi(ru+sv)\mathrm{d}u\mathrm{d}v \\ H_s(r,s) = \int_{-\infty}^{+\infty}\int_{-\infty}^{+\infty} PSF(u,v)\sin 2\pi(ru+sv)\mathrm{d}u\mathrm{d}v \end{cases} \tag{6-59}$$

另外，为简便起见，经常在某一个方位考察和测量光学传递函数。令

$$LSF(u) = \int_{-\infty}^{+\infty} PSF(u,v)\mathrm{d}v \tag{6-60}$$

称 $LSF(u)$ 为光学系统沿 u 方向的线扩散函数（Line Spread Function，LSF）。一条垂直于坐标轴 u 方向的无限细亮线，经光学系统所成亮线像的归一化辐照度分布，就是线扩散函数。于是一维光学传递函数可表示为

$$OTF(r) = \int_{-\infty}^{+\infty} LSF(u)\exp(-2\pi jru)\mathrm{d}u \tag{6-61}$$

显然，式（6-56）和式（6-61）中令 $r=s=0$，并结合式（6-7），可得

$$OTF(0,0) = \int_{-\infty}^{+\infty}\int_{-\infty}^{+\infty} PSF(u,v)\mathrm{d}u\mathrm{d}v = \int_{-\infty}^{+\infty} LSF(u)\mathrm{d}u = 1 \tag{6-62}$$

上式称为光学传递函数的零频归一化。

（3）光瞳函数定义法

光瞳函数 $P(x,y)$ 描述的是光学系统由于存在像差、光吸收和衍射等因素，在出射光瞳上的光扰动的振幅和相位分布，它由下式定义

$$P(x,y) = \begin{cases} A(x,y)\exp\left[j\dfrac{2\pi}{\lambda}W(x,y)\right], & \text{光瞳里} \\ 0, & \text{光瞳外} \end{cases} \tag{6-63}$$

式中，(x,y) 为出瞳面坐标；$A(x,y)$ 为出瞳面振幅分布，它描述光学系统出瞳域内光透射比均匀与否，在通常情况下可以认为是均匀的，并令它为 1；$W(x,y)$ 为出瞳面波像差函数，即实际波面与理想波面之间的光程差。

光学系统对于发光物点所成像的光强分布，与光学系统本身的像差和衍射情况有关。考察光学系统有像差时的衍射成像，如果发光物点距离光学系统入瞳足够远，入射在入瞳面上的入射角不大，并且像面与出瞳面的距离远大于出瞳口径，像面上仅需考虑对出瞳面张角不大的一个区域，根据夫朗和斐衍射近似可知，像平面上光扰动的复振幅分布 $ASF(u,v)$ 是光学系统瞳函数 $P(x,y)$ 的傅里叶变换，即

$$ASF(u,v) = c\int_{-\infty}^{+\infty}\int_{-\infty}^{+\infty} P(x,y)\exp\left[-j\dfrac{2\pi}{\lambda d}(ux+vy)\right]\mathrm{d}x\mathrm{d}y \tag{6-64}$$

式中，c 为与振幅无关的常量相位因子，d 为出瞳面到像平面的距离。$ASF(u,v)$ 称为振幅扩散函数，它与点扩散函数 $PSF(u,v)$ 的关系为

$$PSF(u,v) = |ASF(u,v)|^2 \qquad (6-65)$$

将上式代入光学传递函数的定义式（6-56）得

$$OTF(\hat{r},\hat{s}) = c\iint_G P(x,y)P^*(x+\hat{r}, y+\hat{s})\mathrm{d}x\mathrm{d}y \qquad (6-66)$$

上式表示光学传递函数和光瞳函数 $P(x,y)$ 的自相关积分成正比。积分域 G 是光瞳和位移后（所谓位移是自相关积分计算中的数学处理方法）光瞳之间重叠的公共区域。其中 $\hat{r}$、$\hat{s}$ 是光瞳函数自相关积分时的位移量，如图 6-33 所示，通常称它们为简约空间频率。它们与空间频率 r 和 s 的关系为

$$\begin{cases} r = \hat{r}/(\lambda d) \\ s = \hat{s}/(\lambda d) \end{cases} \qquad (6-67)$$

式中，d 为出瞳面到像平面的距离。

式（6-66）经过零频归一化后，得到

$$OTF(r,s) = \frac{\iint_G P(x,y)P^*(x+\hat{r}, y+\hat{s})\mathrm{d}x\mathrm{d}y}{\iint_S |P(x,y)|^2 \mathrm{d}x\mathrm{d}y} \qquad (6-68)$$

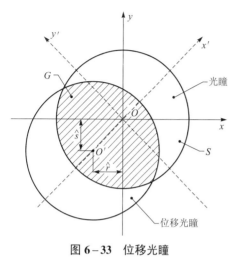

图 6-33 位移光瞳

上式就是用光瞳函数表示的光学传递函数。它表示光学系统的光学传递函数直接与光瞳函数的自相关有关。分母相当于自相关积分中光瞳位移量为零的情况，所以积分域为整个光瞳范围 S。式（6-68）不仅是测量光学传递函数的基本方法之一的依据，而且也是由光学系统结构参数计算光学传递函数的主要途径之一。

2. 理想衍射受限系统的光学传递函数

因大多数光学系统中都是圆形光瞳，这里仅考虑常见的圆光瞳情形。

由于理想光学系统不存在像差，即波像差 $W(x,y)$ 为零，所以式（6-63）表示的光瞳函数为 $P(x,y) = A(x,y)$。对于一般的光学系统，还可以认为光瞳函数的振幅分布 $A(x,y)$ 为常量，通常取为单位值 1。将它代入式（6-68），得

$$OTF(r,s) = \frac{G}{S} \qquad (6-69)$$

式中，G 为光瞳和位移光瞳重叠区面积，S 为光瞳面积。

由于圆光瞳具有对称性，为简便起见这里仅考虑一维情形。从图 6-34 可看出，当光瞳位移量 $\hat{r} = D$ 时，光瞳和位移光瞳相切，则 $G = 0$。因此 $OTF(r) = 0$。将光学传递函数值为零的空间频率称为截止频率，用 r_c 表示。根据式（6-67）可知

$$r_c = \frac{D}{\lambda d} \qquad (6-70)$$

式中，D 为出射光瞳直径，d 为出瞳面到像平面的距离。对于无限远目标成像的光学系统，d 可取物镜的焦距 f'，D 则为入瞳直径，而 F 数即为 f'/D，于是有 $r_c = 1/(\lambda F)$。可见，对无限远目标成像的光学系统，物镜相对孔径越大，F 数越小，则截止空间频率越高。

如图 6-34 所示，分别求出面积 G、S，经简单的推导，可得圆光瞳衍射受限系统的光学

传递函数表示式如下

$$OTF(r) = \frac{2}{\pi}\left[\arccos\left(\frac{r}{r_c}\right) - \frac{r}{r_c}\sqrt{1-\left(\frac{r}{r_c}\right)^2}\right] \quad (6-71)$$

它是一个实函数，即相位传递函数 PTF 为零，而 MTF 曲线如图 6-35 所示。对于有限距离目标成像的光学系统，例如显微物镜，其物空间的截止空间频率可表示为 $r_c = 2 \cdot (NA)/\lambda$，其中 NA 是物镜的数值孔径。投影物镜像空间的 $r_c = 1/\lambda F(1+\beta)$，$\beta$ 为垂轴放大率。

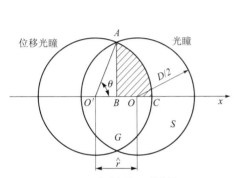

图 6-34　衍射受限系统的 OTF

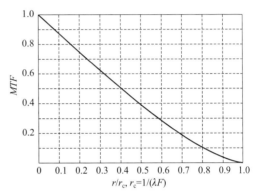

图 6-35　圆光瞳理想衍射受限系统的调制传递函数曲线

6.5.3　测量方法

目前，光学传递函数测量技术和装置已发展到比较完善的阶段。光学传递函数的测量方法，依据其测试原理的不同，可分成机械扫描法、干涉法、数字图像分析法三大类。机械扫描法是过去应用最广的测量方法，现在已用得不多；干涉法只能测量单色 MTF，加之测量精度也不高等原因，一直很少使用；目前，数字图像分析法是国际上主流的测量方法，许多商用测试仪基本上都采用这种方法。

数字图像分析法从采集点扩散函数 $PSF(u,v)$ 或线扩散函数出发，或者采集刀口扩散函数后数值微分得到线扩散函数，进而用快速傅里叶变换得到被测系统的光学传递函数。这种测量光学传递函数方法的特点是：充分利用现代电子技术、自动控制技术和计算机技术；采用"电子扫描"代替机械扫描，测量速度快；测量操作具有较大的简易性和灵活性；测量设备小巧，数字化程度较高；测量精度与传统机械扫描法相当。

图 6-36 给出了一种基于星点像分析原理测量照相物镜光学传递函数的光路原理图。由目标发生器产生一个很小的点光源（典型尺寸为几微米到数十微米范围），将该点光源置于离轴反射式平行光管（或透射式平行光管）焦点处，形成准直平行光束，产生一个"无限远"点光源目标。该无限远点光源经被测镜头成像，在被测镜头焦平面上将形成一个非常小的星点像。由显微物镜、镜筒透镜和 CCD 组成的像分析器的作用是将星点像放大并拍摄成数字图像供计算机分析处理，其中显微物镜和镜筒透镜组合系统也常叫作中继放大系统。像分析器置于平移导轨和旋转台上，以便进行自动调焦寻找最佳像面以及进行轴外视场光学传递函数的测量。

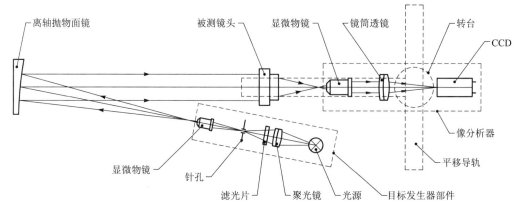

图 6-36 测量光学传递函数的光路原理图

图 6-37 给出了采用数字图像分析法测量光学传递函数的数据处理过程。图 6-37（a）是 CCD 拍摄到的星点像的数字图像，图 6-37（b）是由星点图像计算出的线扩散函数曲线，图 6-37（c）是最终计算得到的调制传递函数曲线（包括衍射受限、子午 T、弧矢 S 方位的 MTF 曲线）。采用 CCD 数字图像分析法进行光学传递函数测量中需要注意以下问题。

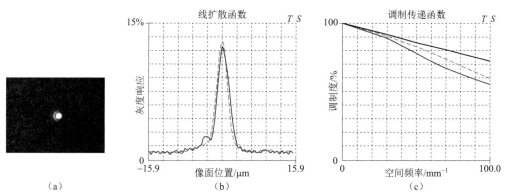

图 6-37 测量过程（星点像→线扩散函数→调制传递函数）

（1）针孔大小修正问题

实际使用的针孔是有一定尺寸的，只能近似模拟一个点光源。为提高测量精度，需要对针孔的有限尺寸进行修正。设针孔直径为 d，则归一化圆孔函数可表示为

$$c(x,y) = \begin{cases} \dfrac{4}{\pi d^2}, & \sqrt{x^2+y^2} \leq \dfrac{d}{2} \\ 0, & \sqrt{x^2+y^2} > \dfrac{d}{2} \end{cases} \quad (6-72)$$

被测物镜对这种有限大小的圆孔成像时，像面上的辐照度分布为

$$i'(u,v) = \int_{-\infty}^{+\infty}\int_{-\infty}^{+\infty} c(x,y) PSF(u-x, v-y) \mathrm{d}x\mathrm{d}y \quad (6-73)$$

若 $c(x,y)$ 是一个单位脉冲 δ 函数，则像面上的辐照度分布必然是点扩散函数 PSF。显然此处的 $i'(u,v)$ 与被测物镜的点扩散函数不是完全相同的（圆孔直径越大，差别越大）。对式（6-73）等号两侧进行傅里叶变换，可得

$$OTF'(r,s) = C(r,s) \cdot OTF(r,s) \tag{6-74}$$

式中，$OTF'(r,s)$ 为未经修正的光学传递函数实测结果，$OTF(r,s)$ 为真实的光学传递函数，$C(r,s)$ 为圆孔函数的傅里叶变换。因此测得的 $MTF'(r,s)$ 需经下式修正

$$MTF(r,s) = \frac{MTF'(r,s)}{M_c(r,s)} \tag{6-75}$$

式中，$M_c(r,s)$ 为圆孔函数 $c(x,y)$ 的傅里叶变换的模值；$MTF'(r,s)$ 为修正前的 MTF。

在实际测量中，通常选择子午或弧矢方位进行测量，这样光学传递函数就简化为一维函数形式。另外考虑到圆孔函数为旋转对称形状，适于用极坐标系描述，在极坐标系下该圆孔函数的傅里叶变换为

$$M_c(r) = \frac{2J_1(\pi d r)}{\pi d r} \tag{6-76}$$

式中，$J_1(\cdot)$ 为第一类一阶贝塞尔函数。图 6-38 给出了归一化圆孔函数及其沿极径方向傅里叶变换曲线。式（6-75）也可简写为

$$MTF(r) = \frac{MTF'(r)}{M_c(r)} \tag{6-77}$$

需要指出的是，实际测量中，必须合理选择针孔的尺寸大小。若尺寸过小，则造成星点像辐照度太弱，信噪比降低，CCD 难以采集到信噪比好的图像；若尺寸过大，则修正误差将增大，难以保证测量精度。从图 6-38 可看到，圆孔修正函数 $M_c(r)$ 存在一个截止频率 $3.832/(\pi d)$。为控制修正误差，通常选择针孔直径使得该截止频率远大于被测试样需要测量的最高频率。

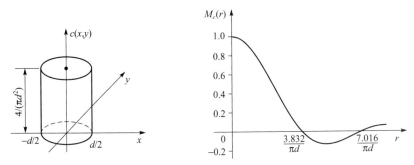

图 6-38 归一化圆孔函数及其傅里叶变换（仅考虑沿 x 轴一维情况）

以测量照相物镜为例说明针孔直径最大值的确定方法。设平行光管焦距为 f_c'，被测物镜焦距为 f'，需要测量的最高频率为 r_m，则直径为 d 的针孔在照相物镜焦面上的理想像直径 d' 为

$$d' = d \frac{f'}{f_c'} \tag{6-78}$$

这里需要特别强调的是，由于是在被测照相物镜的焦面上评价其 MTF，因此必须将针孔尺寸按上式换算到被测照相物镜焦面上，也就是说要以被测物镜焦面作为考察面，此时针孔修正函数的截止频率计算式应当是 $3.832/(\pi d')$。按照实测经验，通常要求 r_m 不大于针孔修正函数 $M_c(r)$ 截止频率的 $1/4 \sim 1/5$，所以

$$r_{\mathrm{m}} \leqslant \frac{1}{5} \cdot \frac{3.832}{\pi d'} = \frac{0.7664}{\pi d} \cdot \frac{f_{\mathrm{c}}'}{f'}$$

于是可得

$$d \leqslant \frac{0.7664 f_{\mathrm{c}}'}{\pi f' r_{\mathrm{m}}'} \tag{6-79}$$

例如，某焦距为 50 mm 的被测照相物镜，需要测量 0~100 mm^{-1} 范围的 MTF，测试系统平行光管焦距为 1 200 mm，则针孔直径要求 $d \leqslant 0.059$ mm，即要求针孔直径不超过 59 μm。

（2）离散采样截止频率

光学传递函数是在空间频率域表述光学系统成像特性的。设被测光学系统的截止频率为 r_{c}（理想衍射受限系统的截止频率可由式（6-70）算出），即光学系统所成像中所包含的图像信息的最高频率为 r_{c}。根据数字信号处理理论中的采样定律可知，要求在对星点像进行离散化数字采样时，采样频率不能低于 $2r_{\mathrm{c}}$，否则将出现频谱混叠效应引起信息失真。CCD 的像元具有一定的大小，因此 CCD 就具有一个特定的采样频率。归化到被测系统像面上的 CCD 像元离散采样截止频率由下式计算

$$r_{\mathrm{cc}} = \frac{\text{中断放大倍率}}{2 \times \text{像元尺寸}} \tag{6-80}$$

根据采样定理，要求 CCD 像元离散采样截止频率大于需要测量的最高空间频率。

例如，假设 CCD 像元尺寸为 6 μm×6 μm，中继放大系统倍率为 20$^{\times}$，则在被测系统像面上 CCD 离散采样截止频率约为 1 667 mm^{-1}，此截止频率基本上能满足大多数测量需求。

（3）CCD 信噪比、线性响应、动态范围、量化误差等

为尽可能准确地记录星点像，要求 CCD 具有较好的信噪比，以减小背景噪声对测量的影响；要求 CCD 具有足够大的动态范围，在确保星点像峰值不饱和的前提下，尽可能多地探测到星点像能量的扩散程度；要求 CCD 在动态范围内具有良好的线性响应，必要的情况下可由软件进行线性修正；要求 CCD 和图像采集卡能分辨较多的灰度级，以减小量化误差。

6.5.4 用光学传递函数评价像质

光学传递函数是二维复函数，它由模量 $MTF(r,s)$ 和辐角 $PTF(r,s)$ 两部分组成。在实际进行像质鉴定和评价时，通常不考虑相位传递函数。主要原因有两点：一是成像系统的低频响应特性对常用的图像接收器件来说是最为重要的，而在低频处的 PTF 往往很小；二是 PTF 在实质上反映的是成像的不对称性，而这种不对称性除了造成成像的位移之外，更灵敏的反映是使 MTF 明显下降。所以目前一般均以 MTF 来评价光学系统的成像质量。

由于光学系统的成像质量受其成像状态中的各种参量影响，包括像面位置、视场、相对孔径、方位和波长等。为了全面评价光学系统的成像质量，原则上应在各种成像状态下进行测定，这就需要处理并分析大量的 MTF 曲线。例如图 6-39（a）、（b）都是以空间频率为横坐标的调制传递函数曲线族。图 6-39（a）是以视场（像高 y' 或物方视场角 ω）为参量的 $MTF-r$ 曲线族，图 6-39（b）则是以 F 数为参量的 $MTF-r$ 曲线族。图 6-39（a）反映了不同视场位置成像质量的变化情况；图 6-39（b）显示了 MTF 随相对孔径的变化。在大相对孔径下，可能有较高的截止频率，但从曲线整体来看不一定有良好的像质。某些中等相

对孔径反而会在重要的频率范围内给出均衡而较高的传递特性。

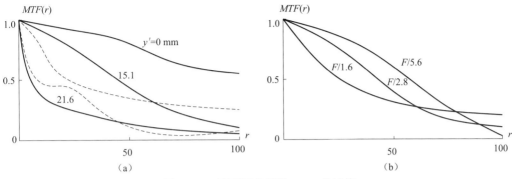

图 6-39 取不同参量的 MTF 曲线族

(a) 以 y' 为参量的 MTF-r 曲线；(b) 以 F 为参量的 MTF-r 曲线

图 6-40(a)表示的是以波长为参量的离焦 MTF 曲线族，图中所选特征频率 r 为 30 mm^{-1}，从中可以评价色差的校正情况。图 6-40（b）是以空间频率为参量的离焦 MTF 曲线族，从中不难看出对应不同空间频率下的最佳像面位置。

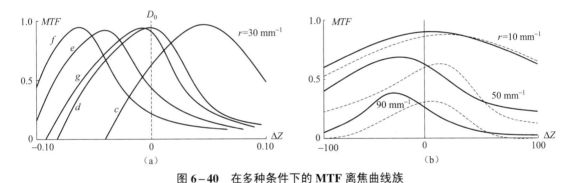

图 6-40 在多种条件下的 MTF 离焦曲线族

(a) 以 λ 为参量的 MTF-ΔZ 曲线；(b) 以 r 为参量的 MTF-ΔZ 曲线

由于影响光学系统成像质量的参量很多，要全面地对测试样品的成像质量进行分析，就需要进行大量的测量工作。例如按表 6-5 所列的各种参数可能的组合，就需要测量 700 条 MTF 曲线。如此多的测量次数，如果用于产品检验或在生产线上实现对产品的质量控制与装调，工作量大得难以想象，必须考虑简化测试规范。

表 6-5 某相机镜头的各种测量参数

参数	采样位置	采样数
像面位置/mm	0，±0.05，±0.10，±0.15	7
视场/(°)	0，5，10，15，20	5
方位	子午、弧矢	2
F 数	2，2.8，4.0，5.6，8	5
光谱	白光，d 谱线	2

实际工作中，可按照试样的使用要求，找出一种或几种最有代表性的成像状态进行评价。例如，对 135 相机的物镜，可提出如表 6-6 所示的具有代表性的简化测量条件，总共只需进行 6 次测量。

表 6-6 135 相机物镜 MTF 测试的一组简化参数

相对孔径	全孔径和 $F/8$
像面位置	30 mm^{-1} 与全孔径下轴上点（0ω）MTF 值最高处
视场	0ω，$\pm 0.7\omega$
方位	子午
光谱	白光

此外，在工作实践中，有时为在成批生产中进行更简单而有效的像质评价，希望不用曲线而是采用少量的数值指标，最好是单值指标进行评价，因此人们还提出了一些更加简化的评价方法。

（1）特定调制传递系数值对应的空间频率 r_k

如图 6-41 所示，首先根据实际需要选定调制传递函数的某一值 k，然后在所测得的曲线中取 $MTF(r)$ 下降到此值时所对应的空间频率 r_k。一般而言，r_k 越高测试样品的像质越好。k 值可以根据测试样品的实际使用情况配合实际测试条件定出。例如，对一般的电影摄影物镜，曾提出在 0.5 视场内，$MTF(r)$ 值为 0.5 所对应的 r_k 应不低于 40 mm^{-1}，在 0.7 视场内与此值对应的空间频率应不低于 30 mm^{-1}。

（2）特征空间频率的调制传递函数值 $M(r_{ch})$

根据测试样品的使用要求，选择一两个在实际应用中比较重要的、能反映其成像质量的空间频率 r_{ch}，称它们为评价该测试样品的特征频率。用 r_{ch} 对应的调制传递函数值 $M(r_{ch})$ 作为评价指标，如图 6-42 所示。r_{ch} 确定后，一般来说 $M(r_{ch})$ 值越大越好。由于这种评价方法不需要完整的 $MTF(r)$ 曲线，所以给测量和计算都带来了方便。例如，对 135 相机镜头除了规定表 6-6 所示的简化测量参数外，还可选定 10 mm^{-1} 和 30 mm^{-1} 作为特征频率，并规定合格品应达到的质量指标，如表 6-7 所示。

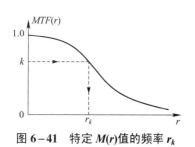

图 6-41 特定 $M(r)$ 值的频率 r_k 图 6-42 特征空间频率的 $M(r_{ch})$

表 6-7 135 相机物镜 $MTF(r)$ 合格指标

相对孔径	视场	空间频率	
		10 mm^{-1}	30 mm^{-1}
全孔径	0ω	0.60	0.30
	0.7ω	0.30	0.15
$F/8$	0ω	0.75	0.40
	0.7ω	0.40	0.25

（3）组合调制传递函数面积值 MTFA

无论是人眼、感光胶片还是各种光电图像接收器，对不同空间频率的余弦光栅像都有不同的调制度觉察阈值，也就是说，各种图像接收器对于调制度低于某个值的图像将不能辨识清楚。在图 6-43 中，B 曲线表示接收器的调制度阈值曲线，低于该曲线的图像信息将不能被图像接收器所辨识。图中曲线 A 则表示调制传递函数曲线，光学系统在成像过程中，只有在曲线 A 以下的区域才是物方图样经系统成像后所保留下来的调制度信息。因此，在评价光学系统的像质时，最好把接收器与物方图样的调制度特性都考虑在内。可采用自零频起，以 MTF 曲线和接收器阈值曲线所包围的面积作为评价指标，称为组合调制

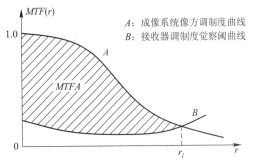

图 6-43 组合调制传递函数面积值 MTFA

传递函数面积值 MTFA。另外，常把这两条曲线的交点所对应的空间频率 r_l 称为系统的组合极限空间频率（亦即极限分辨率。若 B 为人眼的调制度觉察阈曲线，则分辨率测量中得到的测量结果实际上就是 r_l。分辨率测量只能给出该极限频率，而 MTF 能给出整个频率域内的调制度传递信息，因此说 MTF 给出的信息量比分辨率测量更多）。

举个用 MTFA 值评价目视望远镜的简单例子。图 6-44 中的阴影 MTFA 值表示某一目视望远镜野外黄昏场合的成像清晰度信息量的大小，图 6-44 中的午时 MTFA 值则表示该目视望远镜中午晴朗天气场合的成像清晰度信息量的大小。显然，后者情形要远远好于前者。同样地，不同望远镜之间的成像性能差异也可通过该 MTFA 值的大小来评价。

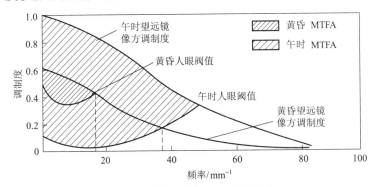

图 6-44 目视望远镜的 MTFA 值

（4）SQF 判据

对于一个高档的摄影镜头，为了评价其各种摄影条件下的清晰度性能，往往给出 SQF 判据。它是在综合了镜头、扩印和人眼视觉系统的频率响应特性基础上，提出的一个评价人眼能感知的镜头成像清晰度的质量指标，这个指标是无量纲、小于 100 分的百分数值，如图 6-43 所示面积值。有的商家把镜头的质量按 SQF 的百分数分为若干等级，根据给出的一个镜头不同光阑指数、不同变焦、不同扩印尺寸情况下的 SQF 值，可以指导摄影者选用最佳的拍摄参数。

这个判据最早是由柯达公司 Edward M.Granger 博士提出，Larry White 做了进一步的阐述，目前是美国《大众摄影》杂志对摄影镜头进行成像质量评价的最主要方法之一。它是评价摄影镜头的一个主观质量因子（Subjective Quality Factor，SQF）。因为它能够将人们观察照片时的主观质量判断与实验室对该摄影镜头进行的客观测量结果有效地联系起来，方便对光学成像质量评价专业知识不很熟悉的摄影爱好者了解镜头性能的分布情况。

注意到，人眼对镜头像质的评判与以对数空间频率加权的 MTF 相关联。研究结果表明，人眼视觉系统的 MTF 在 $10\sim20~\text{mm}^{-1}$（视网膜上）的区域具有较高峰值。基于此，SQF 定义为归一化到观察者视网膜上的成像系统 MTF 在 $10\sim40~\text{mm}^{-1}$ 范围内的对数空间频率域的积分。其定义式如下

$$SQF = K \int_{10}^{40} CSF(r) \cdot MTF(r) \cdot \mathrm{d}(\lg r) \quad (6-81)$$

式中，$CSF(r)$ 为人眼的对比敏感度函数（也称为人眼的调制传递函数），r 为视网膜面上的空间频率，K 为常数，且

$$K = 100\% \bigg/ \int_{10}^{40} CSF(r) \mathrm{d}(\lg r)$$

SQF 值与空间频率积分域的选择有关，必须合理选择积分域。由于空间频率积分域的选取可能存在不同的方式，因此给出的 SQF 值一般应当注明积分域的空间频率上、下限。若忽略人眼视觉系统的影响，即认为人眼对比敏感度在 $10\sim40~\text{mm}^{-1}$ 积分区间内为常数 1，则可以得到简化的 SQF 计算式

$$SQF = K \int_{10}^{40} \frac{1}{r} |MTF(r)| \mathrm{d}r \quad (6-82)$$

$$K = 100\% \bigg/ \int_{10}^{40} \frac{1}{r} \mathrm{d}r$$

此外，照相物镜拍摄的照片的清晰度还跟冲印大小有关。如果仅冲印小尺寸的照片，例如 $3.5~\text{in} \times 5~\text{in}$ 的照片，可能只需要有较低质量的镜头就能达到好的照片效果。但如果冲印海报大小的大幅照片，那么会发现即使一些非常好的镜头，在某些光圈下照片质量也不很好。冲印尺寸过大，图片质量会明显变差。因此 SQF 值里应包含对各种冲印尺寸的考察，才能合理评价照相物镜的质量。通常规定在同一视距下观察各种不同冲印尺寸的照片，SQF 值是按照各种不同冲印放大率将成像镜头和人眼的 MTF 归一化到成像镜头像面上计算得到的。图 6-45 是某镜头在开启不同光阑大小、不同扩印尺寸下的 SQF 值

的几何表示。

在通常情况下，很小的 SQF 差值很难察觉，一般认为 5 个 SQF 单位值的差异仅产生刚好能察觉的差异，10 个 SQF 单位值的差异才会产生成像质量的明显差异。美国《大众摄影》杂志用 SQF 图表来评价照相物镜的质量，将质量水平分为几个不同的等级，A 级最好，然后 B、C、D 级，最后低于 50 的为 F 级，SQF 值在 49 以下的成像质量就不能接受了。给 A~C 级再添加"+"号予以细分等级，同时给 C+、C 和 D 级各分配 10 个 SQF 单位。各个等级的划分如表 6-8 所示。

表 6-8 SQF 等级划分

A+	A	B+	B	C+	C	D	F
100~94	94~89	89~84	84~79	79~69	69~59	59~49	<49

下面给出一个 SQF 应用实例，如表 6-9 所示。镜头的每个 F 数分别独立测试，构成 SQF 图表中的行；各列分别标明了照片扩印尺寸（in）。通常会对表格进行涂色处理，以便对镜头质量有一个直观的视觉印象。其中浅色调的单元格越多，镜头总体质量越好。图 6-45 中表示的 SQF_A 和 SQF_B 的两个面积值一大一小，表明在某种扩印尺寸情况下分别对应 F 数 16（A 曲线）和 F 数 2.8（B 曲线）的两张照片成像质量有显著差异。这也告诉我们，在使用该镜头长焦距 200 mm 拍摄时，应尽量避免将镜头开大光圈使用，因为该镜头长焦大光圈的成像清晰度性能不好。

表 6-9 SIGMA 70~200 mm F/2.8 APO EX DG 镜头的评测结果（200 mm）

光圈 \ 扩印尺寸	5×7	8×10	11×14	16×20	20×24
2.8（B）	92.6	88.6	76.4	59.1	48.0
4.0	92.9	89.2	78.1	61.1	49.2
5.6	93.6	90.2	80.3	64.9	52.4
8.0	94.4	91.6	83.3	70.2	59.7
11.0	95.5	93.3	87.0	76.5	67.5
16.0（A）	96.0	94.2	89.0	80.1	72.1
22.0	95.1	92.8	86.0	74.6	64.7

SQF 评价方法的优点是它是无量纲因子，采用百分制打分，可以给出镜头在不同光圈指数、不同焦距、不同扩印尺寸条件下像质情况，方便摄影爱好者了解镜头性能的分布情况，指导摄影爱好者选用最佳的镜头拍摄参数。

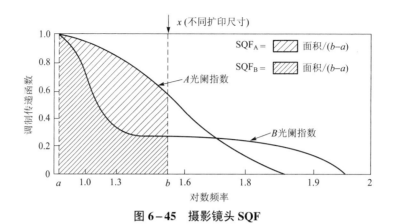

图 6-45 摄影镜头 SQF

6.6 思考与练习题

1. 试证明不同频率成分的余弦物分布通过线性空间不变光学系统后,其像对应为不同频率成分的余弦分布,并讨论其低通空间滤波成像的特点。

2. 以方波光栅为例,讨论其经过线性空间不变光学系统后,其成像的特点。

3. 试推导圆光瞳衍射受限系统焦面上的光学传递函数关系式,并分别讨论照相物镜（F 数）、显微物镜（数值孔径 NA）和望远镜（放大倍率 Γ）的截止频率的关系式。

4. 试分析多色光学传递函数的定义和测量问题。

5. 如何从星点像中分析诊断被检镜头中的几何像差类型与大小,以及工艺制造和装配中的其他疵病?

6. 星点检验中要注意把握哪两个主要的技术问题?

7. 对星点检验实现定量检测,并扩展用于评价 OTF 和波像差的前景,有何看法?

8. 用 1.2 m 光具座（$f'_c = 1200$ mm）检测某照相物镜的分辨率,其相对口径为 1/4.5,焦距为 180 mm,刚能分辨 3 号分辨率板第 13 单元,试计算照相物镜的分辨率。

9. 如何从 OTF 曲线中分析评价镜头的像质?

10. 以某数码相机性能评测为例,设计一个检测方案,为完整评价其成像性能提出拟检测的性能参数、实验手段,设计一个综合评价的测试结果表单。

第7章
光 度 测 量

7.1 辐射度、光度量基础

辐射度量是用能量单位描述辐射能的客观物理量。光度量是光辐射能为平均人眼接收所引起的视觉刺激大小的度量,即具有平均人眼视觉响应特性的人眼所接收到的辐射量的度量。因此,辐射度量和光度量都可定量地描述辐射能强度,但辐射度量是辐射能本身的客观度量,是纯粹的物理量;而光度量则还包括了生理学、心理学的概念在内。

很长时间以来,国际上所采用的辐射度量和光度量的名称、单位、符号等很不统一。国际照明委员会(Commission Internationale de l'Eclairage,简称 CIE)在 1970 年推荐采用的辐射度量和光度量单位基本上和国际单位制(SI)一致,并在后来为包括中国在内的许多国家所采纳。表 7-1 列出了基本的辐射度量的名称、符号、定义方程及单位名称、单位符号。

表 7-1 基本辐射度量的名称、符号及定义方程

量的名称	符号	定义方程	单位名称	单位符号
辐(射)能	Q, W		焦(耳)	J
辐(射)能密度	ω	$\omega = \mathrm{d}Q/\mathrm{d}v$	焦(耳)每立方米	J/m^3
辐射通量,辐(射)功率	Φ, P	$\Phi = \mathrm{d}Q/\mathrm{d}t$	瓦(特)	W
辐射强度	I	$I = \mathrm{d}\Phi/\mathrm{d}\Omega$	瓦(特)每球面度	W/Sr
辐射亮度,辐射度	L	$L = \mathrm{d}^2\Phi/\mathrm{d}\Omega \mathrm{d}A\cos\theta = \mathrm{d}I/\mathrm{d}A\cos\theta$	瓦(特)每球面度平方米	$W/(Sr \cdot m^2)$
辐射出射度	M	$M = \mathrm{d}\Phi/\mathrm{d}A$	瓦(特)每平方米	W/m^2
辐(射)照度	E	$E = \mathrm{d}\Phi/\mathrm{d}A$	瓦(特)每平方米	W/m^2
辐射发射率	ε	$\varepsilon = M/M_0$	—	—
吸收比	α	$\alpha = \Phi_a/\Phi_i$	—	—
反射比	ρ	$\rho = \Phi_r/\Phi_i$	—	—
透射比	τ	$\tau = \Phi_s/\Phi_i$	—	—

注:M_0 是黑体的辐射出射度;Φ_i 是入射辐射通量;Φ_a、Φ_r 和 Φ_s 分别是吸收、反射和透射的辐射通量。

光度量和辐射度量的定义、定义方程是一一对应的。表 7-2 列出了基本光度量的名称、符号、定义方程及单位名称、单位符号。有时为避免混淆，在辐射度量符号上加下标"e"，而在光度量符号上加下标"v"，例如辐射度量 Q_e、Φ_e、I_e、L_e、M_e、E_e 等，对应的光度量为 Q_v、Φ_v、I_v、L_v、M_v、E_v 等。

光通量 Φ_v 和辐射通量 Φ_e 可通过人眼视觉特性进行转换，即

$$\Phi_v(\lambda) = K_m V(\lambda) \Phi_e(\lambda) \quad (7-1)$$

$$\Phi_v = K_m \int_0^\infty V(\lambda) \Phi_e(\lambda) \mathrm{d}\lambda \quad (7-2)$$

表 7-2 基本光度量的名称、符号及定义方程

量的名称	符号	定义方程	单位名称	单位符号
光量	Q		流明·秒	lm·s
光通量	Φ	$\Phi = \mathrm{d}Q/\mathrm{d}t$	流明	lm
发光强度	I	$I = \mathrm{d}\Phi/\mathrm{d}\Omega$	坎德拉	cd
（光）亮度	L	$L = \mathrm{d}^2\Phi/\mathrm{d}\Omega \mathrm{d}A\cos\theta = \mathrm{d}I/\mathrm{d}A\cos\theta$	坎德拉每平方米	cd/m²
光出射度	M	$M = \mathrm{d}\Phi/\mathrm{d}A$	流明每平方米	lm/m²
（光）照度	E	$E = \mathrm{d}\Phi/\mathrm{d}A$	勒克斯（流明每平方米）	lx（lm/m²）
光视效能	K	$K = \Phi_v/\Phi_e$	流明每瓦	lm/W
光视效率	V	$V = K/K_m$	—	—
其中 $V(\lambda)$ 为国际照明委员会（CIE）推荐的平均人眼光谱光视效率（或称视见函数）。					

图 7-1 给出了人眼对应明视觉和暗视觉的视见函数。对于明视觉，其对应为 555 nm 波长的辐射通量 $\Phi_e(555)$ 与某波长 λ 能对平均人眼产生相同光视刺激的辐射通量 $\Phi_e(\lambda)$ 的比值。K_m 是最大光谱光视效能（常数），对于波长为 555 nm 的明视觉，$K_m = 683$ lm/W。对于波长为 507 nm 的暗视觉，$K'_m = 1\,725$ lm/W。

为了描述光源的光度与辐射度的关系，通常引入光视效能 K，其定义为目视引起刺激的光通量与光源发出的辐射通量之比，单位为 lm/W。

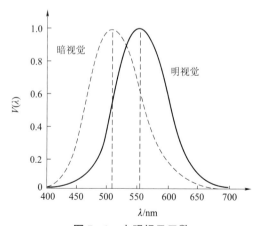

图 7-1 人眼视见函数

$$K = \frac{\Phi_v}{\Phi_e} = \frac{K_m \int_0^\infty V(\lambda) \Phi_e(\lambda) \mathrm{d}\lambda}{\int_0^\infty \Phi_e(\lambda) \mathrm{d}\lambda} = K_m V \quad (7-3)$$

式中，$V = K/K_m$ 为光视效率，量纲为 1。

在照明工程中，通常希望光源有高的光视效能，当然还要考虑光的颜色。表 7-3 给出了常见光源的光视效能。

表 7-3 常见光源的光视效能

光源类型	光视效能/（lm·W^{-1}）	光源类型	光视效能/（lm·W^{-1}）
钨丝灯（真空）	8.0～9.2	日光灯	27～41
钨丝灯（充气）	9.2～21.0	高压水银灯	35～45
石英卤钨灯	30	超高压水银灯	40.0～47.5
气体放电灯	16～30	钠光灯	60
半导体发光二极管	40～90		

光度量中最基本的单位是发光强度——坎德拉，记作 cd，它是国际单位制中七个基本单位之一。其定义为发出频率为 $540×10^{12}$ Hz（对应在空气中 555 nm 的波长）的单色辐射，在给定方向上辐射强度为（1/683）W/Sr 时，光源在该方向上的发光强度规定为 1 cd。

光通量的单位是流明（lm）。1 lm 是光强度为 1 cd 的均匀点光源在 1 Sr 内发出的光通量。

7.2 积分球和 CIE 标准照明体

7.2.1 积分球

1. 积分球的构造

积分球是一个中空的、内壁涂以理想漫反射材料的球体。该球体一般采用金属材料制作，球壁上开有一个或几个窗孔，作为进光孔和放置光接收器件用，如图 7-2 所示。积分球的内壁应是良好的球面，通常要求它相对于理想球面的偏差应不大于内径的 0.2%。为使球内壁的漫反射系数接近 1，常用的材料是氧化镁或硫酸钡，也有采用聚四氟乙烯、诗贝伦（SPEKTRON）等。氧化镁或硫酸钡和胶质黏合剂混合均匀后，喷涂在内壁上，其涂层在可见光谱范围内的光谱反射比都在 98% 以上，光谱反射比近似平坦。这样，进入积分球的光经过吸收很小的内壁涂层的多次反射，最后可达到内壁上具有均匀分布的照度。

积分球上的总开孔面积应尽可能小，以便获得较高的测量精度。设积分球开孔总面积为 S_2，整个内壁（包括开孔）的面积为 S_1，两者之比为 $f = S_2/S_1$ 称为积分球的开孔比。开孔比越小则积分球用于测量时引起的误差越小。为此，常常把积分球的直径做得比较大。

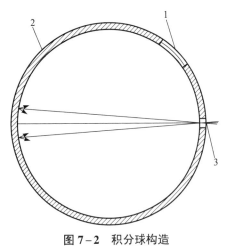

图 7-2 积分球构造

1—光探测器；2—球壳；3—通光孔

2. 积分球的基本原理

积分球的目的是使进入它内部的光，经内壁漫反射层多次反射后在整个内壁上得到均匀照度。积分球原理图如图 7-3 所示。设积分球的内壁半径为 R，开孔处球面面积为 S_2，则完整的积分球内壁面积为 $S_1 = 4\pi R^2$。该积分球开孔比为 $f = S_2/S_1$。积分球内壁除开孔外的实际漫反射面积为 S，即

$$S = S_1 - S_2 = (1-f)S_1$$

设进入积分球的一束光的总光通量为 Φ，直接照射在球内壁 S_3 处。光在内壁上多次漫反射。现考察内壁任意一点 M 处的照度 E。由于进入积分球 S_3 处上每一点的漫反射光都会有一部分直接射到参考位置 M 处，称其为直射照度，用 E_0 表示。除此之外，还有从积分球内壁各点多次漫反射后到达 M 的光，这部分光照度总和称为多次漫反射照度，用 E_Σ 表示。于是，考察位置 M 处的照度 E 为这两部分照度之和，即

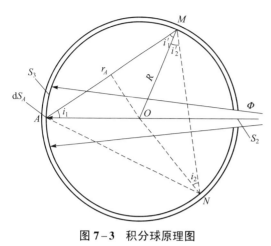

图 7-3 积分球原理图

$$E = E_0 + E_\Sigma \tag{7-4}$$

现分析直射照度 E_0 如下：

在 S_3 范围内任一 A 点处取小面元 dS_A，射到此面元上的总光通量 $d\phi$，则位置 A 处的照度 E_A 为

$$E_A = d\phi / dS_A \tag{7-5}$$

将积分球内壁看成理想的漫反射体，在 A 处的亮度 L_A 为

$$L_A = \frac{\rho}{\pi} E_A = \frac{\rho}{\pi} \frac{d\phi}{dS_A} \tag{7-6}$$

式中，ρ 为漫反射系数。

考察位置 M 处取一小面元 dS_M，则由亮度为 L_A 的面元 dS_A 发出到达 dS_M 面元上的光通量为

$$d\phi_A = \frac{L_A dS_A \cos i_1 dS_M \cos i_1'}{r_A^2} \tag{7-7}$$

式中，r_A 为 A 到 M 的距离。

根据几何关系 $i_1 = i_1'$，$r_A = 2R\cos i_1$，R 是积分球的半径。由面元 dS_A 发出的光在考察位置 M 处形成的照度 dE_0 为

$$dE_0 = \frac{d\phi_A}{dS_M} = \frac{L_A dS_A \cos i_1 \cos i_1'}{r_A^2} = \frac{L_A dS_A}{4R^2}$$

将式（7-6）代入上式，则有

$$dE_0 = \frac{\rho}{4\pi R^2} d\phi$$

由整个 S_3 漫反射光在 M 处形成的直射照度为

$$E_0 = \frac{\rho}{4\pi R^2} \int_{S_3} d\phi = \frac{\rho \Phi}{4\pi R^2} \tag{7-8}$$

式中，Φ 为进入积分球的总光通量。

可见，积分球内壁任意位置上的直射照度都是相等的，因为式中 E_0 与 r_A 或 i 无关。

再分析多次漫反射照度 E_Σ 如下：

先分析内壁上任一位置 N 得到来自 S_3 的直射光后，再次漫反射并直接到达考察位置 M 的光。这部分称为一次附加照度 E_1。由于 N 处同样得到直射照度 E_0，则亮度 L_0 为

$$L_0 = \frac{\rho}{\pi} E_0 \tag{7-9}$$

在 N 处取面元 dS_N，仿照式（7-7），从 dS_N 发出在位置 M 处形成的一次附加照度 dE_1 为

$$dE_1 = \frac{d\phi_1}{dS_M} = \frac{L_0 dS_N \cos i_2 dS_M \cos i_2'}{dS_M \cdot 4R^2 \cos i_2 \cos i_2'} = \frac{L_0}{4R^2} dS_N$$

将式（7-9）代入上式得 $dE_1 = \dfrac{\rho E_0}{4\pi R^2} dS_N$。由整个积分球内壁漫反射，在位置 M 处形成的总的一次照度 E_1 为

$$E_1 = \frac{\rho E_0}{4\pi R^2} \int_S dS_N = \frac{\rho E_0}{4\pi R^2} S = \frac{\rho E_0}{4\pi R^2}(1-f) S_1$$

式中，S 为积分球内壁除去开口部分的面积，S_1 为整个内壁球面的面积，f 为开孔比。

由于 $S_1 = 4\pi R^2$，$S = (1-f) S_1$。于是可得

$$E_1 = \rho(1-f) E_0 \tag{7-10}$$

由式（7-10）可见，一次照度在内壁任意部位也是均匀的。依照同样的方法，可导出由内壁各处的一次照度而在 M 处形成二次照度 E_2 为

$$E_2 = \rho(1-f) E_1 = [\rho(1-f)]^2 E_0$$

同样可得三次照度为

$$E_3 = \rho(1-f) E_2 = [\rho(1-f)]^3 E_0$$

其余各次漫反射情况可依此类推。这样，多次漫反射照度 $E_\Sigma = E_1 + E_2 + E_3 + \cdots$ 为

$$E_\Sigma = \frac{\rho(1-f)}{1-\rho(1-f)} E_0 \tag{7-11}$$

于是，在考察位置 M 处的总照度 E 为

$$E = E_0 + E_\Sigma = \left[1 + \frac{\rho(1-f)}{1-\rho(1-f)}\right] E_0 = \frac{1}{1-\rho(1-f)} E_0$$

将式（7-8）代入上式，则得

$$E = \frac{\rho \Phi}{4\pi R^2 [1-\rho(1-f)]} \tag{7-12}$$

由式（7-12）可以看出，进入积分球的光将在内壁形成均匀的照度。内壁任意位置的照度与进入积分球的总光通量 Φ 成正比。

3. 积分球的用途

在光学测量仪器或装置中，常常用到积分球部件。它的用途大致有如图 7-4 所示的三个方面。

作为光接收装置，如图 7-4（a）所示。被测光经积分球上的小孔进入球内，在内壁上设置一个或两个光探测器，如硒光电池或者光电倍增管等。由光探测器输出的光电流与积分球内壁的照度成正比，也就是与进入积分球的光通量成正比。这样就可以根据输出光电流的变化，得知进入积分球的光通量变化情况。

作为一个均匀照亮的物面，如图 7-4（b）所示。在积分球内壁设置均匀分布的几个光源（通常有 4 个或 6 个）。在光源照明下的内壁由于多次漫反射而形成一个均匀明亮的表面，用它可作为被测光学系统的亮度均匀、大视场的物面。例如，在测量照相物镜的渐晕和像面照度均匀性时，就需要用这样的光源积分球。

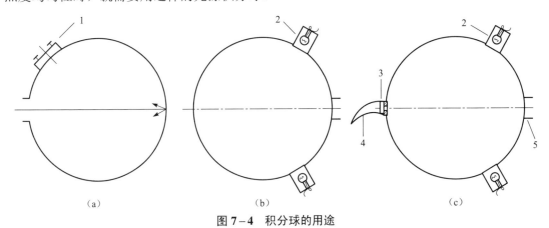

图 7-4 积分球的用途

(a) 光接收器；(b) 均匀照亮物面；(c) 球形平行光管
1—光探测器；2—光源；3—小孔光阑；4—牛角消光器；5—准直物镜

模拟明亮天空中的全黑目标，如图 7-4（c）所示。在积分球进光孔 5 处安置有一准直物镜。准直物镜的焦距等于内壁直径。由设置在一圈上的均匀分布的几个灯泡照明内壁表面，经准直物镜成像。通过准直物镜观察积分球内壁，看到的是和天空一样的亮球面。如在准直物镜的光轴和内壁交点处设置一小孔光阑 3，在小孔光阑后加上内壁涂有黑色吸收层的牛角消光器 4，则小孔处完全没有光被漫反射出来。这时通过准直物镜所看到的是相当于在明亮的天空中有一全黑的目标。这种积分球又称球形平行光管，常用在测量望远系统杂光系数的仪器上。

7.2.2 CIE 标准照明体和标准光源

在测量光学系统的光度和色度性能时，必须在统一规定的照明光源下，测量结果才可以互相比较。标准光源的问题在光度学和色度学中是十分重要的。为了统一测量标准，CIE 推荐了标准照明体和标准光源。

1. 色温和相关色温

黑体发光的颜色与它的温度分布有密切的关系，普朗克定律可以计算出对应于某一温度的黑体的光谱分布。根据光谱分布可用色度学公式计算出该温度下黑体发光的三刺激值及色品坐标，在色品图上得到一个对应点。一系列不同温度黑体可以计算出一系列色品坐标，将各对应点标在色品图上，连接成一条弧形轨迹，称为黑体轨迹或普朗克轨迹，如图 7-5 中标有 2 000、4 500 等数值的一段弧线。当某种光源的色品与某一温度下的黑体色品相同时，则将黑体的温度称为此光源的颜色温度，简称色温。例如，某光源的光色与黑体加热到绝对温度 2 500 K 所发出的光色相同时，则此光源的色温为 2 500 K，它在 CIE 1931 色品图上的坐标为 $x = 0.477\,0$，$y = 0.413\,7$。

对白炽灯等热辐射光源来说，由于其光谱分布与黑体的光谱分布比较接近，因此白炽灯等热辐射光源的色品点基本落在黑体轨迹上，所以色温的概念能够恰当地描述白炽灯的光色。而白炽灯以外的其他常用光源的光谱分布与黑体相差甚远，在色品图上也不一定准确落在黑体轨迹上（但常在轨迹附近），这时就不能用一般的色温概念来描述它的颜色了。但为了便于比较，引入了相关色温的概念，即发射体和某温度的黑体具有最接近颜色时黑体的温度。例如图 7-5 中光源 C 的色品最接近于黑体加热到 6 774 K 的色品，故光源 C 的相关色温为 6 774 K。

2. 照明体和光源

CIE 对"照明体"和"光源"两个名词做了区分：

"照明体"是指一种特定的光谱功率分布（或相对光谱功率分布）。它不是指具体的哪一种光源的灯泡或装置。"光源"是指发光的物理辐射体，如灯泡、太阳和天空等。

由于光度和色度性能测量中主要关心的是照明光源的相对光谱功率分布，所以规定统一的"照明体"比规定具体的发光体更为有利。如果规定某种实际发光体（如灯泡）作为标准，则这种发光体必须

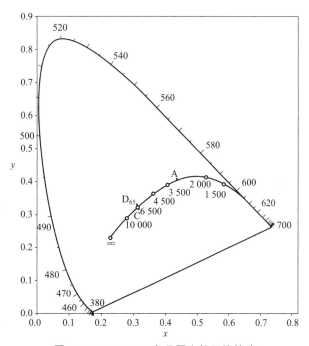

图 7-5　CIE 1931 色品图上的黑体轨迹

严格规定其性能、点燃条件和环境状况等，才能保证符合规定的相对光谱功率分布。显然这是很麻烦的。CIE 并不采用某种实际发光体作为标准传递，而是用严格规定的相对光谱功率分布作为标准。这种照明性质就称为"CIE 标准照明体"。实际工作中应使所选用的光源尽量接近这种规定的标准。

3. CIE 标准照明体 A、B、C

标准照明体 A：代表"1990 年国际实用温标"中绝对温度约为 2 856 K 的完全辐射体（即黑体）的光。它的色品坐标落在 CIE 1931 色品图的黑体轨迹上。

标准照明体 B：代表相关色温约为 4 874 K 的直射阳光，它的光色相当于中午的阳光，其色品坐标紧靠黑体轨迹。

标准照明体 C：代表相关色温约为 6 774 K 的平均昼光，它的光色近似阴天天空的日光，其色品位于黑体轨迹的下方。

标准照明体 E：在可见光波段内光谱功率为恒定值的照明体，又称为等能光谱或等能白光。这是一种人为规定的光谱分布，实际中并不存在这种光谱分布的光源。

表 7-4 中给出了 CIE 标准照明体 A、B、C 的相对光谱功率分布数据及色品坐标数据。

4. CIE 标准光源 A、B、C

标准光源 A：由相关色温 2 856 K 的透明玻璃充气钨丝灯作为 A 光源来实现标准照明体 A。如果要求准确地模拟紫外部分的相对光谱功率分布，则推荐使用熔融石英玻壳或者带石英窗口的灯泡。

表 7-4 CIE 标准照明体 A、B、C 的相对光谱功率分布和色品坐标

波长/nm	A	B	C	波长/nm	A	B	C
360	6.14	9.60	12.90	630	150.84	101.00	88.00
370	7.82	15.30	21.40	640	157.98	102.20	87.80
380	9.80	22.40	33.00	650	165.03	103.90	88.20
390	12.09	31.30	47.40	660	171.96	105.00	87.90
400	14.71	41.30	63.30	670	178.77	104.90	86.30
410	17.68	52.10	80.60	680	185.43	103.90	84.00
420	20.99	63.20	98.10	690	191.93	101.60	80.20
430	24.67	73.10	112.40	700	198.26	99.10	76.30
440	28.70	80.80	124.00	710	204.41	96.20	72.40
450	33.09	85.40	123.10	720	210.36	92.90	68.30
460	37.81	88.30	123.80	730	216.12	89.40	64.40
470	42.87	92.00	123.90	740	221.67	86.90	61.50
480	48.24	95.20	120.10	750	227.00	85.20	59.20
490	53.91	96.50	112.10	760	232.12	84.70	58.10
500	59.86	94.20	112.10	770	237.01	85.40	58.20
510	66.06	90.70	102.30	780	241.68	87.00	59.10
520	72.50	89.50	96.90		A	B	C
530	79.13	92.20	98.00				
540	85.95	96.90	102.10	x	0.447 6	0.348 4	0.310 1
550	92.91	101.00	105.20	y	0.407 4	0.351 6	0.316 2
560	100.00	102.80	105.30	u	0.256 0	0.213 7	0.200 9
570	107.18	102.60	102.30	v	0.349 5	0.323 4	0.307 3
580	114.44	101.00	97.80	x_{10}	0.451 2	0.349 8	0.310 4
590	121.73	99.20	93.20	y_{10}	0.405 9	0.352 7	0.319 1
600	129.04	98.00	89.70	u_{10}	0.259 0	0.214 2	0.200 0
610	136.35	98.50	88.40	v_{10}	0.349 5	0.323 9	0.308 4
620	143.62	99.70	88.10				

标准光源 B：由标准光源 A 加一组特定的戴维斯－吉伯逊（Davis–Gibson）液体滤光器

组成，用来实现标准照明体 B。这组液体滤光器由一对无色光学玻璃制成的溶液槽组成，其中分别盛放有 1 cm 厚的溶液 B_1 和 B_2，它们的配方如表 7-5 所示。

标准光源 C：由标准光源 A 加一组特定的液体滤光器组成，用来实现标准照明体 C。这对溶液槽中也分别盛放 1 cm 厚的溶液 C_1 和 C_2，它们的配方如表 7-5 所示。

表 7-5 标准光源 B、C 的 Davis-Gibson 液体滤光器的配方

液　槽　1	B_1	C_1
硫酸铜($CuSO_4 \cdot 5H_2O$)/g	2.452	3.412
甘露糖醇($C_6H_8 \cdot (OH)_6$)/g	2.452	3.412
吡啶(C_5H_5N)/cm³	30.0	30.0
蒸馏水加到/cm³	1 000	1 000
液　槽　2	B_2	C_2
硫酸钴铵($CoSO_4(NH_4)_2SO_4 \cdot 6H_2O$)/g	21.71	30.580
硫酸铜($CuSO_4 \cdot 5H_2O$)/g	16.11	20.520
硫酸（相对密度为 1.835）/cm³	10.0	10.0
蒸馏水加到/cm³	1 000	1 000

5. 标准照明体 D

CIE 推荐了标准照明体 A、B、C 以后，对统一光度和颜色的测量和计算曾起了很大的作用。但是随着科学技术的发展，对模拟日光相对光谱功率分布的准确度提出了更高的要求，并且发现原来规定的标准照明体 B 和 C 并不能正确地代表相应的日光。为此，许多学者在世界上不同地区、不同的时间和气候条件下，对日光进行了大量的分光光度测量和目视色度测量。在大量实验数据的基础上，经过数学统计分析，得到了计算在不同时间、季节和气候条件（通常称为不同时相）下的日光的相对光谱功率分布的计算公式。CIE 把符合此计算公式的相对光谱分布作为 CIE 标准照明体 D 推荐。

CIE 标准照明体 D 并不是指某一相关色温下所对应的相对光谱功率分布，而是指一系列不同时相条件下的日光所具有的相对光谱功率分布的总称。它也称为"典型日光"或"重组日光"。由统计分析得到 CIE 标准照明体 D 的相对光谱功率分布 $S(\lambda)$ 的计算公式为

$$S(\lambda) = S_0(\lambda) + M_1 S_1(\lambda) + M_2 S_2(\lambda)$$

式中，$S_0(\lambda)$ 为典型日光的平均相对光谱功率分布；$S_1(\lambda)$ 和 $S_2(\lambda)$ 为第一特征矢量和第二特征矢量。表 7-6 中给出了 $S_0(\lambda)$、$S_1(\lambda)$ 和 $S_2(\lambda)$ 的数据。M_1 和 M_2 分别称为第一特征矢量和第二特征矢量的乘数。其值可用下式求得

$$M_1 = \frac{-1.351\,5 - 1.770\,3 x_D + 5.911\,4 y_D}{0.024\,1 + 0.256\,2 x_D - 0.734\,1 y_D}, \quad M_2 = \frac{0.030\,0 - 31.442\,4 x_D + 30.071\,7 y_D}{0.024\,1 + 0.256\,2 x_D - 0.734\,1 y_D}$$

式中，x_D 和 y_D 为某时相下日光的色品坐标，它们与典型日光在此时相下的相关色温 T_c 有关。

$$x_D = -4.607\,0\frac{10^9}{T_c^3} + 2.967\,8\frac{10^6}{T_c^2} + 0.099\,11\frac{10^3}{T_c} + 0.244\,063 \quad (4\,000\text{ K} \leqslant T_c \leqslant 7\,000\text{ K})$$

$$x_D = -2.006\,4\frac{10^9}{T_c^3} + 1.901\,8\frac{10^6}{T_c^2} + 0.247\,48\frac{10^3}{T_c} + 0.237\,040 \quad (7\,000\text{ K} < T_c \leqslant 25\,000\text{ K})$$

$$y_D = -3.000x_D^2 + 2.870x_D - 0.275$$

表 7-6 典型日光的 $S_0(\lambda)$、$S_1(\lambda)$ 和 $S_2(\lambda)$ 的数据

波长/nm	$S_0(\lambda)$	$S_1(\lambda)$	$S_2(\lambda)$	波长/nm	$S_0(\lambda)$	$S_1(\lambda)$	$S_2(\lambda)$
300	0.04	0.02	0.0	570	96.0	−1.6	0.2
310	6.0	4.5	2.0	580	95.1	−3.5	0.5
320	29.6	22.4	4.0	590	89.1	−3.5	2.1
330	55.3	42.0	8.5	600	90.5	−5.8	3.2
340	57.3	40.6	7.8	610	90.3	−7.2	4.1
350	61.8	41.6	6.7	620	88.4	−8.6	4.7
360	61.5	38.0	5.3	630	84.0	−9.5	5.1
370	68.8	42.4	6.1	640	85.1	−10.9	6.7
380	63.4	38.5	3.0	650	81.9	−10.7	7.3
390	65.8	35.0	1.2	660	82.6	−12.0	8.6
400	94.8	43.4	−1.1	670	84.9	−14.0	9.8
410	104.8	46.3	−0.5	680	81.3	−13.6	10.2
420	105.9	43.9	−0.7	690	71.9	−12.0	8.3
430	96.8	37.1	−1.2	700	74.3	−13.3	9.6
440	113.9	36.7	−2.6	710	76.4	−12.9	8.5
450	125.6	35.9	−2.9	720	63.3	−10.6	7.0
460	125.5	32.6	−2.8	730	71.7	−11.6	7.6
470	121.3	27.9	−2.6	740	77.0	−12.2	8.0
480	121.3	24.3	−2.6	750	65.2	−10.2	6.7
490	113.5	20.1	−1.8	760	47.7	−7.8	5.2
500	113.1	16.2	−1.5	770	68.6	−11.2	7.4
510	110.8	13.2	−1.3	780	65.0	−10.4	6.8
520	106.5	8.6	−1.2	790	66.0	−10.6	7.0
530	108.8	6.1	−1.0	800	61.0	−9.7	6.4
540	105.3	4.2	−0.5	810	53.3	−8.3	5.5
550	104.4	1.9	−0.3	820	58.9	−9.3	6.1
560	100.0	0.0	0.0	830	61.9	−9.8	6.5

为了实际使用方便，CIE 在标准照明体 D 中推荐了几种特定的相对光谱功率分布，作为在光度和色度的计算和测量中的标准日光。它们分别称为 CIE 标准照明体 D_{65}、D_{55} 和 D_{75}，并且规定了它们的详细数据，如表 7-7 所示。

表 7-7 CIE 标准照明体 D_{65}、D_{55}、D_{75} 的相对光谱功率分布和色品坐标

波长/nm	D_{65}	D_{55}	D_{75}	波长/nm	D_{65}	D_{55}	D_{75}
360	46.6	30.6	63.0	630	83.3	90.4	78.7
370	52.1	34.3	70.3	640	83.7	92.3	78.4
380	50.0	32.6	66.7	650	80.0	88.9	74.8
390	54.6	38.1	70.0	660	80.2	90.3	74.3
400	82.8	61.0	101.9	670	82.3	93.9	75.4
410	91.5	68.6	111.9	680	78.3	90.0	71.6
420	93.4	71.6	112.8	690	69.7	79.7	63.9
430	86.7	67.9	103.1	700	71.6	82.8	65.1
440	104.9	85.6	121.2	710	74.3	84.8	68.1
450	117.0	98.0	133.0	720	61.6	70.2	56.4
460	117.8	100.5	132.4	730	69.9	79.3	64.2
470	114.9	99.9	127.3	740	75.1	85.0	69.2
480	115.9	102.7	126.8	750	63.6	71.9	58.6
490	108.8	98.1	117.8	760	46.4	52.8	42.6
500	109.4	100.7	116.6	770	66.8	75.9	61.4
510	107.8	100.7	113.7	780	63.4	71.8	58.3
520	104.8	100.0	108.7		D_{65}	D_{55}	D_{75}
530	107.7	104.2	110.4				
540	104.4	102.1	106.3	x	0.312 7	0.332 4	0.299 0
550	104.0	103.0	104.9	y	0.329 0	0.347 5	0.315 0
560	100.0	100.0	100.0	u	0.197 8	0.204 4	0.193 5
570	96.3	97.2	95.6	v	0.312 2	0.320 5	0.305 7
580	95.8	97.7	94.2	x_{10}	0.313 8	0.334 1	0.299 6
590	88.7	91.4	87.0	y_{10}	0.331 0	0.348 7	0.317 3
600	90.0	94.4	87.2	u_{10}	0.197 9	0.205 1	0.193 0
610	89.6	95.1	86.1	v_{10}	0.313 0	0.321 1	0.306 7
620	87.7	94.2	83.6				

标准照明体 D_{55} 代表相关色温为 5 503 K 的典型日光。这种日光相当于无云天气，太阳在与水平方向成 45°时的日光相对光谱功率分布。标准照明体 D_{55} 常用在摄影情况下，例如摄影

闪光灯的设计就要求模拟标准照明体D_{55},评价照相物镜色还原性能的国际标准——色贡献指数(ISO/CCI)就是以标准照明体D_{55}为依据的。

标准照明体D_{75}代表相关色温为7 504 K的典型日光,这种照明体主要用在高色温光源下进行精细辨色工作的场合。

标准照明体D_{65}代表相关色温为6 504 K的典型日光的相对光谱功率分布。它代表了在正常天气状况下白天的平均日光。CIE规定,在可能情况下应尽可能使用CIE标准照明体D_{65}来代表日光。只有在相关色温与D_{65}偏离较大时,才考虑用其他的标准照明体D。而且在这种情况下,CIE建议尽可能使用CIE标准照明体D_{55}和D_{75}。

对标准照明体D,CIE尚未推荐出相应的标准光源,因此标准照明体D的模拟成为当前光源研究的重要课题之一。目前研制的模拟D_{65}标准照明体的人工光源有:带滤光器的高压氙灯、带滤光器的白炽灯和带滤光器的荧光灯三种。其中带滤光器的高压氙灯模拟D_{65}照明体的效果最好。

7.3 基本光度量的测量

光度量是平均人眼接收辐射能引起视觉神经刺激程度的度量。光度量的测量主要包括光通量、发光强度、照度和亮度的测量,这些光度量是在可见光范围内平均人眼受到光刺激程度的度量,是可见光范围内各波长光对人眼刺激的积分值。

在光度量的测量中,根据接收器不同(用人眼作接收或物理探测器接收),可分为两种测量方法:以人眼作为接收器称为目视光度法;以物理探测器如光敏元件作为接收器的称为客观光度法。目前在光度测量领域,目视光度法有被客观光度法取代的趋势。由于光度测量原则上是使用平均人眼作为评价标准的,因此掌握光度量的目视光度测量方法仍是很重要的。

7.3.1 发光强度的测量

发光强度的测量在光度导轨上运用平方反比定律来进行。测量装置如图7-6所示,在滑轨上装有三个可滑动的小车,两边小车上安装进行比较的光源,中间小车安装陆末-布洛洪(Lummer-Brodhun)目视光度计。

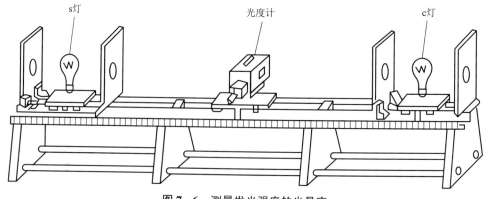

图7-6 测量发光强度的光具座

陆末-布洛洪目视光度计的结构如图 7-7 所示。图中 H 的两侧是反射比相等、具有朗伯漫射特性的白板。M_1、M_2 是两块反射镜。P 是由两个直角棱镜胶合而成的陆末立方体，其中左棱镜的斜边上刻有一些凹槽，来自左侧的光透过未被刻槽的部分而进入左侧光度视场；而来自右侧的光，则因左棱镜刻槽处所造成的空气隙，在右棱镜斜面上形成全反射而进入右侧光度视场。合成视场如图中阴影线和没有阴影线的部分，各代表由一侧进入视场的部分。AB 面和 BD 面上分别附加了一块透射比为 92%的薄玻璃片，其位置分别对应两梯形

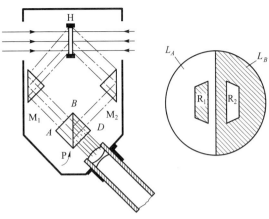

图 7-7 陆末-布洛洪目视光度计的结构

部分的视场，这样，R_2 梯形部分要比左半侧视场略暗，而 R_1 梯形部分比右半侧视场略暗。

向左或向右移动光度计或者改变一侧光源到光度计的距离，使进入光度计两侧的光在视场内平衡时，两半视场的中心界线消失，但 R_1、R_2 仍分别比它们所在的背景暗8%。在视场中人眼将看到它们和所在的背景有相同的反差。当两侧视场亮度 L_A、L_B 不等时，一侧反差减小，另一侧反差增大，这样来判断亮度不平衡要比仅用两半视场中线消失来判断更为灵敏。

用这种装置测量发光强度的简单方法是直接比较法，如图 7-8（a）所示。在一端的小车上装上光强标准灯（s 灯），另一端的小车上装上待测灯（c 灯）。水平移动光度计或任一安装光源的小车，直到光度计视场的两个不同部分亮度相等为止，即 $L_s = L_c$。于是依据平方反比定律，有

$$\frac{I_s}{r_s^2}\rho_s = \frac{I_c}{r_c^2}\rho_c \tag{7-13}$$

式中，I_s 和 I_c 分别表示光源 s 灯和 c 灯的发光强度；ρ_s 和 ρ_c 为漫射屏两面的反射比；r_s 和 r_c 为漫射屏两平面中线与相应灯泡灯丝平面的距离。

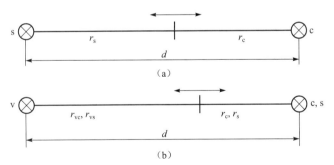

图 7-8 发光强度测量方法
（a）直接法；（b）比较法

实际漫射屏总有一定的厚度。设屏厚度为 $2t$，则有

$$\frac{I_s}{(r_s-t)^2}\rho_s = \frac{I_c}{(r_c-t)^2}\rho_c \tag{7-14}$$

即

$$I_c = I_s \frac{\rho_s (r_c - t)^2}{\rho_c (r_s - t)^2} \approx I_s \frac{\rho_s}{\rho_c} \frac{r_c^2}{r_s^2}\left[1 + 2t\left(\frac{1}{r_c} - \frac{1}{r_s}\right)\right] \qquad (7-15)$$

为方便起见，实际上往往使用式（7-13）计算 I_c。这样由于反射屏厚度的影响，将引入测量误差。若要使误差小于 0.1%，即

$$\left|2t\left(\frac{1}{r_c} - \frac{1}{r_s}\right)\right| < 0.001$$

例如，$2t = 2$ mm，则有 $|r_c - r_s| < 0.25 r_c r_s$（m），如果 $r_s = 1.5$ m，则可解得 $1.1 < r_c < 2.4$。当测量精度要求较高，而测量时实际 r_s 和 r_c 相差较大时，应用式（7-15）可把反射屏厚度的影响考虑进去。

在制作白色漫射屏时，使其两平面反射比相同，则按式（7-13），可求得 c 灯的发光强度

$$I_c = I_s \frac{r_c^2}{r_s^2} \qquad (7-16)$$

式（7-16）中，r_s 和 r_c 由导轨刻度读出，I_s 为标准灯的发光强度。

在测量时，如果光度计内两条光路系统不对称或者漫射屏两平面的反射比不一样时，将会引起附加的测量误差。为消除这种误差可采用比较测量法，此时除了用标准灯及待测灯外，还要使用一只比较灯（v 灯）。对于比较灯，只要求光强度在一定时间内保持稳定，不必预先知道其数值。

测量时，将 v 灯放在一端的小车上，并将 v 灯和光度计用连杆连接起来，保持它们之间的距离不变。在另一端的小车上先装上标准 s 灯（见图 7-8（b））。移动 s 灯达到光度计视场两部分的光度平衡，记下 s 灯与光度计的距离 r_s。用待测 c 灯换下 s 灯，水平移动 c 灯，使光度计视场再次出现光度平衡，记录下距离 r_c。待测 c 灯的光强度 I_c 仍可由式（7-16）求得。

由于使用人眼判断视场两侧亮度是否达到平衡，而人眼很难精确判断两个色温（或光谱分布）相差较大的光源照明视场的光度平衡。因此，在测量时，要求所使用的光源色温必须一致或十分接近（色温相差小于 100 K）。当待测光源与标准光源色温相差较大时，可采用以下几种方法减小测量误差。

① 用滤光片或色溶液加在待测光源一侧，使光度计中待测光路视场的光色与标准光路视场的光色相一致。这样式（7-16）可写成

$$\tau_v I_c = I_s \frac{r_c^2}{r_s^2} \qquad (7-17)$$

式中，τ_v 为滤光片或色溶液的目视透射比，定义为

$$\tau_v = \frac{\int_{380}^{760} \Phi(\lambda) \tau(\lambda) V(\lambda) d\lambda}{\int_{380}^{760} \Phi(\lambda) V(\lambda) d\lambda} \qquad (7-18)$$

式中，$\Phi(\lambda)$ 为待测光源的光谱辐射通量，$\tau(\lambda)$ 为滤光片或色溶液的光谱透射比，$V(\lambda)$ 为标准人眼光谱光视效率。计算 I_c 时要除去 τ_v 的影响。

在加滤光片进行色温校正时，应保证有色玻璃两平面的平行性以避免产生透镜效应。滤

光片的楔角会使测量光路产生偏折，给测量带来影响。为了尽量减小滤光片或色溶液对光线的散射作用，不要在光路中随意改变滤光片或色溶液的位置，以免散射对测量的影响难以估计。另外，还要考虑到滤光片和其他测量部件之间的多次反射问题。最后，引入滤光片后待测光源到光度计的有效距离增加了 $(n-1)d/n$（n 和 d 分别是滤光片的折射率和厚度）。例如 $n=1.5$，$d=3$ mm 时，有效距离增加 1 mm。

② 闪烁法可用于测量与标准光源色调相差较大的待测光源的光强度。闪烁法是根据人眼对间断光的响应特性而设计的。闪烁法测发光强度要使用闪烁光度计，图 7-9 是艾夫斯-布里德（Ives-Brady）闪烁光度计的测量光学系统图。

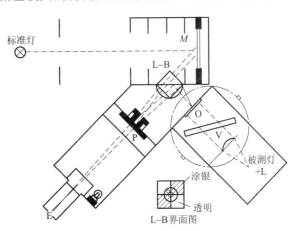

图 7-9 艾夫斯-布里德闪烁光度计光学系统

用光强度标准灯照亮漫反射表面 M。被测灯 L 发出的光线通过中性滤光片 V 照亮乳白玻璃屏 O。棱镜 L-B 由上、下两块直角棱镜胶合而成，在胶接面上，部分面积涂有银反射层（如小图所示）；涂银层部分将来自被测灯 L 的光反射进入观察视场，同时挡住标准灯光的进入，而透明部分则只透射来自标准灯的光，使其进入观察视场。两束光以一定的倾斜角入射到 10° 楔形镜 P 上。当 P 以一定的速度转动时，来自标准灯的光和来自被测灯的光交替地照亮观察视场，楔形镜 P 的转动速度可方便地控制。加入中性滤光片 V，可以扩大仪器光强度的测量范围。

通过目镜 E，人眼可观察到由标准灯和待测灯交替照亮的视场。如果两个光源的光色不同，在交替频率较低时，人眼察觉到的是有色的闪光。随着交替频率的增高，直至超过一定频率时，人眼不再感觉出颜色的变化，看到的是一个亮度闪烁的视场。水平移动标准灯，使视场中亮度闪烁消失，得到光度平衡位置。利用平方反比定律可求得待测光源的发光强度 I_c。

用闪烁法测量发光强度时，使用较低的交替频率可提高测量精度（最好使用彩色闪烁现象正好消失时的频率）。在不同的测量中，这一频率的取值往往不同，它取决于相比较光源的色差和视场的亮度，两者相差越大，使异色闪烁消失频率就越高。如果过分地提高闪烁频率，则人眼比较视场内的亮度差感觉也会消失，将无法进行发光强度测量，所以正确地使用闪烁频率很重要。

艾夫斯认为，对异色光来说，闪烁法在所有比较测量法中精度最高，重复性最好。当用作比较的光源之间色差不很大时，由熟练的观察者操纵闪烁光度计，测量的相对精度可达 0.5%～1%。使用闪烁光度计时，很快会导致人眼疲劳，因此，测量时间一般不应超过一小时。

7.3.2 光通量的测量

光源的发光强度是光度学的基本参数，由其可导出光通量。对各向同性的点光源来讲，其光通量 $\Phi=4\pi I$，故只要测定点光源的发光强度乘以 4π 就可求得光通量。然而，实际光源总有一定大小，其光源发光强度在空间也非均匀分布，故必须采用相应的方法进行测量。

测量光通量最方便、最常用的方法是利用积分球。将光通量标准灯与待测灯相比较而得

到待测灯的光通量。积分球的照度由式（7-12）表示（K 称为积分球常数）

$$E = \frac{\Phi}{4\pi R^2}\frac{\rho}{1-\rho} = K\Phi \qquad (7-19)$$

在测得了球壁处出射窗口的照度 E 后，可得到光通量 Φ。

在实际测量时，由于需要在积分球内安置待测光源，且为了不让光线直射探测器，必须加设遮挡屏，起到对光线吸收和阻挡的作用，故式（7-19）只能近似成立。挡屏和光源尺寸越大，引起的误差也越大。图 7-10 表示了遮挡屏的影响，遮挡屏 S 阻碍光源 L 的光到达 AB 区域（包括测量窗口），而测量窗口又不能接收从 CD 区域反射的光线。遮挡屏的位置和大小决定了 AB 和 CD 区域的面积。理想的情况应使 AB、CD 区域最小。实验和理论证明，遮挡屏放在离待测灯 $R/3$ 的距离上最为合理。有人认为遮挡屏的直径为 $2R/3$ 比较合理，但更合适的办法是由待测灯尺寸及测量窗口的大小来确定。图 7-11 中，设灯的最大尺寸为 $2l$，测量窗口直径为 $2h$，遮挡屏半径为 r，由图可得

$$r = h + \frac{2}{3}(l-h) \qquad (7-20)$$

选择直径较大的积分球，可使光源和遮挡屏的尺寸的影响相对减小，从而减小吸收误差和遮挡屏误差。一般积分球直径至少应为灯最大尺寸的 6～10 倍。

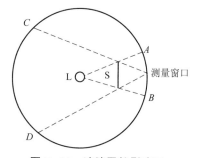

图 7-10 遮挡屏的影响图

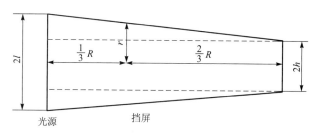

图 7-11 遮挡屏的计算

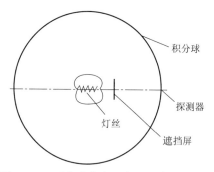

图 7-12 对称分布光源在积分球内的安置

对于具有轴对称光强度分布的光源，应使光源的光辐射能尽量直接照射到积分球内壁。可采用如图 7-12 所示的安置方式。

要有效减少光源及遮挡屏引起的光通量测量误差，可选用代替法测量光通量。这种方法需要一只光通量标准灯（可由分布光度计标定），已知其光通量为 Φ_s。测量时，先将标准灯放在积分球中心 L 处（见图 7-10），通电后，在测量窗口测得照度 E_s。

$$E_s = \frac{\Phi_s}{4\pi R^2}\frac{\rho}{1-\rho}$$

用待测灯替换为标准灯，并测量照度 E_c，比较两式得

$$\Phi_c = \frac{E_c}{E_s}\Phi_s \qquad (7-21)$$

测量方法要求标准灯与待测灯有类似的外形尺寸，否则由于两个光源外形对光线的吸收作用不同，仍会引起误差。

当标准灯与待测灯的外形尺寸相差较大时，可以采用辅助灯代替法测光通量。

$$\Phi_\mathrm{c} = \Phi_\mathrm{s} \frac{E_\mathrm{c}}{E_\mathrm{s}} \frac{K_\mathrm{s}}{K_\mathrm{c}} \qquad (7-22)$$

引入辅助灯求出 $K_\mathrm{s}/K_\mathrm{c}$。

在积分球中放一盏辅助灯 v（见图 7-13），将待测灯放入积分球，点燃辅助灯而待测灯不工作，测得照度

$$E_\mathrm{vc} = K_\mathrm{c} \Phi_\mathrm{v} \qquad (7-23)$$

移出待测灯换入标准灯（也不工作），点燃辅助灯再测得照度为

$$E_\mathrm{vs} = K_\mathrm{s} \Phi_\mathrm{v} \qquad (7-24)$$

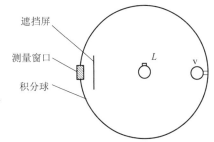

图 7-13 辅助灯代替法测量光通量

由此可得

$$\frac{E_\mathrm{vs}}{E_\mathrm{vc}} = \frac{K_\mathrm{s}}{K_\mathrm{c}} \qquad (7-25)$$

代入式（7-22），得

$$\Phi_\mathrm{c} = \Phi_\mathrm{s} \frac{E_\mathrm{c}}{E_\mathrm{s}} \frac{E_\mathrm{vs}}{E_\mathrm{vc}} \qquad (7-26)$$

7.3.3 照度的测量

发光强度、光通量的测量往往是通过测量照度来实现的，照度测量比其他光度量的测量应用更广泛。照度测量虽然也可分成目视法和客观法，但随着各种方便和可靠的照度计出现，目前在实际工作中目视法已完全被客观法所取代。以下只论述如何应用客观法测量照度。

用客观法测量空间某一平面的照度由照度计完成。将照度计的光辐射探测器放在待测平面，光照引起探测器的光电流经放大后通过仪表或数字读出。对于标定过的照度计，读出的数据代表了所测平面的照度值。照度计的基本结构是光电测量头及其示数装置。光电测量头包括光电探测元件、光谱修正滤光片以及扩大测量量程的光衰减器（中性滤光片等）。

为了可靠地测量照度，照度计必须满足以下条件。

1. 照度计光辐射探测器的光谱响应符合照度测量的要求

由于照度计通常用硒光电池或硅光电池、光电倍增管等作为测光部件，其光谱响应和人眼光谱光视效率有较大差别。当进行同色温光源下照度测量时，只要这种光源的色温和种类与照度计标定时所用标准光源的色温、种类一致，就不会产生测量误差。但当待测光源色温或种类与标定光源的不同时，由于测光部件光谱响应和人眼光谱光视效率之间的差异，就会成为引入照度测量误差的重要因素。为了使测光部件的光谱响应符合照度测量的精度要求，可以采用以下的方法。

(1) 引入修正系数

设 $E_e(\lambda)$ 和 $E_e'(\lambda)$ 分别为标定用光源和测量时光源的光谱辐照度。$R_e(\lambda)$ 是照度计测光部件的光谱辐照度响应，则照度计标定时总响应度为

$$R_E = \frac{I}{E} = \frac{\int_0^\infty E_e(\lambda) R_e(\lambda) \mathrm{d}\lambda}{K_m \int_0^\infty E_e(\lambda) V(\lambda) \mathrm{d}\lambda} \tag{7-27}$$

式中，I 为输出电流量。

用标定过的照度计测量某一待测照度 E' 时，

$$E' = \frac{I'}{R_E} = \frac{\int_0^\infty E_e'(\lambda) R_e(\lambda) \mathrm{d}\lambda}{\int_0^\infty E_e(\lambda) R_e(\lambda) \mathrm{d}\lambda} K_m \int_0^\infty E_e(\lambda) V(\lambda) \mathrm{d}\lambda$$

由照度的定义可知，待测照度的实际数值为 $E_e' = K_m \int_0^\infty E_e'(\lambda) V(\lambda) \mathrm{d}\lambda$，因此，引入照度计的修正系数 P，使 $E'P = E_e'$，即

$$P = \frac{E_e'}{E'} = \frac{\int_0^\infty E_e R_e(\lambda) \mathrm{d}\lambda \int_0^\infty E_e' V(\lambda) \mathrm{d}\lambda}{\int_0^\infty E_e' R_e(\lambda) \mathrm{d}\lambda \int_0^\infty E_e V(\lambda) \mathrm{d}\lambda} = \frac{\int_0^\infty e_e r_e(\lambda) \mathrm{d}\lambda \int_0^\infty e_e' V(\lambda) \mathrm{d}\lambda}{\int_0^\infty e_e' r_e(\lambda) \mathrm{d}\lambda \int_0^\infty e_e V(\lambda) \mathrm{d}\lambda} \tag{7-28}$$

式中，$e_e'(\lambda)$、$e_e(\lambda)$ 和 $r_e(\lambda)$ 分别为 $E_e'(\lambda)$、$E_e(\lambda)$ 和 $R_e(\lambda)$ 的归一化值，代表相对光谱辐照度分布、探测器的相对光谱响应。

表 7-8 列出了经 2 856 K 色温光源标定的硒光电池照度计测量 2 360~5 800 K 色温光源照射下的照度值时，必须引入的修正系数。可见，若不修正，测量误差会相当大（如测 5 800 K 昼间光的照度，测量误差可达 22%左右）。

表 7-8　不同色温条件下照度计的修正值（标定时色温为 2 856 K）

色温/K	2 360	2 856	3 100	3 250	3 400	4 800	5 800
P	1.003	1.000	0.990	0.975	0.973	0.843	0.783

(2) 用滤光片与光探测器的组合匹配人眼光谱光视效率 $V(\lambda)$

要消除由于光辐射探测器的光谱响应与人眼光谱光视效率的差异而引起照度测量误差，最根本的办法是选用合适的滤光片，修正照度计的光谱响应，使两者组合后的光谱响应尽量接近人眼光谱光视效率。对于硒光电池和硅光电池的光辐射探测器，用有色玻璃滤光片进行 $V(\lambda)$ 匹配，其理论计算的误差可在 1%以内。

使用匹配滤光片必须注意，倾斜入射光线在滤光片内经过的路程要比垂直入射光线经过的路程长。所以只有在光线垂直入射时，测得的结果才是正确的。

滤光片与光探测器组合后的光谱响应与人眼光谱光视效率 $V(\lambda)$ 的不一致，将引起照度测量的误差

$$S = 100 - \frac{\int_0^\infty E_e' F(\lambda) \mathrm{d}\lambda \int_0^\infty E_e V(\lambda) \mathrm{d}\lambda}{\int_0^\infty E_e F(\lambda) \mathrm{d}\lambda \int_0^\infty E_e' V(\lambda) \mathrm{d}\lambda} \times 100 \tag{7-29}$$

式中，$F(\lambda)$ 为滤光片和探测器组合后的光谱响应。

2. 探测器的余弦校正

根据余弦定理，使用同一光源照射某一表面，表面上的照度将随光线入射角而改变。设光线垂直入射时，表面照度为 E_0；当光线与表面法线夹角为 α 时，表面上的照度为

$$E_\alpha = E_0 \cos\alpha$$

使用照度计测量某一表面上的照度时，若光线以不同的角度入射，探测器产生的光电流或者说照度计的读数，也应随入射角的不同有余弦比例关系。但是由于测量仪器并不能达到各种理想状态，探测器的这种非余弦响应主要是由于菲涅耳反射所致，若在光电探测器上加校正滤光片进行 $V(\lambda)$ 匹配后，测光部件的非余弦响应将更加明显。图 7-14 是一种光探测器不加和加了光谱校正滤光片后，对不同入射角照度响应变化的曲线，当入射角为 60° 时，不加滤光片的照度响应下降 4%，而加滤光片后，照度响应下降 20%。

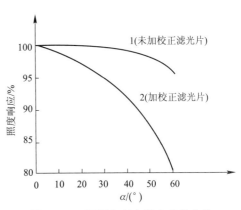

图 7-14 不同入射角照度变化曲线

为消除或减小探测器的非余弦响应给照度测量带来的误差，设计了多种余弦校正器，如图 7-15 所示。余弦校正器的基本原理是利用光电探测器的透镜或漫透玻璃，改变光滑平面的菲涅耳反射作用，从而克服探测器的非余弦响应。

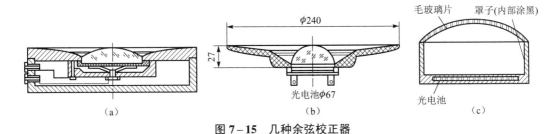

图 7-15 几种余弦校正器

3. 照度示值与所测照度有正确的比例关系

要求照度计光电探测器的光电流应与所接收的照度呈线性关系。目前精度较高的照度计，在 $0.01 \sim 2\times10^5$ lx 范围的线性误差小于 0.5%。有些照度计在测光部件上还可加一些光衰减器（如中性密度滤光片等）或在信号输出读数显示上加一些固定倍率的衰减，以扩大照度计照度测量范围。

4. 照度计要定期进行精确标定

使用一段时间后，光探测器会发生老化，即灵敏度发生永久性改变。故照度计应定期进行标定，确定测光部件表面照度与输出光电流或照度计读数之间的关系。

照度计的标定装置如图 7-16 所示，标定工作在光度导轨上的几个同距离上进行，距离以公比为 $\sqrt{2}$ 的等比级数来选取，以使每个照度值为前一个值的一半。

5. 照度计要有较强的环境适应性

环境温度的变化会影响到光探测器的响应度。为避免温度变化的影响，在精密测量时，应保证 25 ℃ 左右的恒温。

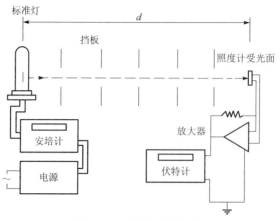

图 7-16 照度计的标定

7.3.4 亮度的测量

亮度是经常要测量的发光体光度特性之一。发光体表面的亮度与其表面状况、发光特性的均匀性、观察方向等有关,因而亮度的测量颇为复杂,且测量的往往是一个小发光面积内亮度的平均值。亮度测量时,可采用目视法,也可采用客观法。测量亮度可采取与已知亮度直接比较的方式,也可以通过先测定其他光度量而间接计算得出。以下只介绍一种用亮度计测量亮度的方法。

1. 用亮度计进行亮度测量

常用的亮度计用一个光学系统把待测光源表面成像在光辐射探测器平面上。图 7-17 给出了一种亮度计的结构,亮度计的测光系统由物镜 B、光阑 P、视场光阑 C、漫射器和探测器等组成;光阑 P 与探测器的距离固定,紧靠物镜安置;视场光阑 C 和漫射器位于探测器

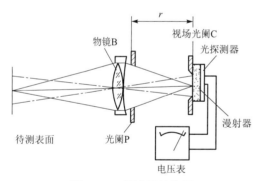

图 7-17 亮度计结构图

平面上;视场光阑 C 限制待测发光面的面积。对于不同物距的待测表面,通过物镜的调焦,使待测发光面成像在探测器受光面上。

设待测发光面的亮度为 L,物镜的透射比为 τ,若不考虑亮度在待测表面到物镜之间介质中的损失(物距太长时应考虑),则在光阑 P 平面上的亮度为 τL,像平面上的照度为

$$E = \tau L \frac{S}{r^2} \tag{7-30}$$

式中,S 为光阑 P 的透光面积,r 为光阑 P 到像平面的距离(不随测量距离不同而改变)。

设已知探测器的照度响应度为 R_E,则输出信号 $V = R_E E$,则亮度计的亮度响应度为

$$R_L = \frac{V}{L} = \tau \frac{S}{r^2} R_E \tag{7-31}$$

光阑 P 的设置非常重要,因为如果只用物镜框来限制通光孔面积,那么在测量物距不同的发光表面时,物镜框到像平面的位置将随着物镜的调焦而改变,结果对应不同的物距就有

不同的亮度响应度，若对物距的变化不加修正，就会引起亮度测量误差。例如，一种物镜焦距为 180 mm 的亮度计，仪器对 2 m 物距进行标定，当用它测量 10 m 物距的发光面时，会产生 17% 的误差。

图 7-18 是一种用途广泛的亮度计（Spectra Pritchard 光度计）的结构图。物镜将待测表面成像在倾斜 45°安装上的反射镜上；反射镜上有一系列尺寸不等的圆孔，转动反射镜，将反射镜上直径不同的圆孔导入测量光路，从而改变亮度计测量视场角的大小。目标上待测部分的面积也就由小孔的直径决定。来自目标的光线经物镜成像，穿过小孔和滤光片轮上的滤光片，照到光电倍增管上。光电倍增管的光谱响应已进行修正；经标定产生的信号代表了待测亮度值。

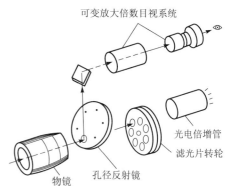

图 7-18 某亮度计结构示意图

待测表面在反射镜上的像向上进入上部取景器，取景器起到取景与调焦功能。取景器的视场比光电倍增管的测量视场大，人眼通过取景器，可看到中央一黑斑，黑斑的大小即亮度计的测量视场。当测量不同距离的目标时，调节物镜前后移动，可使取景器视场内待测表面清晰可见，这时待测表面经物镜成的像正好落在反射镜位于光轴上孔径中心所在的垂直平面上。

为满足测量要求，亮度计允许更换物镜。使用焦距为 17.78 cm 的标准物镜，视场角约 6′，在 1.5 m 处可测量 0.25 cm 直径面积内的平均亮度。亮度测量范围为 $3.426 \times 10^{-4} \sim 3.426 \times 10^{8}$ cd/m^2。

为了测量更远的目标，可换长焦距物镜。如果物镜的焦距为 200 cm，视场角为 0.17′，在距离为 1.6 km 时，测量面积为直径约 7.6 cm 的圆。用这种物镜测量亮度，可测目标的最近距离约为 10 m。若物镜焦距长，视场角小，亮度计测量灵敏度降低，可测的最低亮度值变大。

亮度计的最大误差源由其光学系统各表面产生的反射、漫射和杂散光所引起，它们使探测器对仪器视场外的亮度源产生响应。在被测目标的背景较亮时，亮度计必须加上挡光环或使用遮光性能良好的伸缩套。

亮度是人眼对光亮感觉产生刺激大小的度量。人眼视觉视场为 2°，为与人眼明视觉的观察一致，应使亮度计的视场角不超过 2°。亮度计视场的减小受到探测器灵敏度的限制。

因为亮度计得到的是平均亮度，故测量时待测部分应亮度均匀。如果在测量方向上有明显的镜面反射成分，即待测表面的反射和透射特性不均匀，则不同视场角测得的平均亮度将会有明显的差异。若待测亮度表面不能充满亮度计视场，如测量小尺寸点光源或线光源时，应当把光源投影到一块屏上，光源像应有足够大的尺寸。应先测得光源像的亮度，再计算出光源的实际亮度。

2. 亮度计的标定方法

为保证亮度测量读数的正确性，开始使用之前或使用一段时间之后，需要对亮度计进行标定。

（1）用高精度照度计进行标定

图 7-19 是标定系统的示意图，取一稳定的光源照亮乳白玻璃，紧贴乳白玻璃放一光阑，其开孔直径为 D；光阑与光源的距离 r_1 应大于光阑口径 D 的 10 倍。乳白玻璃为一均匀面光源，在相距 r_2 处用高精度照度计测得照度为 E。由亮度与照度的关系可得

$$L = \frac{4E \cdot r_2^2}{\pi D^2} \tag{7-32}$$

用待标定的亮度计替换照度计,并保证亮度计光轴垂直于乳白玻璃,调整亮度计,使读数符合式(7-32)计算的数值,至此标定完毕。

(2) 用光强度标准灯和理想漫射板进行标定

标定方法如图 7-20 所示,漫反射板是反射比为 ρ 的朗伯反射体,板的照度 $E = I_0/r^2$,其中,I_0 是标准灯的发光强度,r 是光源到漫反射板的距离。漫反射板亮度为

$$L = \frac{\rho E}{\pi} = \frac{\rho I_0}{\pi r^2} \tag{7-33}$$

通过改变 r 获得不同的亮度值,从而标定亮度计的读数。

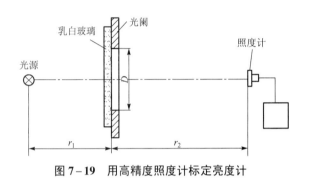

图 7-19 用高精度照度计标定亮度计

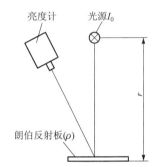

图 7-20 用光强度标准灯标定亮度计

7.4 光学系统透射比的测量

7.4.1 光学系统的透射比

光学系统的透射比分为光谱透射比和积分透射比两种。

光学系统的透射比反映了经过该系统之后光能量的损失程度。对于目视仪器来说,如透射比低,则用该仪器观察时主观亮度就会降低;若某些波长光的透射比特别低,则会看到不应有的偏色现象,例如所谓的"泛黄"现象。对于照相系统来说,透射比低就直接影响像面上的照度,使用时要增加曝光时间。如某些波长光的透射比相对值过低,则会影响到摄影时的彩色还原效果。所以光学系统的透射比也是成像质量的重要指标之一。

设波长为 λ 的光进入仪器的光通量为 $\Phi(\lambda)$,从仪器出射的光通量为 $\Phi'(\lambda)$,则光学系统的光谱透射比 $\tau(\lambda)$ 为

$$\tau(\lambda) = \frac{\Phi'(\lambda)}{\Phi(\lambda)} \times 100\% \tag{7-34}$$

光学系统透射比的降低是由于光学零件表面的反射和光学玻璃材料内部的吸收等原因所造成的。因为这样的反射和吸收大都是有选择性的,所以光学系统的光谱透射比随入射光波长的改变而改变。为了仔细研究光透过光学系统的情况,特别是需要了解照相物镜和放映物镜的彩色还原的性能时,必须测量它的光谱透射比。

设规定色温下白光的相对光谱功率分布为 $S(\lambda)$，人眼的光谱光视效率为 $V(\lambda)$，某光学系统的光谱透射比为 $\tau(\lambda)$，则进入光学系统的总光通量 ϕ 和射出光学系统的总光通量 ϕ' 分别为

$$\phi = K\int_{\lambda_1}^{\lambda_2} S(\lambda)V(\lambda)\mathrm{d}\lambda, \quad \phi' = K\int_{\lambda_1}^{\lambda_2} S(\lambda)V(\lambda)\tau(\lambda)\mathrm{d}\lambda$$

于是目视光学系统的积分透射比（有时也称白光透射比）为

$$\tau = \frac{\phi'}{\phi} = \frac{\int_{\lambda_1}^{\lambda_2} S(\lambda)V(\lambda)\tau(\lambda)\mathrm{d}\lambda}{\int_{\lambda_1}^{\lambda_2} S(\lambda)V(\lambda)\mathrm{d}\lambda} \tag{7-35}$$

其他系统的透射比也可用类似于式（7-35）的表达式。由定义式可见，只要统一规定光源的色温，分别测量进入和射出光学系统的光通量，就可以得到积分透射比。利用积分透射比这个单一数值指标就可以比较各个光学系统间的光透射能力。在一般情况下，只要直接测量光学系统的积分透射率就够了，但当需要进一步分析光学系统的彩色还原性能时，还需测量光学系统的光谱透射比 $\tau(\lambda)$。

关于光源的色温，即其相对光谱功率分布 $S(\lambda)$ 的规定，主要依据光学系统的使用条件。通常对白天使用的目视观察瞄准仪器，建议使用 CIE 标准照明体 D_{65}，对于摄影仪器，则建议使用 CIE 标准照明体 D_{55}。

7.4.2 望远镜系统透射比的测量

1. 测量原理

一般都采用积分球式接收器来测定透射比。如图 7-21 所示，测量装置由点光源平行光管和积分球接收器两部分组成，点光源平行光管 2 的物镜焦平面上设置一块小孔板 1，光源经聚光镜照亮小孔，接收器部分由积分球 6、光电探测器和显示器 5 组成。可变光阑 3 限制从点光源平行光管射出的轴向平行光束的口径。测量时先不放被测仪器，调节可变光阑的通孔口径使射出的平行光束全部进入积分球，如图 7-21 中虚线所示。这个过程称为空测，从检流计上可读出一读数 m_0。然后，将被测仪器放在光路中，并使射出光束全部进入积分球。这个过程称为实测，从检流计上又可得到一读数 m_1。显然，被测仪器的积分透射比 τ 为 $(m_1/m_0) \times 100\%$。

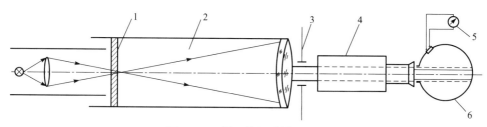

图 7-21 望远仪器透射比测量

1—小孔板；2—点光源平行光管；3—可变光阑；4—被测仪器；5—光电探测器和显示器；6—积分球

2. 测量操作

测量时的注意事项，可归纳为下列几条。

① 测量时应先使望远仪器的视度归零。把被测仪器放入光路进行实测时，应使它的光轴和点光源平行光管光轴大致对准。此时，通过目镜在被测仪器分划板上可以看到点光源平

行光管小孔的像。应注意小孔像不要成在分划刻线上。

② 被测仪器的外露光学表面必须是清洁的，测量前应注意仔细清理。

③ 望远系统的透射比一般都是指轴向透射比。图 7-21 所示的是测量所谓近轴透射比的方法，就是进入望远仪器的平行光束直径比较小，它由积分球的进光孔径所决定。有时望远仪器需要测量全孔径透射比，即进入仪器的平行光束应充满入射光瞳。这时可采用一块附加透镜，如图 7-22 所示。空测时将附加透镜设置在可变光阑之后，使平行光束会聚后全部进入积分球，如图 7-22（a）所示。实测时将附加透镜移到被测仪器目镜之后，如图 7-22（b）所示。

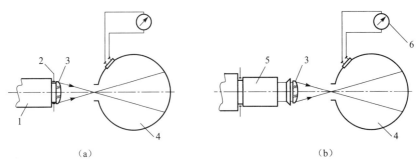

图 7-22 望远仪器全孔径透射比测量

（a）空测；（b）实测

1—点光源平行光管；2—可变光阑；3—附加透镜；4—积分球；5—被测仪器；6—光电探测和显示器

④ 测量时应使照明灯泡控制到所要求的色温。在整个测量过程中，灯泡的发光强度应保持稳定，为此，应由性能良好的稳压（或稳流）电源供电。当要求测量精度较高时，在硒光电池前应加合适的滤光片，以使光谱灵敏度校正到与人眼的光谱光视效率 $V(\lambda)$ 相一致。

⑤ 测量望远仪器的光谱透射比时，只要将光源灯泡换成单色仪即可，如图 7-23 所示。改变单色仪射出的单色光波长，对每种波长的光进行一次空测和实测，并求出该波长下的透射比，于是就得到光谱透射比 $\tau(\lambda)$。

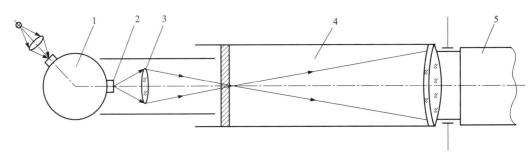

图 7-23 望远系统光谱透射比测量

1—单色仪；2—出射狭缝；3—聚光镜；4—点光源平行光管；5—被测仪器

7.4.3 照相物镜透射比的测量

1. 积分透射比的测量

照相物镜透射比的测量与望远系统透射比的测量方法是基本相同的，如图 7-24 所示。测量时也可分空测和实测两步。图 7-24（a）是空测时的情况，可变光阑的口径应小到保证使全部光束进入积分球。积分球应靠近可变光阑。图 7-24（b）是实测时的情况，积分球放置在被测照相物镜之后的会聚光束中。这里应注意调节积分球的设置，使投射到积分球内壁上的光斑直径和位置与空测时保持大致一致。这样可减小由于内壁涂层不均匀对测量精度的影响。实测时可在光束的会聚点附近另外加一限制光阑，以避免由被测物镜产生的杂散光进入积分球，空测和实测时分别在检流计上得到读数 m_0 和 m_1，则被测照相物镜的透射比 τ 为 $(m_1/m_0) \times 100\%$。

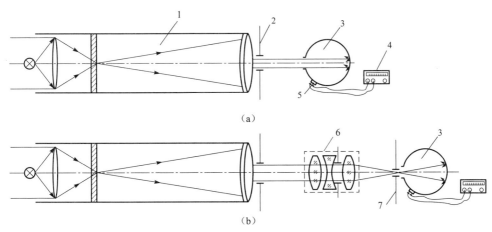

图 7-24　照相物镜透射比的测量

（a）空测；（b）实测

1—点光源平行光管；2—可变光阑；3—积分球；4—显示器；5—光电探测器；6—被测照相物镜；7—限制光阑

由于积分球的进光孔径一般都比较小，所以上述方法只能对入射光瞳直径较小的照相物镜测量。对于入瞳直径较大的照相物镜可用图 7-25 所示的利用附加透镜的方法来测量，测量时将可变光阑口径开到略小于被测照相物镜的入射光瞳直径，或者按规定要求调节。图 7-25（a）是空测时的情况，在可变光阑后设置一附加透镜，把光束会聚在积分球进光孔处，使光束全部进入。图 7-25（b）是实测时的情况，在被测照相物镜焦平面上形成小孔的一次像。将空测时用的附加透镜放置在小孔一次像后面，使在积分球的进光孔处于小孔的二次像处。在小孔一次像处可设置一限制光阑把其他杂光挡去。测量方法和注意事项都和前面叙述的一样。

对于按近距离目标设计的摄影物镜，例如投影物镜和制版物镜，测量透射比时应使被光照亮的小孔位于被测物镜的物平面位置上，如图 7-26 所示，在光源小孔后一定距离上设置孔径光阑，用它来控制测试光束的孔径角。应注意通过孔径光阑的光束要无阻挡地通过被测物镜。空测和实测时的其他情况与图 7-25 完全相同。

照相物镜的透射比一般都是指轴向透射比。也有一些广角照相物镜需要研究透射比随视场变化的情况。测量轴外透射比时，要使被测照相物镜大致绕其入射光瞳中心旋转相应的视场角。需要注意的是使光束的中心与入射光瞳中心大致重合，并且应保证光束在不被切割的情况下通过被测物镜，积分球要正对来自被测物镜的出射光束。

2. 光谱透射比的测量

在评价照相物镜彩色还原性能时，光谱透射比是主要的依据。

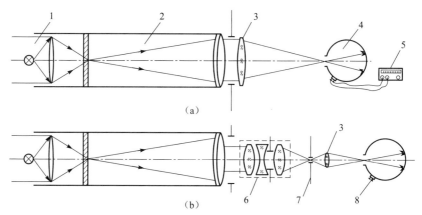

图 7-25　照相物镜全孔径透射比的测量
（a）空测；（b）实测
1—照明器；2—点光源平行光管；3—附加透镜；4—积分球；
5—检流计；6—被测照相物镜；7—小孔限制光阑；8—光电探测器

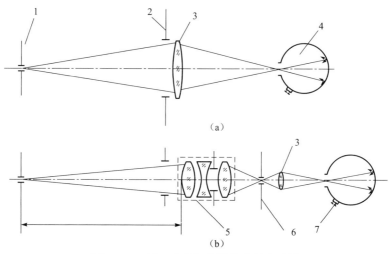

图 7-26　近距离目标物镜的透射比测量
（a）空测；（b）实测
1—小孔板；2—孔径光阑；3—附加透镜；4—积分球；5—被测物镜；6—限制光阑；7—光电探测器

照相物镜光谱透射比的测量方法和测量积分透射比一样，测量装置也可用图 7-24 所示的装置，但要用单色仪代替图中的光源，单色光经聚光镜照亮小孔。出射狭缝的长度应控制到所射出的单色光能全部进入积分球。测量时采取按一定波长间隔来测量透射比值的点测法。此外，也可使用一套波长间隔一定的单色干涉滤光片。测量时可将干涉滤光片放在照明器和小孔之间，也可以放在积分球进光孔前，测量光谱透射比时，由于光比较弱，所以积分球上可用光电倍增管代替硒光电池。光电倍增管应选用在测试波长范围内都有较高灵敏度的型号。

无论是积分透射比还是光谱透射比测量，其测量值都与测量条件有关，这些测量条件有：光源的色温、测量光束的口径、积分球的直径、单色仪的单色性、测量波长间隔的选取等。

为了使测量结果能互相比较，必须要制定统一的测量条件标准。下面是国际标准化组织（ISO）在照相物镜光谱透射比测量条件的标准中提出的几点建议。

① 单色仪的出射狭缝高度必须小于平行光管物镜焦距的 1/30。对有限远物距工作的照相物镜，位于物平面上的狭缝高度应小于物距（以节点为准）的 1/30。如果物距足够长，则允许使用平行光管，并调节其物镜使单色仪狭缝成像在应有的物距上。此时，单色仪出射狭缝的高度应使其像高小于物距的 1/30。

② 测量光束直径应等于被测照相物镜入射光瞳直径的一半，光束中心应与入光瞳中心重合。

③ 对于一般的照相物镜，测量光谱透射比的波长范围建议为 360～700 nm。测量波长间隔的选取原则是，当透射比变化量大于 0.2%/nm 时，波长间隔取 20 nm，否则取 40 nm。对于普通照相物镜而言，在波长为 460 nm 以下时可取间隔为 20 nm，因为在 360～460 nm 范围内透射比变化较大。如果要利用测量值作彩色还原性能的评价，则在 360～680 nm 范围内都应取波长间隔为 10 nm。

④ 单色仪射出单色光的半宽度应不大于 10 nm。如果使用窄带滤光片，则在被测物镜透射比变化量小于 0.2%/nm 的波长范围内，半宽度选为 20 nm；大于 0.2%/nm 时，滤光片的半宽度应适当小些。

⑤ 积分球的直径和位置应使射到其后壁上的光斑直径为可变光阑直径的 0.5～2 倍。另外，进入积分球时的光束直径不得超过积分球进光孔直径的四分之三，并且光束应位于孔中央。

除了上述几点外，测量时还应注意被测物镜的外露光学表面应擦拭清洁，测量应在暗室内进行并注意仪器照明光引起的杂光不能进入积分球，光电接收元件有足够好的线性以及在整个测量过程中要保持光源稳定。

7.5 光学系统杂光系数的测量

光学系统成像时，到达像面上的光线中除按正常光路到达像面并参与成像的光线外，还有一部分按非正常光路到达像面的有害光线，它们不参与成像。这些有害光线可由种种原因引起，如光学零件光学面上的多次反射，光学零件表面疵病、玻璃内部的杂质和非光学面引起的散射，金属零件表面以及照相底片乳剂层引起的散射等。这部分到达像面但不参与成像的有害光线称为杂散光，简称杂光。

光学仪器中杂光的存在不仅减少了参与成像的光线的数量，造成光能的损失，更主要的是使整个像面上造成了一个近似均匀的附加照度，犹如在像面上蒙了一层薄雾，因而降低了光学系统的成像对比度。因此，与 OTF 测量、畸变测量、光学透射比测量等一样，杂光系数测量也是光学系统像质检测的重要方面之一。

为了进一步说明杂光对像质的影响，下面从光学传递函数的概念出发进一步分析计算杂光对光学传递函数的影响。为简便起见仅讨论一维的情况。

设像面上某狭缝像的光强分布函数（线扩散函数）为 $LSF(x)$；此狭缝光源成像时在像面形成的杂光扩散函数为 $GSF(x)$，假定杂光在像面上的分布是比较均匀的，则杂光扩散函数可简单表示为

$$GSF(x) = \begin{cases} E_G/2a, & |x| \leq a \\ 0, & |x| > a \end{cases}$$

式中，E_G 为到达像面的杂光光通量，a 为像面半宽度。

因此，考虑到杂光影响时线扩散函数应改写为

$$LSF_\Sigma(x) = LSF(x) + GSF(x)$$

根据光学传递函数的定义，于是可写出考虑到杂光影响时的调制传递函数（不计 PTF 时）

$$\begin{aligned}
MTF_\Sigma(r) &= \frac{\int_{-\infty}^{+\infty} LSF_\Sigma(x)\exp(-i2\pi rx)\,dx}{\int_{-\infty}^{+\infty} LSF_\Sigma(x)\,dx} = \frac{\int_{-\infty}^{+\infty} LSF(x)\exp(-2i\pi rx)\,dx + \int_{-\infty}^{+\infty} GSF(x)\exp(-2i\pi rx)\,dx}{\int_{-\infty}^{+\infty} LSF_\Sigma(x)\,dx} \\
&= \frac{\int_{-\infty}^{+\infty} LSF(x)\,dx}{\int_{-\infty}^{+\infty} LSF_\Sigma(x)\,dx} \cdot \frac{\int_{-\infty}^{+\infty} LSF(x)\exp(-2i\pi rx)\,dx + \int_{-\infty}^{+\infty} GSF(x)\exp(-2i\pi rx)\,dx}{\int_{-\infty}^{+\infty} LSF(x)\,dx} \\
&= \frac{\int_{-\infty}^{+\infty} LSF_\Sigma(x)\,dx - \int_{-\infty}^{+\infty} GSF(x)\,dx}{\int_{-\infty}^{+\infty} LSF_\Sigma(x)\,dx} \cdot \frac{\int_{-\infty}^{+\infty} LSF(x)\exp(-2i\pi rx)\,dx}{\int_{-\infty}^{+\infty} LSF(x)\,dx} + \\
&\quad \frac{\int_{-\infty}^{+\infty} GSF(x)\exp(-2i\pi rx)\,dx}{\int_{-\infty}^{+\infty} LSF_\Sigma(x)\,dx} \cdot \frac{\int_{-\infty}^{+\infty} GSF(x)\,dx}{\int_{-\infty}^{+\infty} GSF(x)\,dx} \\
&= (1-\eta)MTF(r) + \eta\frac{\sin 2\pi ra}{2\pi ra}
\end{aligned}
\qquad (7-36)$$

式中，$\eta = \int_{-\infty}^{+\infty} GSF(x)\,dx \Big/ \int_{-\infty}^{+\infty} LSF_\Sigma(x)\,dx$，表示到达像面上的杂光光通量与总光通量之比，称为杂光系数。

由式（7-36）即可看出杂光对 MTF 的影响，因为 $1 > \eta > 0$，所以有杂光时的 $MTF_\Sigma(r)$ 总是要小于无杂光时的 $MTF(r)$，其相互关系如图 7-27 所示。

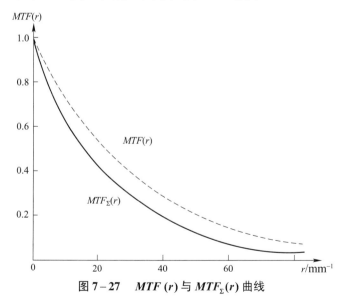

图 7-27　$MTF(r)$ 与 $MTF_\Sigma(r)$ 曲线

式（7-36）中的第二项，由于 a 值较大，例如 $a=20\text{ mm}$，故随着空间频率 r 的增大将迅速减小。例如，当 $r>0.25\text{ mm}^{-1}$ 时，

$$\frac{\sin 2\pi ra}{2\pi ra}<0.03$$

而且 η 通常远小于 1，所以该项可忽略不计。于是式（7-36）可简化为

$$MTF_\Sigma(r)=(1-\eta)MTF(r) \tag{7-37}$$

1. 杂光系数的测量原理

（1）点源法

如果直接从杂光系数的定义式

$$\eta=\frac{\int_{-\infty}^{+\infty}GSF(x)\text{d}x}{\int_{-\infty}^{+\infty}LSF_\Sigma(x)\text{d}x}$$

出发，通过测量一个小发光体经光学系统成像时在像面上造成的杂光光通量与达到像面的总光通量的比值，即可求得杂光系数。这种利用小尺寸光源的杂光系数测量法通常称为点源法。

为了进一步分析和掌握杂光对像质的影响效果，又有人提出了直接测量杂光扩散函数 $GSF(x,y)$ 的方法，就是直接测量视场内外不同位置处的发光点通过光学系统成像时在像面上造成的归一化杂光光强分布。测出了视场内外不同位置处的发光点在像面上所造成的杂光分布函数后，不仅可以求出视场内各点的杂光系数 η，而且可以估算出任意已知的物分布及其背景在像面上产生的总的杂光分布，预测不同物体和背景成像时杂光对像质的影响效果。

由于采用点源法测量杂光系数 η 或杂光扩散函数 $GSF(x,y)$ 时，杂光信号很弱，信噪比很小，而像的信号又很强，因此要求光电探测器具有极宽的动态测量范围，例如不低于 10^6 左右，技术难度较大，测量和计算都很费时，所以目前仍很少采用。

（2）面源法

考虑到实际成像光学系统中，成像光线的有效扩散范围是很有限的，而且杂光在像面上的分布往往是比较均匀的，因此，将"点光源"扩大为均匀的"面光源"时，像面上的杂光光照分布仍可认为是比较均匀的。于是，如设杂光在像面造成的照度为 E_G，成像光束在像面形成的照度为 E_0；面光源在像面上所成像的面积为 A，像面总面积为 S，杂光系数的定义式就可改写成以下形式

$$\eta=\frac{E_G S}{E_0 A+E_G S}$$

由上式看出，如果面光源的面积 A 越大，则像面上造成的杂光照度 E_G 就越大，越容易测量准确。如果 A 趋近于 S，则上式又可改写为

$$\lim_{A\to S}\eta=\lim_{A\to S}\frac{E_G S}{E_0 A+E_G S}=\frac{E_G}{E_G+E_0}\times 100\% \tag{7-38}$$

由式（7-38）可知，只要通过测量大面积均匀光源在像面上造成的杂光照度 E_G 和光源像本身的照度 E_0，按式（7-38）即可求出杂光系数 η。按这一原理测量杂光系数的方法就是"面源法"，或"扩展源法"，通常习惯称为"黑斑法"。这一测量原理比较容易实现，是目前国内外广为流行的方法。

2. 测量仪器

图 7-28 所示为基于面源法原理测量照相物镜（或者投影物镜、复印物镜等）杂光系数的典型测量装置示意图。图中带有若干个照明灯（光源）3 和牛角形消光管（黑体目标）1 的积分球 2 将提供一个均匀的、扩展的面光源和一个小的黑体目标，黑体目标与被测物镜相对地装在积分球直径的两端。积分球漫反射内壁对被测物镜的入瞳构成一接近 180°的均匀亮视场。光电检测器的光敏元件接收面位于黑体目标通过被测物镜成像的像面内，并在其上放有一小孔光阑 6，以限制光敏元件接收的黑斑的大小。考虑到光敏元件的光谱灵敏度曲线与被测物镜实际工作时所用的感光材料的光谱灵敏度曲线往往并不一致，光源与实际工作的光源也会不一致，所以在光敏光件 9 与小孔光阑 6 之间中加入一修正滤光片 7，以保证光电检测器的光谱响应与感光材料对实际工作光源的光谱灵敏度曲线基本一致。必要时还在其间加入一块毛玻璃 8，以保证光敏元件表面获得比较均匀的光照。

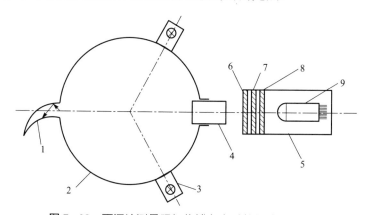

图 7-28 面源法测量照相物镜杂光系数的装置示意图

1—黑体目标；2—积分球；3—光源；4—被测物镜；5—光电检测器；
6—小孔光阑；7—修正滤光片；8—毛玻璃；9—光敏元件

牛角形黑体目标可以更换成与周围漫反射层完全相同的"白塞子"，使积分球的内壁在此时又连成一个完整的漫反射面。

通过光电检测器分别测出被测物镜像面上黑体目标像和"白塞子"像的照度 E_G 和 $(E_G + E_0)$，实际上是由光电检测器读得与照度成正比的光电信号值 m_1 和 m_2，按式（7-39）即可求得被测物镜轴上点的杂光系数

$$\eta = \frac{E_G}{E_G + E_0} \times 100\% = \frac{m_1}{m_2} \times 100\% \qquad (7-39)$$

当需要测轴外视场的杂光系数时，可以将被测物镜绕通过入瞳中心且垂直于光轴的轴线转过一所需的视场角，随后再按上述同样方法测量轴外视场的杂光系数。

在某些类型的杂光测试仪中，为了提高测量效率，常常在积分球壁的不同位置处同时安装若干个黑斑，使用性能相同的光敏元件可同时测出几个不同视场下的杂光系数值。由于照相机本体结构的不对称性而常会使像面上出现不规则的杂光分布，因此需要测量整个像面上的杂光分布，才能更全面和准确地评价镜头或照相机的像质。把积分球改成方箱的形式，不仅可以很方便地测量整个像面上的杂光分布，而且有利于实现测量的自动化。下面介绍一种方箱式的自动测量杂光分布的装置。

如图 7-29 所示，这种装置由亮室、暗室和控制台组成。亮室由前部 FP 和四周的亮屏 PP 组成。两部分都由多根并排的 40 W 日光灯 FL 照射白透射漫射屏，以获得室内各处基本均匀的亮度。亮室和暗室之间有一小窗 W，被测镜头 C 置于此并对向亮室的前部，以保证均匀光线对镜头入瞳的张角大于 140°。前部可以沿镜头光轴连续移动，以保持前部经多种被测镜头成像的物像缩小比固定不变（例如皆为 12:1）。由于前部是一个平面，照相底片也是平面，所以利用前部的黑色目标 BT 可以很容易同时测量轴上和轴外各位置的杂光系数。能保持固定的缩小比、前部是一个平面，是这种方箱形光源较积分球形光源的优越之处。

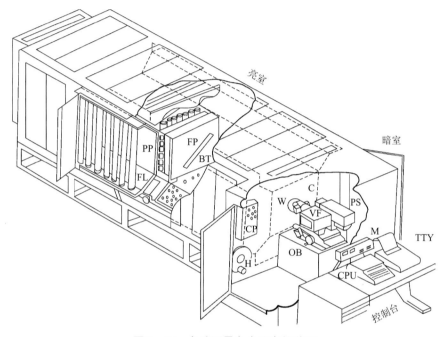

图 7-29 自动测量杂光分布的装置

黑色目标 BT 是一条可旋转的带状黑体，它紧靠前部平面，旋转时可使镜头物面不同部分变为全黑，因而可测量整个像面各部位的杂光系数。暗室内有一个安装被测镜头或相机的小型光具座 OB、一个用于调焦和对准的取景器 VF、一个测杂光的光度系统 PS、一个亮度控制配电板 CP 和一个移动前部 FP 的手轮 H。控制台包括监视器 M、控制测量程序的小型计算机 CPU 和显示测量数据的打印机 TTY。

对于底片幅面为 36 mm × 24 mm 的 135 相机，可在相机放底片平面上安置一块薄孔径板，板上有间距为 4 mm 的 54 个 0.5 mm × 0.5 mm 的方孔。板前表面模拟黑白胶片的表面。紧靠板后安放一块由 9 个硅光电池按 4 mm 间距排列的接收器，每个光电池都连接一个光电流放大电路。黑色目标旋转时，它的像依次扫过孔板上的 54 个小孔，在孔径板第一排小孔后面的每个光电池，都能测量黑色目标覆盖其上时的照度 E_G 和没有覆盖时的照度 $(E_G + E_0)$。当测完第一排 9 个方孔处的 E_G 和 $(E_G + E_0)$ 后，光电池线阵接收器自动移动到第二排，黑色目标继续转动，又可测得第二排 9 个方孔处的 E_G 和 $(E_G + E_0)$；依次测量，即可测得 6 排 54 个方孔处的杂光系数 η。

下面两表给出测量一照相物镜（$F/1.7$，$f = 50$ mm）的杂光系数实例，测量时光圈为 $F/5.6$。

表 7-9 为镜头本身的杂光系数（装在消杂光很好的模拟照相机上测量），表 7-10 为该镜头装在实际照相机上测得的杂光系数。比较两表发现，镜头与实际相机组合的杂光系数大于镜头与模拟相机组合的杂光系数，特别是上边两行，可以认为这是照相机内反光镜背面反射造成的，镜头本身的杂光分布相当均匀。由此可知，测量镜头、实际相机组合的杂光分布的重要性。

表 7-9 $f50/F1.7$ 照相物镜的杂光分布

0.9	0.9	0.9	0.8	0.8	0.8	0.9	0.9	0.9
0.9	0.9	0.8	0.8	0.8	0.9	0.8	0.8	0.8
0.8	0.8	0.8	0.8	0.9	0.9	0.9	0.8	0.8
0.9	0.8	0.8	0.8	0.9	0.8	0.9	0.8	0.8
0.9	0.9	0.8	0.8	0.8	0.8	0.9	0.8	0.8
0.9	0.9	0.9	0.9	0.8	0.9	0.9	0.9	0.9

表 7-10 $f50/F1.7$ 镜头与实际机体组合的杂光分布

8.2	7.1	6.9	4.8	3.6	5.2	6.9	7.0	7.7
4.6	4.6	4.6	4.6	3.0	4.6	4.8	4.3	5.0
3.0	3.0	3.2	3.1	3.0	3.4	3.2	3.2	3.4
2.5	2.5	2.6	2.3	2.6	2.5	2.5	3.6	2.7
2.5	2.6	2.5	2.4	2.3	2.4	2.4	2.6	2.6
2.7	2.7	2.8	2.4	2.4	2.4	2.5	2.6	2.9

实践证明，这种装置对研究实际照相机内透镜、镜筒、胶片以及相机本体各表面反射的影响很有用；对研究杂光分布随光圈的变化也很有用。

图 7-30 为测量望远系统杂光系数的测量装置示意图。测量望远系统或长焦距照相物镜的杂光系数时，为了提供无限远的黑体目标，在积分球出光口处装有一准直物镜，其焦距等

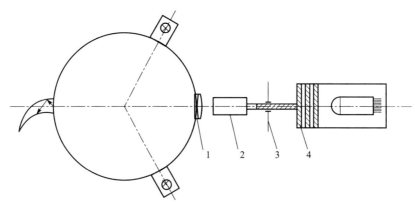

图 7-30 测量望远系统杂光系数的装置示意图

1—准直物镜；2—被测望远镜；3—圆孔光阑；4—小孔光阑

于积分球的内径,组成了一个所谓球形平行光管。将被测望远镜正对准直物镜,且其入瞳应尽量靠近准直物镜。在被测系统的出瞳处装有一圆孔光阑,用以模拟望远镜实际使用时人眼瞳孔的限制。圆孔光阑的大小应根据望远镜的实际使用条件决定,例如白天使用时眼瞳直径为 3 mm 左右,晚上使用时为 8 mm 左右,所以圆孔光阑的直径也相应地选为 3 mm 和 8 mm 左右。

光电检测器前也装有小孔光阑、修正滤光片和毛玻璃。小孔光阑的通光孔应位于图 7-30 所示的黑体目标产生的暗区内。修正滤光片的光谱透射比曲线应根据人眼的光谱光视效率和光敏元件的光谱灵敏度曲线进行设计和选择。

测量时,通过光电检测器分别测得对应"黑塞子"和"白塞子"的像面照度指示值 m_1 和 m_2,按式(7-39)即可求得被测望远系统的杂光系数 η。

3. 误差来源和测试条件的标准化

用黑斑法测量光学系统的杂光系数比较简单方便,但测试结果受具体测量条件等多种因素影响,如黑体目标的大小、光电检测器前面的小孔光阑的大小、积分球内壁亮度的均匀性和亮度水平等。

光轴附近的亮目标成像时,由镜面上的二次反射光造成的杂光对轴上点杂光的影响比较大,因此加大光轴附近的黑体尺寸将使轴上点的杂光量减小很快,因而使杂光系数偏小。同时从原理公式(7-38)也可看出,增大黑体目标的尺寸,将使该公式的近似性更差。

实验证明,减小光电检测器前面的小孔光阑尺寸,杂光系数将随之相应下降。这表明像面上的杂光分布并不是严格均匀的。

另外,由于积分球上的"白塞子"经常装上卸下,容易沾污,因而使其漫反射系数明显低于其周围积分球内壁的漫反射系数。这样测出"白塞子"的光电信号值 m_2 将比正常值偏低,因此使杂光系数 η 偏高。

为了保证杂光系数值的统一,必须规定统一的测量条件,例如国际标准化组织(ISO)制定的关于照相物镜杂光系数测量标准草案中对测量条件做了以下若干主要规定。

(1)关于扩展光源

扩展光源应尽量靠近被测物镜入瞳,使被测物镜所面对的视场角尽量接近 180°。而且视场亮度应力求均匀,在与被测物镜标称像面对角线的 1/2 所对应的视场范围内,亮度不均匀应不大于±5%,在全视场内应不大于±8%。在整个测量过程中,光源的亮度变化应小于 5%。光源的光谱功率分布应予适当规定,并与测量要求的光谱区相一致。

黑体目标在被测物镜像面上所成像的大小应等于被测物镜像方视场对角线长度的 0.1± 0.02;考虑到被测物镜的焦距和视场大小的不同,所以必须备有一套不同直径的黑体目标。黑体目标的亮度应小于背景亮度的 1/1 000。

(2)关于光电检测器

光敏元件前面的小孔光阑直径应小于或等于黑体目标像的直径的 1/5,其表面反射率在单独测量物镜杂光系数的情况应不大于 3%,在测量照相机整机的杂光系数时,光阑面上应覆盖一层照相机实际工作时所用的感光材料,或者与感光材料的散射、反射特性相近的其他代用材料。

光电检测器的灵敏度在一个测量周期内的变化应小于 2%;在整个照度变化范围内的光电响应线性要求应与杂光系数的测量精度要求相适应。

光敏元件的光谱灵敏度曲线和修正滤光片的光谱透射比曲线应根据被测物镜的使用要

求预先测定并匹配。

（3）物像共轭关系

黑体目标到被测物镜的物距应大于物镜焦距的5倍，或按设计要求确定。

（4）视场位置

应在光轴上和在物镜半视场以内的规定位置上进行测量。测量镜头与实际机体组合的杂光系数时，如果被测系统的杂光分布有明显不对称，则应将相机转到杂光最大的方位进行测量。

在杂光系数的测量报告中，应注明以下各主要测试条件参数：

被测物镜或整机的牌号、焦距、最大相对孔径、制造号以及测量时所用的相对孔径；物距和放大率；扩展光源和黑体目标的角尺寸；光电检测器中小孔光阑的直径；测量时所取的视场位置等。

此外，测量中还应注意以下事项：

测量前应仔细擦净被测光学系统的外露光学面，否则由于其上尘土、指印、油污等的散射将明显影响测量结果。测量中应注意消除暗电流和室内杂散光的影响。必要时可对积分球中的照明光源采取调制措施，以提高测量系统的抗干扰能力和工作稳定性。如在积分球的出光口处装有准直物镜，则应尽量减小准直物镜自身的杂光系数，并在高精度测量中予以修正。

7.6 照相物镜像面照度均匀性的测量

7.6.1 照相物镜的像面照度均匀性

从实际摄影要求角度来看，总是希望物面上的亮度分布经照相物镜后在像面上有相同的照度分布。但是，大多数照相物镜都不能满足这一要求。即使物平面是亮度均匀的发光面，在像面上的照度也是随着视场角增大而减小的。几何光学中已指出，如果照相物镜不存在渐晕，则轴向光束和轴外光束都充满出射光瞳，如图7-31所示，这时像面上视场角为ω处的照度E_ω和视场中心处的照度E_0之间的关系为

$$\alpha_\omega = \frac{E_\omega}{E_0} = \cos^4\omega \quad (7-40)$$

式中，ω为对应像高y'处的视场角。

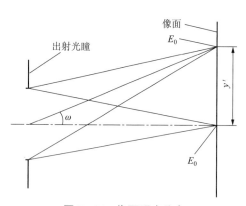

图7-31 像面照度分布

可见，在理想的情况下，像面照度也是按视场角的$\cos^4\omega$规律降低的。在像面上视场角为$\omega=20°$处，照度只有$E_\omega=0.78E_0$，在视场角$\omega=35°$处，照度为$E_\omega=0.45E_0$。可见，像面照度随视场角增加而快速下降。另外，如果考虑存在渐晕系数k_ω，则上式可写为

$$\alpha_\omega = \frac{E_\omega}{E_0} = k_\omega \cos^4\omega \quad (7-41)$$

在一般情况下，$k_\omega<1$，所以像面照度随视场角增加而下降得更快。这种现象对广角照

相物镜尤其严重，往往由于像面边缘照度下降得太多而限制了使用大视场。在广角照相物镜设计中，常常采用像差渐晕方法，使渐晕系数 $k_\omega > 1$ 来达到改善像面照度分布的目的。

照相物镜像面照度均匀性的测量，就是要测量出它对亮度均匀的发光面成像时，像面上各视场角位置处的照度相对于视场中央照度的比值 α_ω。测量方法可分为直接测量法和照相测量法两种。直接测量法是利用光电探测器直接在像面上扫描，测出各个位置上相对照度的比值。照相测量法是利用感光底片记录下像面上的照度分布，然后通过测量底片上不同位置处的光密度，换算出照度的相对比值。

7.6.2 测量方法

像面照度均匀性测量一般采用直接测量法。在像面照度均匀性测量中，需要一个亮度均匀的漫射光源作为物平面。这种漫射光源可以是一块照亮的毛玻璃，或者是光从侧面照射的表面涂有白色漫反射层的平板。但是这两种方法都较难得到亮度均匀的表面，因此最好采用积分球。图7-32表示了测量原理。测量装置由积分球发光体和光电探测器两部分组成。积分球内壁作为亮度均匀的物平面。光电探测器内有光电倍增管和毛玻璃，它的外壳前端面上有一小孔作为进光孔，它决定了像面上的测量位置。被测照相物镜安装在积分球前，应调节它的光轴与光电探测器的移动方向相垂直。为此只要使光电探测器分别移到距离光轴同样远的对称位置上，如输出的光电流读数相等就表示已调节好。然后，使光电探测器分别位于像面的视场中央和一系列选定好的视场角 ω 位置上，得到一系列的读数值。它们相对于视场中央读数值的比值就反映了被测照相物镜像面照度的分布规律。通常可以画成曲线来表示像面照度的均匀性。

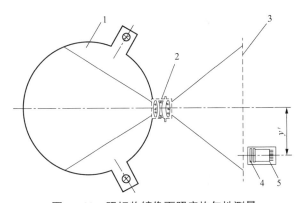

图 7-32 照相物镜像面照度均匀性测量
1—积分球；2—被测照相物镜；3—像平面；
4—毛玻璃；5—光电倍增管

7.7 思考与练习题

1. 试述积分球和球形平行光管的原理和主要用途。
2. 试述发光强度、光通量、光照度、光亮度的测量原理和测量方法。
3. 试述光学系统的白光透射率（也即积分透射率）的定义，其测量装置由哪几部分组成？
4. 在测量目视望远镜的白光透射率装置中，加入修正滤光片的作用是什么？
5. 试述测量望远系统透射率装置的基本原理及测量方法。
6. 用点源法与面源法测杂光系数，两者各有什么特点？
7. 怎样检测望远镜、照相物镜的杂光系数？测量时对光源有哪些要求？
8. 影响杂光系数检测准确度的因素有哪些？
9. 试讨论如何测试数码相机的像面均匀性、信噪比和线性响应特性。

参 考 文 献

[1] 光学测量与仪器编辑组. 光学测量与仪器 [M]. 北京：国防工业出版社，1978.

[2] 苏大图，沈海龙，陈进榜，等. 光学测量与像质鉴定 [M]. 北京：北京工业学院出版社，1988.

[3] 苏大图. 光学测试技术 [M]. 北京：北京理工大学出版社，1996.

[4] 杨国光. 近代光学测试技术 [M]. 杭州：浙江大学出版社，1997.

[5] 沙定国. 误差分析与测量不确定度评定 [M]. 北京：中国计量出版社，2003.

[6] SUBBARAO M, TYAN J. Selecting the Optimal Focus Measure for Autofocusing and Depth-From-Focus [J]. IEEE Transactions on Pattern Analysis and Machine Intelligence, 1998, 20（8）：864－870.

[7] SUBBARAO M, CHOI T, NIKZAD A. Focusing Techniques [J]. Optical Engineering, 1993, 32（11）：2824－2836.

[8] 白立芬，徐毓娴，于水，等. 基于图像处理的显微镜自动调焦方法研究 [J]. 仪器仪表学报，1999，20（6）：612－614.

[9] 吕百达. 激光光学—激光束的传输变换和光束质量控制 [M]. 成都：四川大学出版社，1992.

[10] ZHAO W Q, Qiu L R, FENG Z D, et al. Laser Beam Alignment by Fast Feedback Control of Both Linear and Angular Drifts [J]. Optik—International Journal for Light and Electron Optics, 2006, 117(11): 505－510.

[11] ZHAO W Q, TAN J B, QIU L R, et al. Enhancing Laser Beam Directional Stability by Single-mode Optical Fiber and Feedback Control of Drifts [J]. Review of Scientific Instruments, 2005, 76(3): 36－101.

[12] HERMAN R M, Wiggins T A. Production and Uses of Diffractionless Beams [J]. J. Opt. Soc. Am. A, 1991, 8(6): 932－942.

[13] FRIBERG A T. Stationary-Phase Analysis of Generalized Axicons [J]. J. Opt. Soc. Am. A, 1996, 13(4): 743－750.

[14] 张旭升，何川，撖芃芃，等，轴锥镜光强分布的角谱衍射数值分析法 [J]. 光学学报，2012，32（12）：1207001.

[15] 马科斯·玻恩，埃米尔·沃耳夫. 光学原理 [M]. 7版. 杨葭荪，译. 北京：电子工业出版社，2006.

[16] 赵立平. 光学测量实验与习题 [M]. 北京：北京理工大学出版社，1993.

[17] 邓文和. JC-1型精密测角仪的研制 [J]. 光电工程，1990，17（1）：35－48.

[18] 段文琴，任秀香，徐丽萍，等. 折射率自动测试中的误差 [J]. 光学机械，1990（6）：23－28.

[19] 考洛米佐夫. 干涉仪的理论基础及应用 [M]. 李承业，等译. 北京：技术标准出版社，1982.

[20] 殷纯永. 现代干涉测量技术 [M]. 天津：天津大学出版社，1999.

[21] 范志刚. 光电测试技术 [M]. 北京：电子工业出版社，2005.

[22] [苏] 克略帕洛娃，普里亚耶夫. 光学系统的研究与检验 [M]. 徐德衍，等译. 北京：机械工业出版社，1983.

[23] 徐德衍，王向朝，戴凤钊，等. 剪切干涉术及其进展 [M]. 北京：科学出版社，2017.

[24] D. 马拉卡拉. 光学车间检测 [M]. 3版. 杨力, 伍凡, 等译. 北京: 机械工业出版社, 2012.

[25] WYANT J C, CREATH K. Recent Advances in Interferometry Optical Testing [J]. Laser Focus, 1985: 118-132.

[26] SMARTT R N, STRONG J. Point-Diffraction Interferometer [J]. J. Opt, Soc. Am., 1972, 62: 73.

[27] PATURZO M, PIGNATIELLO F. Phase-Shifting Point-Diffraction Interferometer Developed by Using the Electro-Optic Effect in Ferroelectric Crystals [J]. Optics letters, 2006, 31(24): 3597-3599.

[28] SOMMARGREN G E, PHILLION S W, et.al. 100-Picometer Interferometry for EUVL [J]. Proceedings of SPIE, 2002, 4688: 316-328.

[29] WANG G, ZHENG Y, SUN A. Polarization Pinhole Interferometer [J]. Optics Letters, 1991, 16(17): 1352-1354.

[30] NEAL M J. Polarization Phase-Shifting Point-Diffraction Interferometer [D]. Ph. D. Thesis, University of Arizona, 2003.

[31] MICHAEL B. Handbook of Optics [M]. McGRAW-HILL, Inc, 1995.

[32] A.柯斯克, G.罗伯逊. 光弹性应力分析 [M]. 上海: 上海科学技术出版社, 1979.

[33] DENNIS G. Polarized Light [M]. 2st Edition. Marcel Dekker, Inc., 2003.

[34] RAMESH K. Digital Photoelasticity, Advanced Techniques and Applications [M]. Berlin: Springer-Verlag, 2000.

[35] SANDRO B, GAETANO B, GIOVANNI P. Computer Aided Photoelasticity by an Optimum Phase Stepping Method [J]. Experimental Mechanics, 2002, 42(2): 132-139.

[36] R. M. A. 阿查姆, N. M. 巴夏拉. 椭圆偏振测量术和偏振光 [M]. 梁民基, 等译. 北京: 科学出版社, 1986.

[37] 冯星伟, 苏毅, 马宏舟, 等, 可变入射角波长扫描 RPA 型椭偏仪的研制 [J]. 光学学报, 1995, 15(4): 492-498.

[38] HU H Z. Polarization Heterodyne Interferometry Using a Simple Rotating Analyser [J]. I. Theory and Error Analysis, Applied Optics, 1983, 22(13): 2052-2056.

[39] RUSSELL A, WAI-SZE T L, GARAM Y. Polarized Light and Optical Systems [M]. CRC Press, 2019.

[40] 麦伟麟. 光学传递函数及其数理基础 [M]. 北京: 国防工业出版社, 1979.

[41] 庄松林, 钱振邦. 光学传递函数 [M]. 北京: 机械工业出版社, 1981.

[42] 黄婉云. 傅里叶光学教程 [M]. 北京: 北京师范大学出版社, 1985.

[43] CHARLES S W, ORVILLE A B. Introduction to the Optical Transfer Function [M]. John Wiley & Sons, 1989.

[44] M.弗朗松. 光学像的形成和处理 [M]. 北京: 科学出版社, 1979.

[45] JOSEPH W G. Introduction to Fourier Optics [M]. The McGRAW-HILL Companies, Inc., 1996.

[46] Optikos Corporation. OpTest™ Operation Manual [M]. Cambridge, MA., 2002.

[47] GLENN D B. Handbook of Optics II [M]. McGRAW-HILL, Inc., 1995.

[48] 车念曾, 闫达远. 辐射度学和光度学 [M]. 北京: 北京理工大学出版社, 1990.

[49] 金伟其, 胡威捷. 辐射度 光度与色度及其测量 [M]. 北京: 北京理工大学出版社, 2006.